Si Einstein avait su

Alain Aspect
prix Nobel de physique

Si Einstein avait su

avec la collaboration
de Gautier Depambour

Sommaire

CHAPITRE 1
Albert Einstein, le pionnier
de la physique quantique

CHAPITRE 2

Le débat Bohr-Einstein, acte I : les congrès Solvay de 1927 et 1930

CHAPITRE 3

Le débat Bohr-Einstein, acte II : l'argument d'Einstein, Podolsky et Rosen

CHAPITRE 4

John Bell : la possibilité d'une expérience

CHAPITRE 5

Des inégalités de Bell
aux premières expériences

CHAPITRE 6

Institut d'Optique, acte I :
des débuts prometteurs

CHAPITRE 7
Institut d'Optique, acte II : la non-localité quantique à l'épreuve de l'expérience

CHAPITRE 8
La non-localité quantique

Introduction

« *Do you have a permanent position ?* »

« Avez-vous un poste stable ? » Tels furent les premiers mots de John Stewart Bell, en ce matin du printemps 1975, dans son bureau de la division de physique théorique du CERN à Genève. Je venais de lui présenter un schéma expérimental inédit destiné à tester les inégalités qu'il avait découvertes. L'enjeu était de taille : rien de moins que trancher un débat entre Niels Bohr et Albert Einstein. Mon projet visait à utiliser des photons – des particules de lumière – pour mettre en œuvre une suggestion théorique que Bell avait énoncée dans la conclusion de son article fondateur de 1964. Je m'attendais à une discussion scientifique sur le fond de ma proposition... et voilà qu'il me pose une question sur ma situation administrative ! Pourquoi ?

Il m'expliqua que ce sujet était considéré comme étant sans intérêt par la plupart des physiciens, voire absurde, et qu'un jeune physicien s'engageant dans un tel projet serait traité de *crackpot*, de cinglé (littéralement de « cafetière fêlée »). Je lui répondis que j'avais la chance d'être un fonctionnaire titulaire, enseignant-chercheur de l'École normale supérieure de Cachan. Dans la mesure où j'assurais l'enseignement qui m'était confié, j'étais libre d'effectuer la recherche que je voulais, où je voulais. Et ce que je voulais, c'était travailler sur les conséquences de la découverte de Bell. Pouvoir trancher expérimentalement entre ces deux monstres sacrés de la physique, Einstein et Bohr, quel sujet enthousiasmant pour le fou de physique que j'étais !

Sur quoi portait leur débat ? Einstein n'avait aucun doute sur la validité du formalisme quantique[1], c'est-à-dire sur sa capacité à prédire les résultats des expériences. Mais il croyait que ce formalisme n'était que provisoire et qu'il était voué à être dépassé par une théorie plus détaillée. À ce stade, le débat était de nature purement philosophique : il ne portait que sur l'*interprétation* de la théorie quantique, et n'avait donc aucune incidence sur la pratique de cette théorie. C'est pour cette raison que la plupart des physiciens le considéraient comme inutile. Ils ne savaient pas que, depuis les travaux de Bell en 1964, il est possible en principe de trancher par une expérience le débat entre Bohr et Einstein.

Si j'ai voulu écrire ce livre, c'est pour partager avec vous ma fascination pour ce débat, qui m'a poussé à m'engager en 1974 dans une aventure expérimentale un peu folle pour savoir qui de Bohr ou d'Einstein avait raison, en m'appuyant sur les travaux de Bell. Presque un demi-siècle plus tard, j'ai reçu le prix Nobel de physique 2022, avec John Clauser et Anton Zeilinger, pour avoir donné une réponse expérimentale convaincante montrant que l'on devait renoncer à la vision du monde d'Einstein.

Pour moi, cette histoire commence en 1973, un peu avant ma rencontre avec Bell. Je me trouve alors au Cameroun, où j'enseigne la physique aux futurs professeurs de collège et de lycée en tant que volontaire du service national, en compagnie de mon épouse Annie qui dispense aux mêmes élèves des cours de chimie. J'ai reçu à l'université d'Orsay et à l'ENS de Cachan une excellente formation en physique classique, mais on ne peut pas en dire autant en ce qui concerne la physique quantique. J'en suis frustré, car je sais que c'est une discipline majeure de la physique moderne. Apprenant la parution d'un nouveau livre[2] présentant

---

1. Précisons d'emblée ce que signifie l'expression « formalisme quantique », qui sera abondamment employée dans ce livre. Elle désigne l'ensemble des outils mathématiques qui permettent d'exprimer les concepts de base de la théorie quantique et de calculer ce que celle-ci prévoit dans les situations où elle s'applique.
2. Voir Cohen-Tannoudji, Diu et Laloë (2018).

la physique quantique de façon limpide et rigoureuse, je me procure cet ouvrage, et j'en étudie les deux tomes de la première à la dernière page. C'est ainsi qu'à l'automne 1974, à mon retour du Cameroun, je suis armé pour comprendre les calculs quantiques relatifs à deux particules dites « intriquées ». Il s'agit d'une situation découverte théoriquement en 1935 par Albert Einstein, Boris Podolsky et Nathan Rosen, où deux particules ayant interagi dans le passé – mais maintenant séparées – semblent rester en contact instantané quelle que soit leur distance. Prenant en compte les résultats du calcul quantique appliqué à cette situation, que j'appellerai dans cet ouvrage « situation EPR », Einstein et ses collègues ont conclu que les deux particules intriquées possèdent des propriétés supplémentaires au-delà de celles prises en compte dans les calculs et que la description par le formalisme quantique d'un tel système n'est pas complète. Ils en ont déduit que la théorie quantique telle qu'elle était connue à l'époque n'était pas définitive et qu'elle n'était qu'une approximation d'une théorie plus précise. Bohr était en désaccord et affirmait que le formalisme quantique décrivait tout ce que l'on pouvait savoir sur les particules intriquées et que l'on ne devait pas chercher à aller au-delà.

C'est presque trente ans plus tard, en 1964, que Bell publie sa découverte majeure[1]. Prenant au sérieux la conclusion d'Einstein, il complète le formalisme quantique en affectant aux particules des paramètres supplémentaires dans l'esprit de la vision du monde d'Einstein. Il montre alors que, selon ce nouveau formalisme, les résultats de mesure que l'on s'attend à obtenir dans une situation de type EPR[2] doivent obéir à des inégalités appelées aujourd'hui « inégalités de Bell ». À l'inverse, le calcul quantique traditionnel prédit que les résultats de mesure doivent entrer en conflit avec ces inégalités : on parle alors de « violation » des inégalités de Bell. Il suffit donc de réaliser une expérience au

---

1. Voir Bell (1964).
2. Il s'agit en fait d'une variante de la situation EPR, découverte par David Bohm, que nous appellerons la « situation EPRB ».

laboratoire pour trancher le débat entre Bohr et Einstein. Soit on trouve une violation des inégalités de Bell, comme prédit par la mécanique quantique, auquel cas Bohr a raison de rejeter le point de vue d'Einstein. Soit on trouve des résultats en accord avec les inégalités de Bell, ce qui valide la vision du monde d'Einstein. Dans ce cas, on met le doigt sur une situation où la mécanique quantique est en défaut, ce que Bohr ne peut pas imaginer.

Einstein, Bohr ou Bell sont des théoriciens qui raisonnent sur des expériences de pensée – des expériences permises en principe par les lois fondamentales de la physique, mais inaccessibles aux techniques expérimentales connues. Peut-on envisager une expérience réelle, réalisable dans un laboratoire ? La réponse figure dans le dossier que me remet Christian Imbert, un jeune professeur de l'Institut d'Optique, en octobre 1974. J'y trouve d'abord l'article de Bell de 1964, dont le contenu va littéralement me bouleverser, ainsi que les articles d'EPR et de Bohr de 1935. Mais j'y trouve aussi un article[1] de 1969 dans lequel John Clauser et ses collègues, Michael Horne, Abner Shimony et Richard Holt, décrivent une situation réalisable en principe dans un laboratoire pour tester les inégalités de Bell. Dans ce schéma, que nous appellerons « CHSH », on considère une paire de photons intriqués dont on mesure la polarisation, une propriété fondamentale en optique quantique que je présenterai dans le cœur du livre. Dans le même dossier, il y a aussi deux manuscrits de thèses soutenues en 1972, l'une à Berkeley, l'autre à Harvard, présentant les résultats de deux expériences mettant en œuvre le schéma CHSH. La première, menée par Clauser, trouve une violation des inégalités de Bell conformément aux prédictions quantiques, contrairement à la seconde. Quelle situation excitante ! Nous voilà face à deux résultats contradictoires, et il faudrait de nouvelles expériences pour résoudre cette divergence.

Nous sommes en 1974 et il me paraît probable que des laboratoires ayant les compétences nécessaires pour mener à bien ce type d'expérience sont déjà à pied d'œuvre. Manquant

---

1. Voir Clauser, Horne, Shimony et Holt (1969).

moi-même de telles compétences, je serais fou de me lancer dans cette bataille. Pourtant, j'entrevois une possibilité d'apporter ma pierre à l'édifice. Les expériences de 1972 laissent en effet de côté une suggestion présentée comme importante dans la conclusion de l'article de Bell de 1964 : il s'agit d'éviter qu'une interaction inconnue puisse permettre aux appareils de mesure distants l'un de l'autre de s'influencer mutuellement. Pour cela, il faudrait changer rapidement le réglage des appareils devant effectuer les mesures de polarisation, appelés « polariseurs ». Il s'agit d'empêcher toute possibilité d'interaction entre eux, sauf à accepter l'existence d'une interaction se propageant plus vite que la lumière, ce qui serait *en contradiction avec la relativité d'Einstein*. Mettre en œuvre un tel schéma me paraît d'un intérêt majeur, car il met en jeu l'ensemble des éléments constituant la vision du monde d'Einstein, y compris la relativité. Reste à trouver un moyen de modifier rapidement le réglage des polariseurs. Il me faudra quelques semaines pour imaginer une solution, en combinant mes connaissances sur l'interaction entre la lumière et une onde acoustique d'une part, et le souvenir précis d'une expérience de cours présentée par mon professeur de physique de terminale au lycée d'Agen d'autre part.

J'explique mon projet à Christian Imbert, qui me recommande d'aller le présenter à John Bell à Genève. « Je finance ton voyage. Si John Bell juge que ton expérience mérite d'être faite, tu pourras la monter dans mon groupe de recherche, le groupe d'expériences fondamentales en optique. » C'est ainsi que je me retrouve quelques semaines plus tard devant John Bell qui, après s'être assuré de la sécurité de mon poste de maître-assistant, me prodigue encouragements et conseils et me confirme que mon schéma ajoute aux expériences en cours un élément crucial si on veut vraiment tester la totalité de la vision du monde d'Einstein. Je repars donc de Genève avec la bénédiction de ce théoricien impressionnant, avec un moral d'acier, mais aussi avec une petite inquiétude à la suite de son commentaire sur la mauvaise réputation du sujet auquel je veux m'attaquer. Je ne cache pas cette difficulté à Christian Imbert, mais il ne se dédit pas de sa promesse et me donne quelques moyens pour démarrer mon expérience : essentiellement trois pièces en enfilade et un accès aux moyens techniques remarquables de l'Institut d'Optique.

C'est donc décidé : ma thèse portera sur un test des inégalités de Bell avec le schéma que j'ai imaginé, afin de trancher un débat entre deux géants de la physique : Niels Bohr et Albert Einstein.

John Bell devant le schéma de l'expérience réalisée à l'Institut d'Optique en 1982 *(Wikimedia Commons, source https://cds.cern.ch/ record/969981/CERN)*.

Contenu du livre

Le fil conducteur de ce livre est Albert Einstein. C'est lui qui a compris en premier le caractère radical de la physique quantique. C'est en argumentant avec Niels Bohr qu'il a mis en lumière l'incroyable phénomène d'intrication quantique entre objets séparés spatialement. C'est en s'appuyant sur le raisonnement d'Einstein que Bell a découvert les inégalités qui portent son nom. Et c'est en me référant à sa vision du monde que j'ai été amené à admettre cette propriété stupéfiante qu'est la non-localité quantique.

Dans le **chapitre 1**, j'insiste sur le fait qu'Einstein est le premier physicien à prendre la mesure de la révolution apportée par la notion de quantification, introduite par Max Planck en 1900. Einstein apporte des contributions majeures à l'émergence de la physique quantique, notamment en ce qui concerne la lumière. Après avoir proposé le concept de quantum de lumière en 1905, il invoque dès 1909 la notion de dualité onde-particule, que Louis de Broglie appliquera en 1923 aux particules matérielles. Einstein écrit en 1916 les équations que nous utilisons toujours pour décrire les processus d'absorption et d'émission de la lumière à la base du fonctionnement du laser. Comme le montre l'attribution du prix Nobel en 1922 pour son interprétation de l'effet photoélectrique, le triomphe des idées d'Einstein en physique quantique est alors complet.

Pourtant, ce dernier va progressivement se détourner du courant principal de la physique quantique après la publication en 1925 des formalismes quantiques mis au point par Werner Heisenberg d'une part et par Erwin Schrödinger d'autre part. Ces nouveaux formalismes fondent sur une base solide les avancées de l'« ancienne théorie des quanta » qui décrivait plus ou moins empiriquement les propriétés des atomes et leur interaction avec la lumière, incompréhensibles dans le cadre de la physique classique. Mais le contact de ces descriptions très abstraites avec le monde réel, celui dans lequel on observe les résultats des expériences, implique l'utilisation de probabilités, comme le propose en 1926 Max Born, un grand ami d'Einstein. Comme je l'explique au **chapitre 2**, Einstein n'accepte pas l'idée qu'une théorie physique fondamentale fasse appel à la notion de probabilité qui, pour lui, n'est qu'un outil permettant de donner une description simplifiée de situations complexes. C'est le sens de sa célèbre phrase « Dieu ne joue pas aux dés » : le hasard n'a pas sa place au niveau le plus fondamental. Einstein va alors se heurter à l'interprétation du formalisme quantique développée par Bohr et ses élèves, appelée « interprétation de Copenhague ». Le débat se cristallise lors des congrès Solvay de 1927 et 1930, où Einstein raisonne sur des expériences de pensée visant à montrer que la théorie quantique donne une description incomplète du comportement d'une particule quantique unique.

À chaque fois, Bohr parvient à contrer les arguments d'Einstein de façon convaincante. Pourtant Einstein ne renonce pas et, comme je vous l'explique au **chapitre 3**, il présente en 1935 un nouveau raisonnement portant non plus sur une particule quantique unique mais sur deux particules intriquées, situation autorisée par le formalisme quantique mais jamais explorée jusque-là. Avec Podolsky et Rosen, il publie dans *Physical Review* l'article[1] présentant la situation EPR portant sur deux particules intriquées qui, même éloignées l'une de l'autre, restent fortement corrélées, si bien qu'on ne peut en donner une image raisonnable qu'en complétant le formalisme quantique. La réponse de Bohr, publiée quelques mois plus tard dans la

---

1. Voir Einstein, Podolsky et Rosen (1935).

même revue[1], n'est plus un raisonnement scientifique imparable, à la différence de celles des congrès Solvay. Elle est de nature épistémologique : elle s'appuie sur l'idée qu'on ne peut pas parler de mesures que l'on aurait pu faire mais que l'on n'a pas faites. À l'inverse, Einstein pense que les systèmes quantiques ont des propriétés intrinsèques, indépendantes des mesures que l'on effectue sur eux, ce qu'il appelle leur *réalité physique*. De plus, pour le père de la relativité, cette réalité est *locale* au sens où elle ne peut pas être affectée par des influences se propageant plus vite que la lumière. Cette conception du monde d'Einstein, qu'on appelle le « réalisme local », est radicalement différente de celle de Bohr. Le débat durera jusqu'à la disparition d'Einstein (1955) et de Bohr (1962), sans attirer l'attention de la majorité des physiciens, impressionnés par les succès extraordinaires de la physique quantique. Il semble que beaucoup d'entre eux sont convaincus que Bohr a répondu de façon convaincante à Einstein, sans comprendre que le débat sur deux particules intriquées de 1935 est d'une nature différente de celui de 1927 portant sur une particule unique.

Vous découvrirez au **chapitre 4** que la situation EPR réapparaît de façon inattendue en 1964, avec l'entrée en scène de John Bell. Cherchant à démontrer qu'il est possible de compléter le formalisme quantique dans l'esprit du réalisme local d'Einstein, Bell découvre qu'il existe en fait une incompatibilité avec certaines prédictions du formalisme quantique relatives aux particules intriquées. Cette incompatibilité s'exprime au moyen des inégalités de Bell, qui contraignent tout formalisme réaliste local et qui sont violées par les prédictions quantiques.

Le débat s'est donc déplacé d'une question épistémologique sur la nature du monde à une question de physique expérimentale. Les observations sont-elles en accord avec les prédictions quantiques, auquel cas il faut renoncer à la vision du monde d'Einstein ? Ou sont-elles au contraire en contradiction avec les prédictions quantiques, ce qui serait un coup de tonnerre après

---

1. Voir Bohr (1935).

un demi-siècle de succès immenses de cette théorie ? Mais il y a loin des discussions de théoriciens aux véritables expériences, et c'est pourquoi John Clauser, Michael Horne, Richard Holt et Abner Shimony vont proposer un schéma réalisable en laboratoire, comme vous le découvrirez au **chapitre 5**. Les résultats des deux premières expériences mettant en œuvre ce schéma sont contradictoires, mais les deux suivantes, publiées en 1976, vont donner l'avantage à la mécanique quantique.

Les deux chapitres suivants décrivent les expériences de deuxième génération, préparées à l'Institut d'Optique par l'équipe que j'ai constituée avec deux ingénieurs, Gérard Roger et André Villing. Elles aboutiront avec deux brillants étudiants de troisième cycle, Philippe Grangier et Jean Dalibard, dont les contributions à nos travaux laissent augurer les carrières exceptionnelles qu'ils ont eues.

Dans le **chapitre 6**, je présente les deux premières expériences effectuées à l'Institut d'Optique, dont la mise au point commence en 1975 et qui seront couronnées de succès en 1981. Leur atout majeur est une source de paires de photons intriqués beaucoup plus efficace que celles de nos prédécesseurs. Cette source, dont le développement a demandé cinq années, nous a d'abord permis de confirmer les résultats de Clauser et son étudiant Stuart Freedman en faveur de la mécanique quantique dans un schéma expérimental identique aux précédents. Nous avons pu ensuite mettre en œuvre un schéma nouveau plus proche du schéma idéal sur lequel raisonnent les théoriciens. Le résultat obtenu, d'une précision inouïe, montre que nous disposons d'un montage expérimental suffisamment performant pour nous permettre de faire l'expérience que j'ai projetée dès le début : tester les inégalités de Bell en modifiant rapidement le réglage des appareils de mesure. Je m'attarderai au **chapitre 7** sur cette troisième expérience, réalisée et publiée en 1982. C'est elle qui a mis en relief ce que l'on appelle la « non-localité quantique » et qui me vaudra l'honneur de partager le prix Nobel de physique 2022.

Le **chapitre 8** sera consacré aux travaux qui ont suivi. Je présenterai d'abord des expériences dites « sans échappatoire » qui visent à corriger quelques insuffisances des schémas précédents. J'en tirerai alors des conclusions à propos de la représentation du monde que nous donne la physique quantique. Comme il me paraît inévitable de renoncer à la vision réaliste locale d'Einstein, j'essaierai de répondre à la question suggérée par le titre du livre : comment Einstein aurait-il réagi face aux résultats expérimentaux ? Il serait présomptueux de vouloir conclure avec assurance, mais je me plais à penser qu'il aurait peut-être, comme John Bell et moi, accepté la notion de non-localité quantique. J'indiquerai aussi comment, en mettant en lumière le caractère radicalement nouveau de l'intrication quantique, ces expériences ont conduit à un extraordinaire foisonnement de propositions de technologies quantiques nouvelles, au cœur de la seconde révolution quantique. J'insisterai sur celles qui sont compréhensibles intuitivement en invoquant la non-localité quantique.

Enfin, je reviendrai dans l'épilogue sur le lien entre science fondamentale et applications, au cœur de ma passion pour les sciences et les techniques. Cet intérêt pour les technologies, qui animait le jeune écolier d'Astaffort que j'étais, lecteur de Jules Verne, m'a rattrapé ces dernières années avec l'implication dans quelques jeunes pousses du quantique, après une vie consacrée pour l'essentiel à la recherche fondamentale.

MODE D'EMPLOI

Ce livre a été écrit avant tout pour un public non spécialiste qui souhaite en savoir un peu plus sur la façon dont la physique quantique change notre vision du monde. J'ai néanmoins voulu partager avec des lecteurs et des lectrices plus expert(e)s quelques réflexions ou explications un peu plus avancées, demandant au moins le niveau d'un baccalauréat scientifique. On les trouvera dans des encadrés, des compléments et dans les notes de bas de page débutant par la formule « Pour les expert(e)s ».

CHAPITRE 1

Albert Einstein, le pionnier de la physique quantique

Le débat fascinant entre Niels Bohr et Albert Einstein sur l'interprétation de la mécanique quantique n'aurait jamais pu voir le jour sans les extraordinaires découvertes d'Einstein lui-même en physique quantique. De 1905 à 1916, il est celui qui prend le plus au sérieux l'idée de quantification, à commencer par celle de la lumière, pour apporter un nombre incroyable de contributions majeures à l'interprétation de phénomènes physiques jusque-là incompris ou mal compris. Mais, dès les années 1920, il va éprouver une insatisfaction profonde vis-à-vis de la façon dont la compréhension de la physique quantique évolue, comme on le verra dans les chapitres suivants. Avant de passer aux débats que cette insatisfaction va provoquer, il est essentiel de réaliser qu'Einstein a vraiment compris avec une profondeur sans égale les premières idées quantiques, dont il est l'un des auteurs les plus importants.

On entend parfois dire qu'Einstein n'aurait rien compris à la physique quantique[1]. Rien n'est plus faux ! Si Max Planck est incontestablement celui qui a le premier aperçu un territoire nouveau, c'est Albert Einstein qui a entrepris avec audace l'exploration de ce nouveau continent qu'est la physique quantique. Il a en effet immédiatement saisi le caractère révolutionnaire de la quantification, le fait que certaines grandeurs physiques ne peuvent prendre que des valeurs « discrètes », séparées les unes des autres, que l'on peut repérer par un numéro, un nombre

---

1. Nous distinguons la physique quantique, qui traite de tout phénomène quantique, de la mécanique quantique, qui concerne spécifiquement la description quantique du mouvement des particules matérielles.

entier. À la différence du monde classique, qui est celui du continu, le monde de la physique quantique est celui du discontinu. Pour prendre la métaphore du territoire à arpenter : c'est comme si on était obligé de sauter de rocher en rocher dans le lit d'une rivière, alors que le monde classique nous offrirait une belle plaine où l'on pourrait se déplacer sans contrainte.

Je vous propose, dans ce premier chapitre, de parcourir l'histoire de la physique quantique des années 1900 à 1924 en suivant la figure d'Einstein, afin de montrer à quel point sa pensée a irrigué cette nouvelle théorie hors du commun. En premier lieu, Einstein est celui qui, en 1905, a entériné l'existence d'une discontinuité fondamentale, en introduisant la notion de « quantum de lumière » ; c'était alors un acte révolutionnaire en totale opposition avec la physique du XIXe siècle, qui ne traitait que de processus continus. Il est vrai que l'idée d'une discontinuité en physique apparaît déjà chez Max Planck en 1900, donc avant Einstein ; mais Planck n'a pas pris toute la mesure de sa découverte. C'est Einstein qui en a tiré toutes les conséquences et a propulsé la physique dans une nouvelle ère. Pour bien le faire comprendre, je commencerai par présenter les travaux et les motivations de Planck, avant d'expliquer comment ceux-ci ont influencé le tout jeune Einstein.

1.1. Le rayonnement du corps noir

Les lecteurs et lectrices non expert(e)s, ou même celles et ceux qui ont fait des études de physique, risquent de trouver rébarbative la question du rayonnement du corps noir. Moi-même, lorsque j'étais étudiant, je trouvais ce sujet peu attirant. Mais il faut bien admettre que ce problème, qui a occupé les meilleurs physiciens expérimentateurs et théoriciens de la fin du XIXe siècle, a été à l'origine de l'émergence des idées quantiques et a fourni à Einstein l'occasion de développer, entre 1905 et 1916, des modèles quantiques de plus en plus raffinés de la lumière et de la matière en interaction. Ses contemporains ont difficilement accepté ces modèles, mais aujourd'hui encore nous enseignons à nos étudiants et nous utilisons nous-mêmes celui de 1916 sur l'interaction entre la matière et le rayonnement quantifiés. Dans les paragraphes qui suivent, je retracerai donc l'histoire du problème du rayonnement du corps noir et des étapes qui vont amener à l'idée de quantification, utilisée à son corps défendant par Planck en 1900, mais adoptée et développée avec enthousiasme par Einstein à partir de 1905.

La seconde moitié du XIXe siècle est une période tout à fait stimulante pour qui souhaite s'illustrer en physique, en particulier en Europe. On ne peut compter tous les immenses savants dont les découvertes font formidablement progresser la physique, et dont les travaux sont toujours à la base de la culture des physiciens : citons James Clerk Maxwell, Ludwig Boltzmann, lord Rayleigh, lord Kelvin, Hermann von Helmholtz, Henri Poincaré, Pierre Curie, ou encore Paul Langevin, pour n'en nommer que quelques-uns.

Les découvertes s'enchaînent. En 1887, en Allemagne, Heinrich Hertz parvient à produire des ondes électromagnétiques, dont Maxwell a découvert la possibilité quelques années auparavant dans sa théorie de l'électromagnétisme, alors que personne ne soupçonnait leur existence. De nouveaux phénomènes ou entités physiques sont observés, comme les rayons X en 1895 par Wilhelm Röntgen en Allemagne, la radioactivité en 1896 par Henri Becquerel puis les Curie en France, ou encore l'électron en 1897 par Joseph Thomson en Angleterre. L'époque est également florissante dans le domaine de la théorie : Maxwell et Boltzmann élaborent une théorie cinétique des gaz qui fait entrer la physique théorique dans le monde microscopique, tandis que Hendrik Lorentz cherche à reformuler la théorie de l'électromagnétisme de Maxwell, notamment pour y intégrer l'électron et pour prendre en compte le résultat négatif de l'expérience de Michelson[1].

---

1. Célèbre expérience qui vise à mettre en évidence le mouvement de la Terre par rapport à un hypothétique éther, support de la propagation des ondes électromagnétiques prévues

Cette fin de siècle est aussi celle des nouvelles technologies qui se développent en symbiose avec les progrès de la physique fondamentale. C'est le cas des réseaux électriques, en particulier les réseaux d'éclairage auxquels Nikola Tesla et Thomas Edison apportent une contribution essentielle outre-Atlantique. Se pose alors la question de l'efficacité des lampes à incandescence, ampoules dans lesquelles on a fait le vide et dans lesquelles brille un filament de carbone ou un fil métallique chauffé par le passage d'un courant électrique. C'est en partie pour cette raison que les physiciens et les ingénieurs vont se pencher sur la question théorique de ce qu'on appelle le « rayonnement du corps noir ». De quoi s'agit-il ?

Un corps chauffé émet un rayonnement électromagnétique ayant un spectre continu, c'est-à-dire étant composé de radiations ayant toutes les fréquences possibles autour d'une valeur qui dépend de la température[1]. À partir de 500 °C (500 degrés Celsius[2]), ce rayonnement contient de la lumière visible, comme on le constate en observant un morceau de métal suffisamment chauffé ou tout simplement du charbon de bois incandescent.

---

par les équations de Maxwell. Le résultat négatif de cette expérience ne pourra être réconcilié avec les équations de Maxwell – dont la pertinence peut difficilement être mise en doute – qu'en 1905 avec la relativité d'Einstein. Cette expérience est l'un des « deux nuages noirs » que Kelvin distingue en 1900 « dans le ciel bleu » de la physique de l'époque. Le second nuage n'est pas, comme on le dit parfois, le problème du rayonnement du corps noir : c'est une anomalie dans la capacité calorifique des gaz diatomiques, qui ne pourra être comprise qu'après l'article d'Einstein de 1907 sur la capacité calorifique des corps (voir ci-dessous). On ne peut qu'être admiratif devant la perspicacité de Kelvin, qui avait identifié deux difficultés qui ne seront surmontées qu'avec les deux révolutions du début du XXe siècle : la relativité et la mécanique quantique. Voir Kelvin (1901).

1. Une onde électromagnétique est caractérisée par sa fréquence, c'est-à-dire le nombre d'oscillations par seconde, exprimé en hertz. Les ondes radio de la bande FM sont dans la bande autour de 100 mégahertz (100 millions de hertz, 100 MHz, soit 100 millions d'oscillations par seconde, ou encore 10^8 Hz). La lumière visible a des fréquences autour de 500 000 milliards de hertz (5×10^{14} Hz). Au lieu de la fréquence, on utilise souvent la longueur d'onde, qui est la distance parcourue par l'onde pendant une oscillation. Les ondes électromagnétiques se propagent à la vitesse de la lumière, environ 300 000 kilomètres par seconde. Les longueurs d'onde de la bande FM sont autour de 3 mètres, tandis que la lumière visible est composée de radiations de longueurs d'onde entre 0,4 et 0,8 micromètre (1 micromètre, noté 1 μm, est 1 millionième de mètre).

2. L'échelle des degrés Celsius est l'échelle habituelle où la température de fusion de la glace est 0 °C et où la température d'ébullition de l'eau est 100 °C, à la pression atmosphérique normale.

Dans le cas de la lumière blanche du soleil, le spectre couvre tout le visible, du rouge au bleu-violet, et il s'étend de part et d'autre en émettant des radiations invisibles que les physiciens apprennent à détecter, l'infrarouge et l'ultraviolet. Pour les premières lampes à incandescence à filament de carbone, la lumière émise est jaune-rouge et, en plus des radiations visibles par l'œil humain, le spectre contient essentiellement des radiations infrarouges, de longueur d'onde supérieure à 0,8 µm, invisibles pour l'œil humain. Il n'y a que très peu de bleu-violet, pourtant indispensable pour avoir de la lumière blanche. Comment remédier à ce problème ?

La question qui se pose aux ingénieurs et aux physiciens est donc de savoir comment la composition spectrale de cette lumière évolue en fonction de la température du filament. On sait empiriquement que plus un corps est chauffé, plus son spectre se déplace vers le bleu et le violet. La lumière émise est donc de plus en plus blanche, comme en témoigne l'expression « chauffé à blanc » pour désigner un métal chauffé autant qu'il est possible. En remplaçant le filament de carbone des premières ampoules par un filament métallique, on peut atteindre des températures plus élevées sans que le filament ne se volatilise, mais on est encore loin d'une lumière blanche équivalente à la lumière du jour. Les physiciens pensent pouvoir apporter une compréhension théorique du phénomène d'émission de lumière par un corps chauffé afin de guider le travail des ingénieurs.

Pour résoudre ce nouveau problème, les physiciens vont s'appuyer sur les avancées de la thermodynamique. Au cours du XIXe siècle, ils ont réussi à développer cette discipline de façon de plus en plus abstraite, quasiment axiomatique, ce qui leur a permis d'imaginer des machines à vapeur idéales, dont les ingénieurs n'ont de cesse de se rapprocher. De même, Gustav Kirchhoff introduit en 1857 un corps idéal, appelé corps noir, qui absorberait parfaitement toutes les radiations et qui, de la même façon, pourrait les émettre toutes. Il montre que ce corps noir idéal doit émettre un rayonnement dont la distribution d'énergie entre les diverses fréquences émises – ce qu'on appelle le « rayonnement du corps noir » – doit dépendre uniquement de la température. Or on sait relier le rayonnement émis par les corps réels à ce rayonnement idéal. La détermination de la formule décrivant le rayonnement du corps noir en fonction de la fréquence et de la température va occuper les physiciens théoriciens pendant les décennies suivantes, car ils pressentent que, au-delà de son intérêt pratique, ce problème est susceptible de faire progresser la physique fondamentale. On va donc observer des progrès réguliers de la théorie, toujours basés sur les concepts classiques et stimulés par des résultats expérimentaux qui donnent de façon de plus en plus précise la distribution de l'énergie entre les diverses fréquences, le « spectre du rayonnement du corps noir ».

Après le résultat initial de Kirchhoff, qui a montré l'universalité de la loi décrivant ce spectre, c'est Wilhelm Wien qui va s'atteler à la recherche de cette loi. Il commence par montrer qu'il existe une fréquence pour laquelle l'énergie du rayonnement est maximale. Il montre de plus que ce maximum se déplace vers les hautes fréquences, du rouge vers le bleu, quand la température du corps croît. C'est la loi du déplacement de Wien, toujours utilisée aujourd'hui. Ainsi, la fréquence du maximum du spectre de la lumière solaire est à un peu plus de 5×10^{14} Hz (soit un peu moins de 0,6 µm en longueur d'onde), dans le jaune orangé, et correspond à un corps noir à une température absolue[1] d'environ 6 000 K. On comprend donc que la lumière émise par un filament métallique, qui ne peut dépasser une température de 2 000 K, ait un maximum dans l'infrarouge. Afin d'obtenir une lumière de plus en plus blanche, les ingénieurs du XXe siècle vont développer des méthodes permettant de porter les filaments des lampes à incandescence à

---

1. La température absolue, exprimée en degrés Kelvin, est égale à la température usuelle, exprimée en degrés Celsius, à laquelle on ajoute 273,15 K. Ainsi, la température de fusion de la glace est 273,15 K. À la différence de la température usuelle, dont la définition repose sur une convention, la température absolue a un caractère fondamental (le zéro absolu correspondant à l'absence d'agitation thermique) et c'est elle qui intervient dans les raisonnements théoriques.

des températures toujours plus élevées, par exemple dans les lampes à halogène[1].

La phase suivante est marquée par les résultats d'une autre figure majeure de la physique de la fin du XIXe siècle, lord Rayleigh. Abordant le problème par les méthodes de la physique statistique de Boltzmann appliquées à l'électromagnétisme de Maxwell, il obtient en 1900 une loi, corrigée par James Jeans, qui s'ajuste très bien aux données dans l'infrarouge... mais absolument pas dans l'ultraviolet, aux hautes fréquences (voir la figure 1.1). Elle prévoit en effet une augmentation sans limite de la densité d'énergie du rayonnement quand la fréquence est de plus en plus élevée, ce qui est absurde puisque cela correspondrait à une énergie totale infinie. Cette divergence sera nommée plus tard par Paul Ehrenfest, ami intime d'Einstein, la « catastrophe ultraviolette ».

1.2. Max Planck
et le rayonnement du corps noir (1900)

Quelque chose ne va donc pas dans la théorie, et c'est à ce problème que va se confronter Max Planck[2]. Dans les années 1890, Planck s'intéresse au rayonnement du corps noir pour une raison précise : il souhaite démontrer la validité et l'universalité du second principe de la thermodynamique. Ce principe est une généralisation formelle de l'observation courante suivant laquelle deux systèmes physiques de températures différentes, mis en contact, évoluent de façon irréversible vers un état d'équilibre

---

1. Les lampes LED (diodes électroluminescentes), qui ont révolutionné l'éclairage, émettent un rayonnement qui n'a rien à voir avec le rayonnement thermique. Il résulte de phénomènes quantiques totalement différents, l'émission de photons par des matériaux semi-conducteurs et la fluorescence de matériaux excités par ces photons (cette fluorescence fait partie des phénomènes cités par Einstein dans son article de 1905 à l'appui de son hypothèse des quanta lumineux). La répartition du rayonnement émis par les LED en fonction de la fréquence, son spectre, n'est pas celle du corps noir.
2. Voir notamment Planck (1901).

où les deux systèmes ont la même température. La démonstration de cette mise à l'équilibre thermique, qui paraît évidente en pratique, est aujourd'hui encore un problème difficile du point de vue théorique. Planck pense (en fait, à tort...) qu'il parviendra à démontrer théoriquement le lien entre le second principe de la thermodynamique et le rayonnement du corps noir en étudiant l'interaction électromagnétique entre la matière et le rayonnement

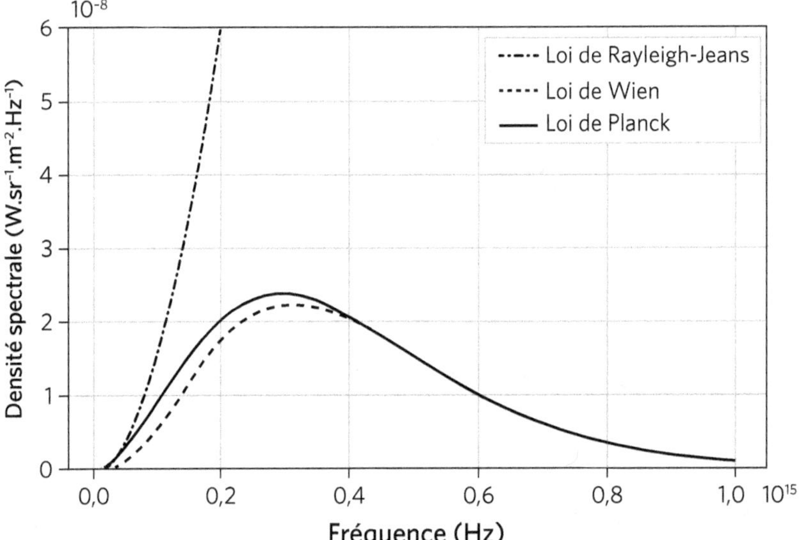

Figure 1.1. Distribution d'énergie en fonction de la fréquence pour le rayonnement du corps noir, avec T = 5 000 K. À la fin du XIXe siècle, les physiciens théoriciens comprennent que le rayonnement du corps noir leur permet de tester leurs théories. Ils développent des modèles de la distribution d'énergie de ce rayonnement en fonction de la fréquence et les confrontent aux résultats expérimentaux récents. Le modèle de Rayleigh-Jeans, construit à partir des conceptions les plus solides de physique statistique classique, est manifestement incapable de rendre compte des valeurs observées à haute fréquence. La loi de Wien, obtenue par des considérations thermodynamiques sans faire appel à un modèle particulier, est beaucoup plus proche des résultats expérimentaux. Mais c'est à Planck que revient le privilège de découvrir en 1900 un modèle microscopique s'ajustant exactement aux mesures, au prix d'une hypothèse révolutionnaire : la quantification de l'énergie. Le raisonnement de Planck est loin d'être rigoureux, et Einstein n'aura de cesse de trouver de nouvelles démonstrations plus convaincantes tout en gardant l'hypothèse de la quantification de l'énergie dont il a immédiatement compris le caractère fondamental.

contenus dans une cavité. Son idée est que ce système évoluera de façon irréversible vers le rayonnement du corps noir en équilibre avec la matière à la même température.

Pour modéliser le problème, Planck utilise une réalisation ingénieuse du corps noir, employée aussi bien par les théoriciens que les expérimentateurs depuis Kirchhoff. Il s'agit d'une cavité parfaitement réfléchissante, percée d'un petit trou, et contenant des objets matériels qui permettent – selon Planck – d'atteindre l'équilibre thermique pour la matière et le rayonnement, avec une température commune bien définie. Toute radiation incidente est absorbée, comme attendu pour un corps noir idéal, et le rayonnement sortant de ce petit trou est le rayonnement du corps noir. Dans son modèle, la matière est modélisée par des oscillateurs qui interagissent avec le rayonnement et se mettent à l'équilibre thermique avec lui. Planck les nomme « résonateurs », mais il ne précise pas de quoi ils sont constitués ; il faut donc simplement les envisager comme des entités matérielles capables d'échanger de l'énergie avec le rayonnement, autrement dit d'absorber ou d'émettre de la lumière[1].

À partir de ce modèle, Planck adopte la stratégie suivante :
– calculer l'entropie – une quantité fondamentale en thermodynamique – d'une collection de résonateurs qui oscillent à une fréquence donnée[2] (voir l'encadré E1.1) ;
– en déduire l'énergie moyenne d'un résonateur à cette fréquence en fonction de la température ;
– en déduire l'énergie moyenne du rayonnement à la même fréquence en fonction de la température ;
– en déduire la distribution spectrale du rayonnement, c'est-à-dire la répartition de son énergie entre toutes les fréquences v possibles.

---

1. On peut penser qu'il a en tête le modèle de l'« électron élastiquement lié » de Joseph Thomson, dans lequel l'électron est rappelé vers sa position d'équilibre par une force élastique proportionnelle à son éloignement du point d'équilibre. Cet électron oscille autour de sa position d'équilibre et peut absorber ou émettre du rayonnement.
2. Pour les expert(e)s : il raisonne sur un ensemble d'objets identiques, ce qui lui permet d'en déduire les propriétés statistiques d'un seul objet, suivant une méthode utilisée par Boltzmann.

E1.1. Calcul de l'entropie
d'un ensemble de résonateurs

Pour calculer l'entropie d'un certain nombre de résonateurs de fréquence donnée, Planck généralise une méthode mise en place par Boltzmann, dont il connaît parfaitement l'œuvre. Suivant cette méthode, Planck doit répartir l'énergie totale de tous ces résonateurs entre eux, en petits bouts, en une myriade d'éléments de petite énergie ε, puis compter le nombre de façons dont on peut répartir ces énergies élémentaires entre les différents résonateurs. L'entropie à la fréquence considérée sera proportionnelle au logarithme de ce nombre de répartitions possibles. Une petite analogie aidera à comprendre comment on compte les répartitions : imaginons que vous deviez distribuer 100 euros à trois personnes et que vous disposiez de 10 billets de 10 euros. Vous pouvez donner 5 billets à la première personne, 3 à la deuxième et 2 à la troisième ; c'est une possibilité. Mais vous pouvez aussi donner 3 billets à la première personne, 3 à la deuxième et 4 à la troisième ; c'est une autre possibilité. On peut alors compter toutes les façons de répartir les 10 billets de 10 euros entre les trois personnes. Pour Planck, il s'agit de compter toutes les façons de répartir une certaine quantité d'énergie entre tous les résonateurs. Ce décompte dépend bien sûr de la valeur ε des quantités élémentaires d'énergie. De la même façon que si vous distribuez vos 100 euros en pièces de 1 euro, il y aura manifestement beaucoup plus de façons de les répartir que si vous n'avez que des billets de 10 euros.

Grâce à cette méthode, et malgré ses réticences envers la vision statistique de la thermodynamique de Boltzmann, Planck aboutit à une formule du rayonnement du corps noir qui répond au défi de parfaitement reproduire les résultats expérimentaux quelles que soient la fréquence et la température (voir à nouveau la figure 1.1, p. 32). Seulement, pour que celle-ci s'accorde avec les mesures, il constate que les éléments d'énergie ε associés aux oscillateurs (voir à nouveau l'encadré E1.1) doivent prendre une valeur précise, proportionnelle à la fréquence du rayonnement v, avec un coefficient de proportionnalité qu'il détermine pour avoir le meilleur accord possible : c'est la fameuse formule $ε = hv$.

Planck est ainsi amené à admettre l'hypothèse des quanta d'énergie et à introduire une nouvelle constante[1], notée h, qu'on appelle aujourd'hui la « constante de Planck », dont il donne la valeur empirique permettant à sa formule de rendre compte au mieux des données expérimentales[2]. Planck est évidemment content d'avoir obtenu une formule rendant compte des données. Mais le théoricien qu'il est ne peut être satisfait d'une telle démarche non justifiée par des considérations fondamentales, et il qualifiera son hypothèse de la quantification de l'énergie d'« acte de désespoir ». Contrairement à un mythe, ni lui ni ses contemporains ne réalisent que ce physicien classique renommé vient de poser le premier jalon de la physique quantique, en introduisant les quanta, le discontinu. Pour nous, il y a une rupture évidente avec la physique classique, fondée sur la mécanique de Newton et l'électromagnétisme de Maxwell, continue par essence. Pour Planck et ses collègues, le point remarquable est l'accord avec les données expérimentales, et l'hypothèse des quanta, considérée comme purement formelle, ne va susciter quasiment aucun intérêt… jusqu'à ce que, cinq ans plus tard, un quasi-débutant, le héros de ce livre, Albert Einstein, entre en scène. C'est lui qui va prendre au sérieux la formule de Planck $ε = hv$, attribuer un sens physique à cette discontinuité et révolutionner les fondements de la physique.

---

1. En fait il doit introduire deux constantes numériques, l'autre étant ce que l'on appelle aujourd'hui la constante de Boltzmann, qui joue un rôle fondamental en thermodynamique statistique. Il obtient des valeurs précises pour ces deux constantes en ajustant sa formule aux données expérimentales.

2. Il est remarquable que la valeur qu'il propose ($h = 6{,}55 \times 10^{-34}$ J s) est voisine à environ 1 % près de la valeur moderne ($h = 6{,}63 \times 10^{-34}$ J s), obtenue par une multitude de mesures portant sur des phénomènes variés. Cela montre que le problème du corps noir est vraiment un problème fondamental et que les expérimentateurs de la fin du XIXe siècle qui s'acharnent à améliorer leurs mesures ont compris qu'il s'agit d'un enjeu majeur.

1.3. Einstein le révolutionnaire : le quantum de lumière pour expliquer le corps noir et l'effet photoélectrique (1905)

Entre 1902 et 1904, Einstein, employé du bureau des brevets de Berne le jour, poursuit ses recherches en physique le soir et le dimanche. Il se forme à la thermodynamique et acquiert une connaissance approfondie de ses fondements ; il publie même trois articles à ce sujet entre 1902 et 1905. Il cherche en particulier à comprendre le passage de la description microscopique des gaz (la distribution statistique des vitesses des atomes ou des molécules) à leurs propriétés macroscopiques (leur pression ou leur densité) ; c'est pourquoi il s'intéresse à la théorie statistique de Boltzmann – à qui il voue une grande admiration – et à l'interprétation atomiste des propriétés macroscopiques des gaz. Il connaît aussi les travaux de Planck en thermodynamique, et notamment sa formule du rayonnement du corps noir et la démonstration qu'il en a donnée. Or Einstein n'est pas du tout convaincu par le raisonnement de Planck car il a compris que l'hypothèse des quanta est incompatible avec la physique classique. Contrairement à Planck qui s'est détourné du problème, Einstein regarde la réalité en face : si l'on accepte la démonstration de la formule de Planck faite par Planck lui-même, alors il faut aussi admettre une remise en cause radicale de la physique classique de la matière, ou du rayonnement, ou des deux.

Einstein, qui est d'une autre génération que Planck et qui possède l'audace de la jeunesse, va sauter le pas en admettant que la quantification de l'énergie n'est pas qu'une astuce de calcul. Il va l'appliquer aussi bien au rayonnement qu'à la matière et obtenir, respectivement en 1905 et 1907, deux résultats époustouflants.

Commençons par le rayonnement. Lors de son « année miraculeuse[1] », l'année 1905, il publie un article ayant pour titre : « Sur un point de vue heuristique concernant la production et la transformation de la lumière[2] ». Einstein y fait l'hypothèse qu'il faut non seulement quantifier l'énergie échangée entre le rayonnement et les oscillateurs, comme l'a fait Planck, mais aussi l'énergie du rayonnement lui-même, qu'il décrit comme formé de grains élémentaires d'énergie. C'est l'hypothèse des « quanta lumineux », qui ne seront appelés « photons » qu'à partir de 1926. Il renoue ainsi avec une vision corpusculaire de la lumière, ce qui est très audacieux car la vision ondulatoire s'est imposée depuis près d'un siècle, avec les travaux de Thomas Young, Augustin Fresnel et James Clerk Maxwell. Mais son modèle corpusculaire du rayonnement permet une démonstration plus satisfaisante, juge-t-il, de la formule de Planck.

De plus, l'hypothèse des quanta lumineux va lui permettre d'interpréter un phénomène jusqu'alors bien mystérieux, l'effet photoélectrique, et surtout de faire sur ce phénomène des prédictions quantitatives précises pouvant être vérifiées par des mesures. Celles-ci seront faites dix ans plus tard par Robert Millikan, qui confirmera les prédictions d'Einstein, à son corps défendant[3]. Le modèle d'Einstein remplit ainsi le critère essentiel permettant d'identifier une nouvelle théorie importante : être non seulement en accord avec des observations existantes, mais aussi prédire des faits encore jamais observés, qui seront mis en évidence dans des expériences ultérieures guidées par cette théorie.

---

1. C'est aussi l'année où il publie la théorie de la relativité restreinte et l'analyse du mouvement brownien, c'est-à-dire le mouvement aléatoire d'une petite particule immergée dans un liquide sous l'effet des chocs par les molécules du liquide. Il s'agit d'un chef-d'œuvre d'utilisation des probabilités pour décrire un phénomène physique, qui aboutit au premier exemple d'un théorème important de la physique moderne : le théorème dit « fluctuations-dissipation ». Aussi, c'est en utilisant cette analyse théorique du mouvement brownien que Jean Perrin établira fermement l'existence des atomes, dans une série d'expériences menées entre 1907 et 1909, qui lui vaudront le prix Nobel de physique de 1926.

2. Voir Einstein (1905).

3. Millikan racontera plus tard (dans la *Review of Modern Physics*, vers 1940) qu'il a entrepris en 1915 ses mesures pour démontrer la fausseté de la prédiction d'Einstein pour l'effet photoélectrique et qu'il a dû se rendre à l'évidence de leur justesse.

Le comité Nobel ne s'y trompera pas en attribuant le prix Nobel 1921 de physique à Einstein « pour ses travaux théoriques et en particulier sa découverte de la loi de l'effet photoélectrique ». Mais de quoi s'agit-il exactement ?

Heinrich Hertz, que nous avons déjà rencontré, n'est pas célèbre chez les physiciens uniquement pour son expérience de production d'ondes électromagnétiques, en 1887. La même année, il remarque un phénomène surprenant : un métal est capable d'émettre de l'électricité lorsqu'il est éclairé par de la lumière. L'un de ses anciens assistants à l'université de Bonn, Philipp Lenard[1], va approfondir cette découverte en mesurant plus précisément les propriétés du courant produit, c'est-à-dire des électrons éjectés du métal, en fonction de divers paramètres[2].

Lenard fait d'abord varier la fréquence du rayonnement incident. Il constate alors que le courant électrique n'est produit que si la fréquence dépasse un certain seuil : si elle est trop faible, il est impossible d'arracher un seul électron au métal. Autrement dit, vous aurez beau envoyer de la lumière rouge sur le métal, si intense soit-elle, vous ne produirez aucun courant. En revanche, dès que la fréquence devient suffisamment élevée, avec de la lumière bleue ou ultraviolette par exemple, vous observerez l'éjection des électrons hors du métal et l'apparition d'un courant électrique (voir la figure 1.2). On peut ainsi définir une fréquence seuil au-dessus de laquelle les électrons sont arrachés au métal.

Lenard étudie ensuite le phénomène en fonction de l'intensité de la lumière, à des fréquences supérieures à la fréquence seuil, pour lesquelles l'éjection des électrons se produit. Il fait alors les observations suivantes :
- il y a une relation de proportionnalité entre le nombre d'électrons éjectés par unité de temps (qui correspond à l'intensité électrique du courant produit par la lumière) et la puissance

---

1. Lenard fera partie de ces quelques savants allemands qui collaboreront avec enthousiasme avec le régime nazi, et il vilipendera les travaux d'Einstein, qualifiés de « science juive ».
2. Voir Lenard (1902).

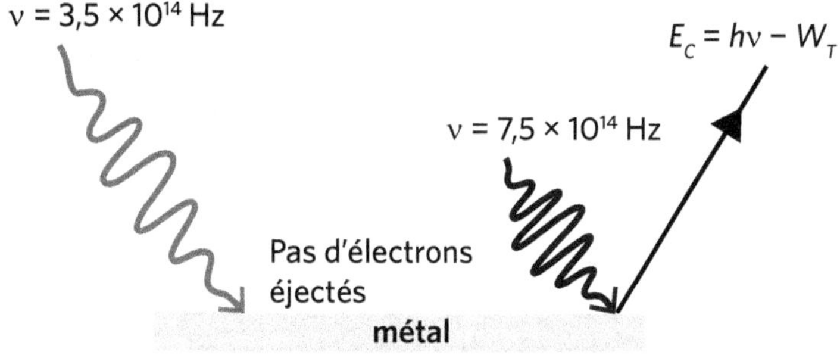

Figure 1.2. Schéma de l'effet photoélectrique. Si l'énergie des quanta de la lumière incidente est trop faible, aucun électron ne peut être arraché du métal ; c'est le cas par exemple de la lumière rouge ($\nu = 3,5 \times 10^{14}$ Hz). En revanche, à partir d'un certain seuil en fréquence, les quanta de la lumière incidente ont une énergie suffisante pour arracher au métal des électrons, qui se retrouvent éjectés avec une énergie cinétique égale à l'énergie du quantum $h\nu$ diminuée de l'énergie nécessaire W_T pour arracher l'électron du métal. C'est le cas par exemple pour la lumière bleue ($\nu = 7,5 \times 10^{14}$ Hz).

de la lumière tombant sur la plaque métallique (donc l'énergie par unité de temps) ;
– la vitesse des électrons éjectés ne dépend pas de cette puissance ;
– la vitesse des électrons éjectés dépend en revanche de la fréquence de la lumière incidente : plus celle-ci est élevée, plus les électrons sont éjectés du métal avec une grande vitesse et, au contraire, quand la fréquence tend vers la fréquence seuil par valeurs supérieures, cette vitesse tend vers zéro.

Einstein prend connaissance de ces résultats, qui ont été publiés en 1902. Il sait que la physique classique, et en particulier la théorie électromagnétique de Maxwell, est incapable d'en donner une explication ; mais il se rend compte que toutes les difficultés disparaissent si l'on considère la lumière comme faite de quanta qui entrent en collision avec les électrons de la plaque métallique. Le point clef est de considérer des événements individuels lors desquels un quantum de lumière entre en collision avec un électron qui ne sera éjecté que si l'énergie cédée par ce quantum est suffisante pour vaincre l'énergie de liaison qui retient l'électron dans le métal. C'est ce qui se passe avec de la lumière bleue. À l'inverse, si l'énergie hv du photon est insuffisante, aucun électron n'est arraché ; ce qui explique l'effet de seuil et le fait qu'aucun courant n'est produit avec de la lumière rouge. On peut résumer cela par la célèbre formule proposée par Einstein en 1905, dans l'article où il introduit les quanta de lumière pour démontrer la formule de Planck du corps noir : l'énergie hv du photon est égale à l'énergie W_T qu'il faut pour arracher l'électron du métal ajoutée à l'énergie cinétique $1/2\ mv^2$ de cet électron, soit

$$hv = W_T + \frac{1}{2}mv^2.$$

1.4. Einstein explique le comportement étonnant des capacités calorifiques des solides (1907)

Dès 1905, Einstein applique l'idée de quantification de l'énergie au rayonnement. En 1906, il émet l'hypothèse qu'il faut aussi quantifier l'énergie des oscillateurs matériels : l'hypothèse des quanta doit s'appliquer aussi bien à la matière qu'à la lumière. Cela l'amène en 1907 à une nouvelle découverte majeure : l'explication d'un autre phénomène alors incompris ayant trait à l'énergie qu'un corps est capable de stocker sous forme de chaleur.

La « capacité calorifique » d'un matériau correspond à l'énergie que celui-ci est susceptible d'engranger à mesure que sa température augmente. Par exemple, pour une élévation de température donnée, un matériau avec une grande capacité calorifique peut emmagasiner une plus grande quantité d'énergie qu'un matériau de petite capacité calorifique. Plus précisément, la quantité d'énergie emmagasinée est directement proportionnelle au changement de température, le coefficient de proportionnalité étant justement la capacité calorifique.

En 1819, deux physiciens français, Pierre Louis Dulong et Alexis Thérèse Petit, découvrent une loi empirique selon laquelle les capacités calorifiques des corps à l'état solide, rapportées à une unité de masse atomique du corps[1], ont toutes à peu près la même valeur : environ 3 R, où R désigne la constante des gaz parfaits qui joue un rôle important dans la description des propriétés des gaz. À la fin du siècle, l'universalité de cette valeur s'interprète en invoquant le principe d'équipartition de l'énergie, dû à Boltzmann, selon lequel l'énergie moyenne pour chaque degré de liberté, c'est-à-dire pour chaque possibilité de mouvement dont dispose chaque atome dans le solide, a une valeur proportionnelle à la température mais indépendante des caractéristiques de l'atome. En appliquant ce principe aux atomes liés dans le solide mais pouvant osciller autour de leur position d'équilibre, on trouve la loi de Dulong et Petit. Le point clef est que, même si la loi de Dulong et Petit est à peu près vérifiée pour la plupart des corps solides, il existe des exceptions. À l'époque d'Einstein, au moins trois d'entre elles sont bien connues : le carbone, le bore et le silicium, dont les capacités calorifiques sont notablement inférieures à 3 R (par exemple, 1,34 R pour le bore et 0,74 R pour le carbone sous forme graphite). Personne ne peut expliquer cette anomalie.

Ici encore, Einstein va frapper un grand coup en utilisant l'idée de la quantification, appliquée aux oscillateurs. Il remarque que les anomalies apparaissent pour le carbone sous forme de diamant, le bore, le silicium, des corps très durs formés d'atomes plutôt légers, ce qui correspond à des fréquences d'oscillateurs élevées. Cela veut dire que le quantum d'oscillation $h\nu$, qui sépare l'état fondamental de l'oscillateur de son premier état excité, est plus grand que dans la plupart des corps. Si cette valeur est plus

---

1. Dans le contexte de la théorie atomique, une unité de masse atomique du corps correspond à un nombre bien défini d'atomes, le nombre d'Avogadro. Ainsi 12 grammes de carbone, ou 28 grammes de silicium, ou 56,8 grammes de fer, contiennent ce même nombre d'atomes. La constante R, qui se rapporte à une unité de masse atomique, est égale à une constante fondamentale relative au comportement thermique des atomes, la constante de Boltzmann, multipliée par le nombre d'Avogadro.

grande que l'énergie thermique typique de Boltzmann, qui est proportionnelle à la température, l'oscillateur ne peut pas être excité par l'agitation thermique. Il reste alors en quelque sorte « gelé » dans son état fondamental, ne peut pas absorber de la chaleur et ne contribue pas à la capacité calorifique. Ici comme dans le cas du rayonnement du corps noir, la prise en compte de la quantification de l'énergie des oscillateurs défavorise les fréquences élevées et offre une explication au déficit des capacités calorifiques correspondant à des fréquences d'oscillation élevées. Ainsi, en invoquant cette fois la quantification de la matière, Einstein montre que ce qui apparaît comme une anomalie trouve en fait une explication théorique tout à fait naturelle (voir l'encadré E1.2).

En fait, le nouveau modèle théorique d'Einstein[1], publié en 1907, prédit de manière assez sophistiquée la façon dont la capacité calorifique croît avec la température, pour atteindre la valeur universelle de Dulong et Petit lorsque l'énergie thermique typique devient de l'ordre du quantum de vibration, c'est-à-dire de l'ordre de la quantité d'énergie requise pour faire passer l'oscillateur de son état fondamental au premier état excité de vibration (voir la figure 1.3). Ce modèle fournit des prédictions plus précises que les mesures existantes, et de nouvelles expériences vont être menées par Walther Nernst à Berlin. Ce dernier vérifiera dès 1911 la validité du modèle d'Einstein, qu'il soutiendra alors avec ardeur et dont il améliorera même le modèle.

Ainsi, après avoir tiré des conséquences de la quantification du rayonnement et obtenu des prédictions précises et inattendues pour l'effet photoélectrique, Einstein réitère avec la quantification des oscillateurs matériels, et interprète ainsi des résultats expérimentaux dont la compréhension résistait aux meilleurs physiciens. Même si les réticences sont encore nombreuses, de plus en plus de physiciens sont convaincus de la validité des idées de quantification. Et Einstein ne va pas en rester à ces deux coups d'éclat, car en 1909 il introduit un concept lui aussi révolutionnaire : la dualité onde-particule pour la lumière.

---

1. Voir Einstein (1907).

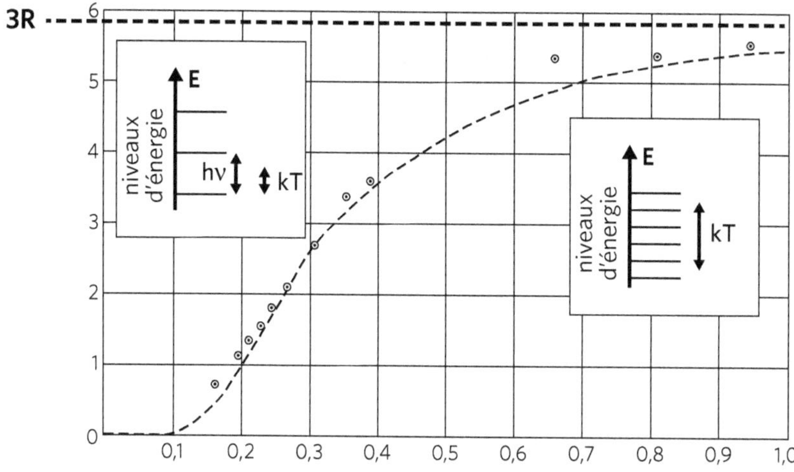

Figure 1.3. Capacité calorifique du diamant en fonction de la température. La courbe tiretée caractérise la prédiction de la théorie d'Einstein qui met en jeu la quantification de l'énergie des oscillateurs. Les points désignent les mesures expérimentales. En abscisse, on a porté la température réduite kT/hv, qui est un nombre sans unité. La ligne horizontale tiretée, quant à elle, représente la valeur d'environ 3 R donnée par la loi de Dulong et Petit. À basse température, l'agitation thermique ne permet pas aux oscillateurs d'atteindre les états excités de vibration (hv > kT, voir l'insert à gauche). En revanche, à haute température, l'énergie d'agitation thermique kT est suffisante pour exciter les oscillateurs (hv < kT, voir l'insert à droite). *(D'après l'article d'Einstein [1907], p. 186.)*

E1.2. Einstein explique par la quantification la loi de Dulong et Petit

On peut interpréter la loi de Dulong et Petit en utilisant un résultat remarquable démontré par Boltzmann, appelé théorème d'équipartition de l'énergie. À l'équilibre thermodynamique, chaque degré de liberté d'un objet microscopique, atome ou molécule, emmagasine la même quantité d'énergie – dont la valeur ne dépend que de la température – suivant la loi $E = 1/2\, k_B T$, où T est la température absolue exprimée en degrés Kelvin, égale à la température en degrés Celsius + 273,15. Quant à la constante k_B, appelée aujourd'hui constante de Boltzmann, elle vaut R (une

constante intervenant dans la théorie cinétique des gaz)
divisée par le nombre d'Avogadro. C'est donc une constante
que l'on applique aux objets microscopiques élémentaires,
atomes ou molécules. Pour un gaz monoatomique, chaque
atome a trois degrés de liberté, les trois composantes de
sa vitesse suivant trois axes orthogonaux. On en déduit
que sa capacité calorifique par atome vaut 3/2 k_B, et, en
multipliant par le nombre d'Avogadro, on trouve une capacité calorifique par mole de 3/2 R, ce qui est effectivement
observé expérimentalement. Mais comment appliquer le
théorème au cas des atomes d'un solide ? En considérant
que chaque atome oscille autour de sa position d'équilibre,
vers laquelle il est rappelé par les liaisons chimiques avec
une force « élastique », c'est-à-dire proportionnelle au déplacement (en particulier, elle est nulle à la position d'équilibre
où le déplacement est nul). Un tel oscillateur, appelé oscillateur harmonique car il oscille sinusoïdalement, emmagasine
deux sortes d'énergie : l'énergie cinétique de l'atome dans
son mouvement et l'énergie élastique emmagasinée lorsque
l'atome s'éloigne de sa position d'équilibre (quand on étire ou
comprime un ressort, il emmagasine de l'énergie). Comme il
peut osciller suivant trois directions orthogonales, le nombre
de degrés de liberté est 6, et la capacité calorifique par atome
vaut 3 k_B, soit 3 R pour une unité de masse atomique. C'est
la valeur observée par Dulong et Petit pour un grand nombre
de corps. Cependant, pour certains corps solides, cette valeur
est nettement plus petite que 3 R. Comment l'expliquer ?
D'abord, Einstein remarque que l'anomalie apparaît pour des
solides très durs, et des atomes légers, ce qui correspond
à des fréquences d'oscillation v très élevées. Le quantum
d'énergie hv est donc lui aussi élevé, en l'occurrence plus
élevé que l'énergie thermique élémentaire $k_B T$, à température ambiante. L'agitation thermique ambiante n'est alors
pas capable d'exciter le premier niveau de l'oscillateur
mécanique, séparé de l'état fondamental par l'énergie hv.
À partir de cette idée très simple, Einstein va développer un

modèle plus raffiné dans lequel les oscillateurs atomiques ne peuvent échanger qu'un nombre entier de quanta d'énergie $h\nu$. Utilisant les résultats généraux de Boltzmann, il trouve une loi de variation de la capacité calorifique en fonction de la température qui montre que celle-ci est égale à la valeur de Dulong et Petit à haute température, et qu'à basse température elle est nettement inférieure à cette valeur. Pour les atomes lourds, la température caractéristique au-dessus de laquelle s'applique la loi de Dulong et Petit est nettement inférieure à la température ambiante, et la loi s'applique à température ordinaire. Au contraire, pour les atomes légers, il faut porter le corps à des températures beaucoup plus élevées pour retrouver la loi de Dulong et Petit.

1.5. La dualité onde-particule pour la lumière (1909)

Revenons à la lumière et aux quanta lumineux. Il est vrai que, grâce à eux, Einstein est parvenu à expliquer l'effet photo-électrique et le rayonnement du corps noir[1]. Mais il y a un revers à la médaille : avec une telle conception corpusculaire de la lumière, comment rendre compte de phénomènes manifestement ondulatoires – comme les interférences ou la diffraction – où l'on est obligé de considérer que la lumière passe par plusieurs chemins à la fois ? Cela ne pose pas de problème pour une onde électromagnétique, mais comment une particule pourrait-elle suivre plusieurs chemins en même temps ?

---

1. Pour les expert(e)s : dans l'article de 1905 sur les quanta de lumière, il a aussi interprété le changement de fréquence de la lumière lors du phénomène de fluorescence, connu sous le nom de loi de Stokes : on observe que la fréquence diminue, ce qu'Einstein interprète simplement par le fait qu'un peu d'énergie reste dans la substance fluorescente, si bien que le quantum réémis est moins énergétique que le quantum incident.

Einstein est convaincu que les physiciens doivent renouveler leur compréhension des ondes électromagnétiques. Lui-même a apporté un bouleversement considérable en 1905 lorsqu'il a inventé sa théorie de la relativité restreinte pour rendre les équations de Maxwell invariantes par changement de référentiel galiléen[1], afin d'être cohérent avec le principe d'invariance de la vitesse de la lumière. Il pense qu'une remise en cause analogue va permettre de réconcilier les modèles ondulatoire et corpusculaire. C'est ainsi qu'il va émettre l'hypothèse de ce qu'on appelle aujourd'hui la « dualité onde-particule », qui sera généralisée plus tard par Louis de Broglie comme nous le verrons plus loin. Le 21 septembre 1909, lors d'une conférence donnée à Salzbourg intitulée « L'évolution de nos conceptions sur la nature et la constitution du rayonnement[2] », il déclare : « Je pense que la prochaine étape du développement de la physique théorique nous fournira une théorie de la lumière que l'on pourra interpréter comme une sorte de fusion de la théorie ondulatoire et de la théorie de l'émission[3] de la lumière[4]. » Il n'en donne pas une démonstration générale, mais il appuie son raisonnement sur l'analyse d'un certain nombre de phénomènes, par exemple les fluctuations du rayonnement du corps noir[5], où il montre combien est fructueux le double point de vue.

Que la lectrice ou le lecteur me permette une nouvelle remarque personnelle. On entend souvent dire qu'en introduisant la notion de quantum de lumière, Einstein réhabilite le

---

1. Un référentiel galiléen est un système de coordonnées en mouvement de translation rectiligne uniforme par rapport aux étoiles qui, à notre échelle de temps, sont fixes. Les lois de la mécanique newtoniennes y sont valables, alors que ce n'est pas le cas pour un référentiel en rotation par rapport aux étoiles. Le postulat sur lequel est construit la relativité, basé sur le résultat de l'expérience de Michelson, est que la vitesse de la lumière (dans le vide) est la même dans tous les référentiels galiléens.
2. Voir Einstein (1909).
3. Nom donné à l'époque à ce que nous appelons aujourd'hui « théorie corpusculaire ».
4. Cité par Françoise Balibar, Olivier Darrigol et Bruno Jech dans Einstein (1989), p. 87.
5. Pour les expert(e)s : le raisonnement époustouflant qu'il fait sur ce sujet le conduit à écrire une formule qui sera redécouverte par Robert Hanbury Brown et Richard Twiss en 1955, lors de la mise en évidence d'un phénomène considéré comme à l'origine de l'optique quantique moderne. L'interprétation de l'effet Hanbury Brown et Twiss, à la croisée entre modèles ondulatoire et corpusculaire de la lumière, donnera à Roy Glauber l'occasion de développer sa théorie quantique de la lumière, qui rend compte de façon limpide des deux aspects à la fois, ce qui lui vaudra le prix Nobel en 2005.

modèle corpusculaire de Newton. Il me semble qu'il n'en est rien. Newton essayait d'interpréter tous les phénomènes d'optique par son modèle corpusculaire, lié à sa mécanique et à la loi de la gravitation universelle. On sait bien aujourd'hui que son modèle ne peut pas rendre compte des phénomènes ondulatoires. Il est aussi en échec face au phénomène plus simple de la réfraction, le fait qu'en passant de l'air à l'eau, ou de l'air au verre, un rayon lumineux se rapproche de la droite perpendiculaire à l'interface. Newton présentait ce phénomène comme résultant de l'attraction de la particule de lumière par la matière du milieu réfringent, l'eau ou le verre. Or ce modèle de Newton, où la vitesse de la lumière est donc censée être plus grande dans le milieu réfringent, a été définitivement balayé par une expérience de Léon Foucault[1], qui a pu directement montrer que la vitesse de la lumière dans l'eau est inférieure à celle dans l'air, en accord avec la théorie ondulatoire de Huygens et Fresnel, et en désaccord avec celle de Newton.

Einstein conserve donc la théorie ondulatoire pour tous les phénomènes où elle s'impose, tout en comprenant qu'il faut la combiner à un modèle corpusculaire. Mais à cette époque, mis à part quelques rares exceptions, personne n'est prêt à remettre en cause le modèle ondulatoire de la lumière au profit des quanta lumineux. C'est en particulier le sentiment partagé par la majorité des physiciens qui assistent au premier « congrès Solvay ».

1.6. *Le premier congrès Solvay (1911)*

Ernest Solvay est un chimiste belge qui a fait fortune en inventant une méthode de synthèse de la soude. C'est aussi un passionné de physique théorique ; c'est pourquoi il décide

---

1. Voir Foucault (1853). C'est le même Léon Foucault qui, dans sa célèbre expérience du pendule suspendu à la coupole du Panthéon, a définitivement montré que la Terre tourne par rapport à un référentiel galiléen.

de financer l'organisation de grandes conférences internationales destinées à réunir les plus grands physiciens du moment, sur des sujets brûlants[1]. La première d'entre elles se déroule à Bruxelles à l'automne 1911, dans le très chic hôtel Métropole[2]. Le thème retenu pour cette première session n'est pas anodin : « La théorie du rayonnement et des quanta ». C'est dire l'importance de cette problématique ! Sont présents les deux grands spécialistes du rayonnement, Planck et Lorentz, ainsi que d'éminentes personnalités scientifiques comme Henri Poincaré, Paul Langevin, Marie Curie, Ernest Rutherford, Jean Perrin, Arnold Sommerfeld, Wilhelm Wien et bien entendu Einstein, qui fait une forte impression sur ses collègues (voir la figure 1.4).

Lors de ce congrès, un consensus émerge pour admettre qu'il existe des discontinuités fondamentales dans la physique, et que celles-ci constituent une rupture nette avec les théories classiques – c'est-à-dire avec la mécanique et l'électromagnétisme –, qui demandent certainement à être révisées. Mais aucun physicien de renom ne prend au sérieux l'hypothèse des quanta lumineux d'Einstein. D'abord, comme je l'ai déjà mentionné, on ne voit pas comment expliquer le comportement ondulatoire de la lumière avec un modèle corpusculaire. Certains physiciens présents trouvent aussi une incohérence fondamentale dans le fait que la formule d'Einstein, $E = h\nu$, met en correspondance l'énergie d'un quantum de lumière, qui est un concept corpusculaire, avec une fréquence ν, qui est une notion ondulatoire par excellence. Les esprits ne sont pas prêts pour ce qui apparaît aujourd'hui comme un coup de génie : la dualité onde-corpuscule.

---

1. Ernest Solvay en profite pour présenter à cette brillante assemblée ses idées « non conventionnelles » de physique théorique, qui n'ont cependant pas laissé de trace dans l'histoire de la physique.

2. J'ai eu la chance d'être invité en 2011 dans la même salle du même hôtel Métropole, au congrès du centenaire où j'ai participé à une session intitulée « Fondements de la mécanique quantique et calcul quantique », et une autre intitulée « Contrôle des systèmes quantiques ». La physique quantique est plus que jamais au cœur des préoccupations des physiciens.

Figure 1.4. Photographie prise au premier congrès Solvay à Bruxelles en 1911. On y reconnaît notamment Max Planck (debout, 2ᵉ en partant de la gauche), Ernest Solvay et Hendrik Lorentz (assis, 3ᵉ et 4ᵉ en partant de la gauche), Maurice de Broglie (juste derrière Lorentz, légèrement à droite), Marie Curie et Henri Poincaré (assis tout à droite), Ernest Rutherford (debout, 4ᵉ en partant de la droite), ou encore Albert Einstein (debout, 2ᵉ en partant de la droite). *(Wikimedia Commons. Photo par Benjamin Couprie.)*

Einstein est évidemment conscient de ces difficultés. Il tente de les contourner en expliquant qu'il ne faut pas envisager les quanta lumineux comme des corpuscules à proprement parler, mais plutôt comme des points indivisibles localisés dans l'espace (des « singularités ») où se concentre l'énergie lumineuse – ce qui revient à dire que l'énergie d'un faisceau lumineux n'est pas répartie uniformément le long de celui-ci. Pour autant, personne n'est véritablement convaincu, à l'image de Planck et Lorentz, qui font autorité. Certes, les quanta lumineux ont l'avantage de donner une explication des propriétés qualitatives de l'effet photoélectrique ; mais le prix à payer – l'abandon de la théorie ondulatoire qui fonctionne si bien – est trop fort. C'est pourquoi des physiciens parmi les plus prestigieux, comme Lorentz, Joseph Thomson ou encore Arnold Sommerfeld, vont chercher d'autres explications de l'effet photoélectrique ne faisant pas appel aux quanta lumineux, mais sans succès.

On peut rapporter ici un fait édifiant à propos de cette résistance aux quanta lumineux d'Einstein. Un an et demi après le congrès Solvay de 1911, les quatre Berlinois qui y ont participé (Planck, Nernst, Rubens et Warburg) s'associent pour pousser l'Académie royale des sciences de Prusse à accorder une chaire à Einstein, alors que celui-ci n'a que 34 ans – ce qui est très jeune pour une telle fonction. Dans leur lettre de soutien, après avoir mis en avant sa théorie quantique des chaleurs spécifiques, ils écrivent qu'Einstein s'est certes égaré avec sa théorie des quanta lumineux, mais ils s'empressent d'ajouter qu'il ne faut pas lui en vouloir car, pour que la science puisse progresser, il faut bien prendre le risque de commettre des erreurs :

> En bref, on peut dire que, parmi les grands problèmes dont la physique moderne abonde, il n'en est guère qu'Einstein n'ait marqué de sa contribution. Il est vrai qu'il a parfois manqué le but lors de ses spéculations, par exemple avec son hypothèse des quanta lumineux ; mais on ne saurait lui en faire le reproche, car il n'est pas possible d'introduire des idées réellement nouvelles, même dans les sciences les plus exactes, sans parfois prendre des risques[1].

Einstein ne prend pas ces critiques à la légère, bien au contraire. Les arguments de ses opposants, notamment Lorentz qu'il respecte énormément, sont très pertinents, à tel point qu'il va avoir des doutes sur la validité du modèle des quanta lumineux. Il va même l'abandonner temporairement pendant environ deux ans, autour de 1912 – une période pendant laquelle il cherchera à retrouver des résultats de mécanique quantique sans postuler l'existence de ces quanta lumineux. Il ne retrouvera pleinement confiance en eux qu'en 1916, au moment où il formulera une nouvelle théorie du rayonnement, présentée plus loin dans ce chapitre.

---

1. Cité par Françoise Balibar, Olivier Darrigol et Bruno Jech dans Einstein (1989), p. 38.

Si les quanta lumineux suscitent le rejet, l'idée que la matière est quantifiée va en revanche s'implanter durablement. Elle fait déjà l'unanimité à ce congrès Solvay de 1911, où Einstein est invité avant tout pour parler de sa théorie quantique des chaleurs spécifiques, qui convainc la plupart des participants. Et ce n'est qu'un début, puisque la quantification de la matière va bientôt se retrouver au cœur d'une avancée majeure dans la compréhension de la structure atomique, l'invention du modèle d'atome de Bohr. Or ce modèle, dont le but est de rendre compte du spectre des fréquences lumineuses émises par l'atome d'hydrogène, utilise tout naturellement la relation d'Einstein $E = h\nu$ qui relie l'énergie d'un quantum de lumière à sa fréquence. Aux yeux d'Einstein, les quanta lumineux sont ainsi remis en selle.

1.7. L'atome de Bohr (1913) :
un progrès majeur
basé sur une « hypothèse horrible »

De retour à l'université de Manchester après avoir assisté au congrès Solvay de 1911, Ernest Rutherford fait au jeune Niels Bohr un compte rendu des discussions qui s'y sont déroulées et le sensibilise à la théorie quantique de la matière. Deux ans plus tard, en 1913, Bohr établit un nouveau modèle de l'atome d'hydrogène fondé sur l'idée de quantification[1]. Il répond ainsi à un problème majeur posé par l'atome de Rutherford, qui a lui-même constitué une avancée primordiale dans la quête d'un modèle atomique en accord avec les observations expérimentales.

Rutherford est le père du modèle planétaire d'atome. Jusqu'aux expériences de 1909 menées par Rutherford et ses collaborateurs, dont Hans Geiger qui a donné son nom au compteur

---

1. Voir Bohr (1913).

de radioactivité, on pense que les atomes sont des petits volumes pleins de matière, disposés de façon plus ou moins jointive dans les solides et les liquides. Comme on sait que la matière contient des électrons, on imagine une matière positive au sein de laquelle on trouve des électrons négatifs, comme des raisins secs dans un cake. C'est le modèle dit du *plum-pudding* de Joseph Thomson, le découvreur de l'électron. Mais ce modèle ne résiste pas à l'expérience de Rutherford dans laquelle une mince feuille d'or, dont l'épaisseur est de quelques milliers de couches atomiques, est bombardée par des particules alpha, c'est-à-dire des noyaux d'hélium, chargés positivement. À la stupéfaction des physiciens, la plupart de ces particules alpha traversent la feuille d'or sans être affectées, tandis qu'une petite fraction d'entre elles est considérablement déviée, pouvant quasiment rebrousser chemin. Il faudra alors deux ans à Rutherford pour élaborer son modèle planétaire. Ce modèle rend compte des observations en supposant que la quasi-totalité de la masse de l'atome est concentrée dans un noyau chargé positivement, dont la taille est dix mille fois plus petite que celle de l'atome lui-même. Autour de ce noyau, il y a du vide dans lequel les particules alpha passent librement sans être déviées, sauf lorsqu'elles s'approchent très près du noyau, ou même qu'elles l'abordent de face – auquel cas elles repartent en arrière. Quant aux électrons, attirés par le noyau chargé positivement puisque leur charge électrique est négative, Rutherford les décrit gravitant autour de lui comme les planètes tournent autour du Soleil sous l'effet de l'attraction gravitationnelle[1].

Si séduisant soit-il auprès de physiciens qui connaissent parfaitement le mouvement des planètes, le modèle de Rutherford doit faire face à des objections rédhibitoires. En effet, les lois de l'électromagnétisme indiquent que l'électron tournant autour du noyau doit émettre du rayonnement, et donc perdre de l'énergie. Il devrait donc progressivement se rapprocher du noyau

---

1. L'analogie est d'autant plus tentante que, telle l'attraction gravitationnelle entre le Soleil et les planètes, l'attraction électrostatique entre le noyau et les électrons varie comme l'inverse du carré de la distance.

sur lequel il finirait par tomber, comme un satellite artificiel freiné par l'atmosphère terrestre. En fait, ce n'est pas ce qu'on observe : les atomes sont stables ! Autre difficulté, le modèle de Rutherford n'apporte aucune solution à un problème majeur de l'époque : la lumière émise par les atomes possède un spectre « discret », c'est-à-dire formé de rayonnement ne comportant que certaines fréquences bien déterminées, caractéristiques de l'élément chimique considéré. Or, dans le modèle de Rutherford, le rayonnement émis a une fréquence égale à la fréquence de révolution de l'électron autour du noyau, qui peut prendre n'importe quelle valeur. De plus, en émettant ce rayonnement, l'électron perd de l'énergie et se rapproche du noyau, ce qui entraîne une augmentation progressive de la fréquence. Ce modèle ne peut donc absolument pas rendre compte du spectre de la lumière émise par les atomes.

Niels Bohr, jeune chercheur danois venu étudier chez Rutherford après sa thèse (on dirait aujourd'hui en séjour post-doctoral), écoute le compte rendu de Rutherford de retour du congrès Solvay de 1911, et notamment les critiques du modèle planétaire que je viens d'exposer. Après une longue réflexion, Bohr propose en 1913 une adaptation du modèle planétaire qui rend compte du spectre de l'hydrogène, au prix d'hypothèses tout à fait surprenantes, et présentées comme de nouveaux postulats. En appliquant ces postulats à l'atome d'hydrogène, Bohr obtient les valeurs exactes des fréquences de la lumière qu'il émet, ce qui est stupéfiant et montre que ce modèle a une valeur certaine. Mais pour obtenir ce résultat, il a dû utiliser la relation d'Einstein, $E = h\nu$, alors même qu'il est farouchement opposé aux quanta de lumière.

Entrons un peu dans le détail. Selon Bohr, l'atome d'hydrogène est formé d'un noyau (avec un unique proton) autour duquel gravite un unique électron. Il ressemble donc au modèle de Rutherford, mais Bohr y ajoute des règles totalement étrangères à la physique classique. La première est que cet électron ne peut se trouver que sur certaines orbites particulières, associées à certaines énergies bien spécifiques : les niveaux d'énergie accessibles à l'électron sont donc quantifiés, suivant une règle mettant en jeu la constante de Planck. Ce postulat détermine les orbites autorisées. Sur ces orbites, l'électron ne perd pas d'énergie, contrairement à ce que prévoit l'électromagnétisme classique.

Deuxième postulat : l'électron a la possibilité de « sauter » d'une orbite à l'autre, en absorbant ou émettant du rayonnement de fréquence donnée par la différence entre les énergies E_2 et E_1 des deux orbites, suivant la célèbre relation de Bohr :

$$E_2 - E_1 = h\nu_{12}.$$

Ainsi, si l'électron passe d'une orbite plus éloignée d'énergie E_2 à une orbite moins éloignée du noyau d'énergie E_1, il perd de l'énergie et émet du rayonnement à la fréquence donnée par cette relation. À l'inverse, pour que l'électron s'éloigne du noyau, il doit absorber la différence d'énergie entre son orbite d'arrivée d'énergie E_2 et l'orbite de départ d'énergie E_1, et ne peut le faire que si le rayonnement possède la fréquence donnée par la relation de Bohr (voir la figure 1.5).

Aujourd'hui, cette relation introduite par Bohr, $E_2 - E_1 = h\nu_{12}$, paraît naturelle car on l'interprète en disant que, lorsque l'atome change d'orbite, il émet ou absorbe un photon d'énergie $h\nu_{12}$. Pourtant, lorsqu'il l'introduit, Bohr la considère comme « une hypothèse horrible » parce que la fréquence qui intervient dans cette formule ne correspond à aucune des fréquences associées aux énergies des orbites. Il reste néanmoins convaincu qu'il tient quelque chose, car cette hypothèse, si monstrueuse qu'elle puisse lui paraître, lui permet de retrouver par le calcul le spectre de l'atome d'hydrogène, c'est-à-dire les fréquences de la lumière émise par cet atome. Précisons qu'à cette époque, Bohr pense que cette hypothèse n'est valable que pour l'atome d'hydrogène. Or, comme nous allons bientôt le voir, c'est Einstein – encore lui – qui va montrer que cette relation revêt en réalité un caractère beaucoup plus général, et qui va l'interpréter en termes d'émission ou d'absorption de photons.

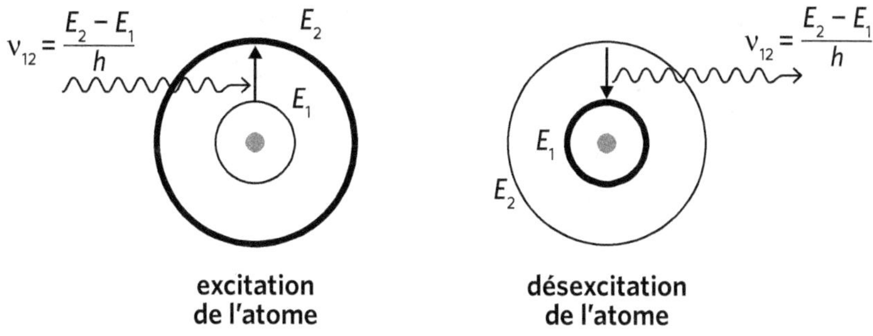

Figure 1.5. Excitation et désexcitation de l'atome dans le modèle de Bohr. Lors du processus d'excitation, l'électron passe de l'état fondamental d'énergie E_1 à l'état excité d'énergie E_2 en absorbant un rayonnement de fréquence ν_{12} qui vérifie la relation de Bohr $E_2 - E_1 = h\nu_{12}$. À l'inverse, lorsque l'atome se désexcite, l'électron sur l'orbite associée à l'énergie E_2 retombe sur une orbite inférieure de plus basse énergie E_1 tout en émettant un rayonnement de fréquence ν_{12}. Ces processus peuvent être interprétés comme l'absorption ou l'émission d'un photon (voir la figure 1.6).

1.8. La théorie d'Einstein de l'interaction matière-rayonnement (1916) : un progrès spectaculaire

Avant même de l'avoir rencontré, Einstein admire Bohr. Il est ravi que son hypothèse des quanta appliquée à la matière ait conduit ce dernier à l'élaboration d'un nouveau modèle de l'atome. Dorénavant, la quantification de la matière n'est plus simplement posée pour expliquer des phénomènes déjà observés : elle fait aussi preuve d'une force heuristique, c'est-à-dire de la faculté d'amener de nouvelles idées et de nouvelles théories. Et cela ne va pas s'arrêter avec le modèle de Bohr : celui-ci va en effet avoir en retour une influence sur Einstein, qui va s'en servir pour imaginer une nouvelle théorie de l'interaction de la matière avec la lumière.

En 1916, après avoir achevé sa théorie de la gravitation – la relativité générale –, Einstein a de nouveau du temps à consacrer à la théorie quantique. Certes, dès 1905, il a affirmé que les échanges d'énergie entre la matière et le rayonnement se font par paquets, puisque l'énergie de la lumière aussi bien que celle de la matière sont quantifiées. Cependant, il n'existe pas de théorie sur les processus d'interaction. Or Einstein pense que si l'on considère que la matière et la lumière sont toutes les deux quantifiées et si l'on veut être cohérent jusqu'au bout, il faut avoir une théorie qui décrive de façon quantifiée les échanges entre matière et lumière. Il se rend alors compte que le modèle de Bohr offre un cadre idéal pour décrire les mécanismes qui interviennent lorsque de la lumière interagit avec un atome, en mettant en jeu un quantum de lumière échangé avec l'atome quantifié. En se basant sur ce modèle, Einstein envisage trois types de processus (voir la figure 1.6) qu'il décrit dans son article de 1916 intitulé « Théorie quantique du rayonnement[1] » :

- l'absorption : l'atome passe d'un état de basse énergie à un état de haute énergie (donc l'électron passe d'une orbite inférieure à une orbite supérieure) en absorbant un quantum de lumière ;
- l'émission spontanée : l'atome dans un état de haute énergie se désexcite (donc l'électron passe d'une orbite supérieure à une

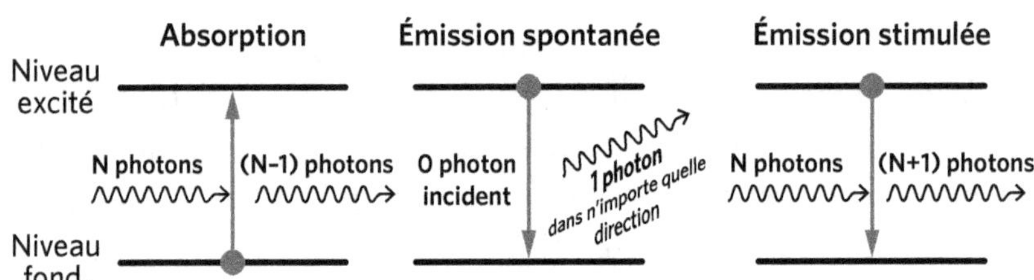

Figure 1.6. **Représentation schématique des trois processus d'interaction entre les atomes et les photons, donc entre la matière et la lumière quantifiées.** L'atome peut passer de l'état fondamental à l'état excité de l'atome (voir par exemple la figure 1.5) en absorbant un photon. Il existe deux processus émettant un photon quand l'atome passe de l'état excité à l'état fondamental : l'émission spontanée, qui se produit en l'absence de toute stimulation particulière, et l'émission stimulée, induite par un rayonnement incident à la fréquence de Bohr de la transition qui produit un nouveau photon dans le faisceau incident.

---

1. Voir Einstein (1916).

orbite inférieure) en émettant un quantum de lumière dans n'importe quelle direction ;

– l'émission stimulée (ou induite) : l'atome dans l'état de haute énergie E_2, qui baigne dans un rayonnement de fréquence égale à la fréquence de Bohr $v_{12} = (E_2 - E_1) / h$, se désexcite vers l'état d'énergie E_1 en émettant un quantum de lumière dans la même direction que la lumière qui l'éclaire, avec une fréquence égale à la fréquence du rayonnement stimulant[1].

Comme toujours, Einstein va développer son modèle au moyen de quelques équations, souvent très simples, et en tirer des conséquences quantitatives remarquables. C'est encore le cas ici. Pour décrire les échanges entre atomes et rayonnement, il introduit trois coefficients notés B_{12}, A_{21} et B_{21}, encore utilisés de nos jours, qui correspondent respectivement aux probabilités associées à chacun de ces trois processus d'absorption, d'émission spontanée et d'émission stimulée[2].

Avec cette nouvelle théorie, Einstein apporte à nouveau une contribution essentielle au développement de la physique quantique, non seulement parce qu'elle jette un nouveau regard sur l'interaction entre la matière et la lumière, mais aussi parce qu'elle lui permet de donner une nouvelle démonstration de la formule de Planck du rayonnement du corps noir, qu'il trouve enfin totalement convaincante (voir l'encadré E1.3). Pour la retrouver, Einstein fait un simple bilan d'énergie entre l'atome et le rayonnement thermique dans lequel il est plongé, en supposant que l'atome absorbe autant de quanta lumineux qu'il en émet. La formule de Planck se trouve dès lors justifiée sur une base quantique solide. La démonstration s'appuie sur les idées à la base de l'atome de Bohr appliquées à n'importe quel atome. Il utilise aussi la relation de Bohr, $E_2 - E_1 = hv_{12}$, mais il l'interprète comme une absorption ou une émission de quanta

---

1. C'est ce processus qui est à la base du fonctionnement des lasers ; pourtant, il faudra attendre les années 1950 pour que les physiciens en découvrent l'idée, et l'année 1960 pour voir le premier laser fonctionner.

2. Le premier indice indique le niveau de départ et le second le niveau d'arrivée. Ainsi B_{12} caractérise l'absorption de 1 vers 2.

lumineux d'énergie hv et de quantité de mouvement hv/c[1], dirigée suivant la direction de propagation de la lumière. Cette dernière propriété lui permet en effet de décrire la mise en équilibre thermique avec le rayonnement du gaz d'atomes qui reculent dans la direction du quantum lumineux absorbé, ou dans la direction opposée au quantum émis (comme un fusil recule lorsqu'il tire une balle[2]).

E1.3. Démonstration de la formule de Planck par la théorie d'Einstein de 1916

La démonstration de la formule de Planck du rayonnement du corps noir à partir de la théorie d'Einstein est assez aisée. En l'occurrence, on cherche à exprimer la densité du rayonnement du corps noir, que l'on notera ρ_v, pour chacune des fréquences v que celui-ci émet (voir à nouveau la figure 1.1). Pour cela, imaginons que la cavité dans laquelle se trouve le rayonnement du corps noir contient des atomes pouvant absorber et émettre de la lumière suivant les trois processus présentés plus haut. Ainsi, pour chaque atome, considérons deux niveaux d'énergie E_1 et E_2 dont la différence est associée au rayonnement de fréquence v_{12} (qu'on notera ici simplement v), c'est-à-dire : $E_2 - E_1 = hv$. On peut alors définir trois probabilités de transition :

- A_{21} : la probabilité pour que l'atome passe de l'état excité E_2 à l'état fondamental E_1 par émission spontanée ;

---

1. C'est un résultat de la théorie de la relativité qu'un corpuscule se déplaçant à la vitesse de la lumière a une masse nulle et une quantité de mouvement égale à son énergie divisée par la vitesse de la lumière. Rappelons que pour une particule non relativiste, la quantité de mouvement vaut mv.

2. Notons au passage, avec admiration, que cette description de la mise en équilibre thermique du gaz d'atomes, où Einstein prend en compte l'effet Doppler, s'applique au refroidissement d'atomes par laser dit « refroidissement Doppler », couronné par le prix Nobel de physique 1997 octroyé à Steven Chu, Claude Cohen-Tannoudji et William Phillips.

- $\rho_v B_{21}$: la probabilité – proportionnelle à la densité de rayonnement ρ_v – pour que l'atome passe de l'état excité E_2 à l'état fondamental E_1 par émission stimulée ;
- $\rho_v B_{12}$: la probabilité – également proportionnelle à ρ_v – pour que l'atome passe de l'état fondamental E_1 à l'état excité E_2 par absorption.

D'après la mécanique statistique, à l'équilibre thermique, il y a autant de photons émis que de photons absorbés pour une fréquence donnée. Cette condition s'écrit[1] :

$$e^{\frac{-E_2}{kT}}\left(A_{21} + \rho_v B_{21}\right) = e^{\frac{-E_1}{kT}}\rho_v B_{12}$$

où k est la constante de Boltzmann et T la température. En faisant tendre la température T vers l'infini, et en admettant que ρ_v tend alors vers l'infini, on obtient $B_{12} = B_{21}$. Cherchons maintenant à isoler ρ_v. On trouve après quelques manipulations :

$$\rho_v = \frac{A_{21} / B_{21}}{e^{\frac{(E_2 - E_1)}{kT}} - 1} = \frac{A_{21} / B_{21}}{e^{\frac{hv}{kT}} - 1}.$$

Pour kT grand devant hv, on peut approximer le dénominateur par hv/kT et obtenir une expression de ρ_v de la forme donnée par Wien, dont on sait qu'elle est exacte pour les basses fréquences. Cela permet de déterminer le terme

$$\frac{A_{21}}{B_{21}} = \frac{8\pi hv^3}{c^3}.$$

---

1. Pour les expert(e)s : nous traitons ici le cas simple où les niveaux 1 et 2 sont des niveaux simples, non dégénérés, pour ne pas alourdir la démonstration, qui donne le même résultat final dans le cas général.

Finalement on trouve :

$$\rho_v = \frac{8\pi h v^3}{c^3} \times \frac{1}{e^{\frac{hv}{kT}} - 1}.$$

C'est précisément la formule du corps noir de Planck !

1.9. *Le triomphe des quanta lumineux...*
et l'insatisfaction d'Einstein

Désormais, Einstein n'a plus de doutes sur l'existence des quanta lumineux, qui sont pleinement compatibles aussi bien avec la formule de Planck qu'avec le modèle de Bohr. Pourtant, il demeure encore l'un des seuls à y croire ; Bohr lui-même rejette les quanta lumineux. La plupart des physiciens ne finiront par s'y accoutumer que dans les années 1920, à la suite de deux séries d'expériences. Les premières sont celles de Maurice de Broglie qui, au tournant des années 1920, vérifie la relation d'Einstein pour l'effet photoélectrique des rayons X, ce qui est caractéristique du modèle corpusculaire ; mais il observe aussi un comportement purement ondulatoire de ces mêmes rayons X. C'est pourquoi Maurice de Broglie, qui présente ses résultats lors du congrès Solvay de 1921, est convaincu qu'il existe une dualité onde-corpuscule pour le rayonnement, comme Einstein l'a énoncé dès 1909. Nous verrons aussi que ces observations ont joué un rôle important dans la découverte majeure de son frère cadet Louis de Broglie, que nous évoquerons plus loin. Quant à la deuxième série d'expériences, ce sont celles du physicien américain Arthur Compton, qui étudie la diffusion des rayons X par les électrons de la matière. Les résultats, publiés en 1923, s'interprètent en décrivant les rayons X comme des corpuscules qui percutent les électrons en leur cédant un peu d'énergie, ce qui se traduit par une diminution de la fréquence des rayons X diffusés. Ainsi, dans le domaine des rayonnements très énergétiques comme les rayons X, il devient très difficile d'interpréter les expériences sans faire appel aux quanta lumineux, mais aussi à la dualité onde-particule, que les physiciens vont dès lors progressivement accepter.

Curieusement, c'est à partir de ce moment qu'Einstein cesse de participer activement au développement de la physique quantique[1]. Ainsi, celui qui a vraiment pris toute la mesure du caractère révolutionnaire de l'hypothèse des quanta, comme Planck le reconnaîtra lui-même, ne va pas contribuer directement à l'élaboration du formalisme quantique, établi en 1925 et encore utilisé de nos jours. Son rôle sera désormais de questionner l'interprétation de ce formalisme et d'émettre des objections à celle dite « de Copenhague » portée par Niels Bohr et ses collaborateurs. Les critiques d'Einstein vont se cristalliser dans un débat singulier avec Bohr, que nous allons maintenant raconter. Ces critiques forceront Bohr à clarifier ses positions de façon plus ou moins convaincante. Nous verrons que l'une de ces critiques, formulée en 1935 dans l'article EPR (pour Einstein, Podolsky et Rosen, voir le chapitre 3), est à l'origine d'un développement inattendu de la physique quantique, à la base de travaux – dont les miens – qui seront décrits à partir du chapitre 4.

---

1. Pour les expert(e)s : il faut quand même signaler son article de 1924, fondateur de ce qu'il est convenu d'appeler la condensation de Bose-Einstein, qui est la théorie quantique permettant de comprendre les phénomènes exotiques de supraconductivité de certains métaux et de superfluidité de l'hélium liquide. Il est aussi à la base d'un champ extrêmement actif de la physique atomique du début du XXIe siècle : la physique des gaz quantiques dégénérés bosoniques.

L'essentiel

Le problème du rayonnement thermique, c'est-à-dire du rayonnement émis par un corps chauffé, a mobilisé les plus grands physiciens de la fin du XIXe siècle, sous le nom de « problème du rayonnement du corps noir ». Malgré des progrès incontestables, tous se sont heurtés à l'impossibilité de décrire correctement les résultats des mesures expérimentales en utilisant les théories les plus avancées de la physique théorique de l'époque – l'électromagnétisme de Maxwell, ainsi que la physique statistique de Boltzmann.

En 1900, Max Planck parvient enfin à articuler un raisonnement conduisant à une formule – la loi de Planck – qui reproduit très exactement les résultats expérimentaux. Mais pour y arriver, il est obligé d'admettre que l'énergie doit être répartie par quanta entre les diverses entités qui absorbent et émettent le rayonnement. Cela le conduit à définir une nouvelle constante, la constante de Planck, aujourd'hui à la base de la physique quantique moderne ; mais il se refuse à voir dans cette quantification de l'énergie autre chose qu'une astuce de calcul, car il ne veut pas remettre en cause les fondements de la physique classique. Il en est de même de ses contemporains.

En 1905, un jeune physicien inconnu, Albert Einstein, prend au sérieux la recette de Planck et émet l'hypothèse que le rayonnement lui-même est formé de grains d'énergie, les quanta de lumière. Cela lui permet de donner une démonstration plus satisfaisante de la formule de Planck, et surtout d'interpréter un phénomène incompréhensible à l'époque, l'effet photoélectrique, à propos duquel il fait des prédictions qui seront vérifiées une dizaine d'années plus tard. L'hypothèse des quanta se heurte néanmoins au scepticisme des physiciens.

En 1907, il applique le concept de quantum d'énergie aux vibrations des atomes dans les solides, ce qui lui permet d'interpréter une anomalie dans la capacité calorifique des corps solides et de proposer une équation qui sera bientôt vérifiée par des expériences précises. Sa notoriété auprès des illustres physiciens de son époque est alors bien établie. Einstein apportera par la suite encore deux contributions majeures à la physique quantique, d'une part en énonçant dès 1909 l'hypothèse de la dualité onde-particule pour la lumière, qui inspirera Louis de Broglie en 1923, et d'autre part en élaborant en 1916 une théorie quantique de l'interaction entre matière et rayonnement, utilisée notamment dans la théorie du laser.

Einstein est incontestablement le pionnier du développement de la physique quantique. Pourtant, à partir de 1925, alors que son hypothèse des quanta lumineux triomphe enfin, il va s'éloigner des physiciens qui mettent en place un formalisme mathématique cohérent permettant de décrire l'ensemble des phénomènes quantiques. Il s'oppose en effet à l'interprétation que ces physiciens donnent de ce formalisme, basée sur l'utilisation de probabilités auxquelles ils confèrent un caractère fondamental. Le débat qui s'ensuit entre lui et Niels Bohr va se dérouler en deux phases successives, que je présenterai dans les deux chapitres suivants.

CHAPITRE 2

Le débat Bohr-Einstein, acte I : les congrès Solvay de 1927 et 1930

À partir des années 1920, Einstein contribue à la mécanique quantique essentiellement par ses critiques à l'encontre de l'interprétation dominante du formalisme mis en place à partir de 1925 par Heisenberg, Schrödinger et Paul Dirac. Niels Bohr est la figure de proue de cette interprétation appelée « interprétation de Copenhague » et, dès 1927, Einstein va mettre Bohr au défi de défendre son interprétation en imaginant de subtiles expériences de pensée. Les premières, que nous allons étudier dans ce chapitre, sont présentées par Einstein aux congrès Solvay de 1927 et 1930.

Jusqu'au début des années 1920, Einstein a été l'auteur de percées plus remarquables les unes que les autres contribuant à faire émerger la physique quantique. Mais à partir de la seconde moitié de la décennie, il se trouve en désaccord avec la plupart des physiciens qui développent ou utilisent un formalisme mathématique cohérent de la mécanique quantique. Le débat porte sur l'interprétation des probabilités introduites pour connecter les résultats des calculs aux observations expérimentales. Pour les tenants de l'école de Copenhague, brillants théoriciens regroupés autour de Niels Bohr, l'utilisation des probabilités dans la théorie est une caractéristique fondamentalement nouvelle de la physique quantique. Ces probabilités quantiques sont d'une nature différente des probabilités utilisées jusque-là en physique, car elles révèlent le fait qu'en physique quantique il existe un hasard fondamental au moment de la mesure qui empêche de prédire quel résultat parmi tous ceux possibles va être observé lors d'une mesure particulière sur un objet quantique. Einstein connaît parfaitement les probabilités, qu'il a beaucoup utilisées en particulier dans ses travaux de thermodynamique statistique, mais il ne peut se résoudre à accepter qu'elles soient autre chose qu'un moyen commode de surmonter notre difficulté technique à décrire tous les détails de situations tellement complexes que nos mathématiques n'y suffisent pas. Il ne peut admettre l'indéterminisme fondamental prôné par l'école de Copenhague : il pense que la physique quantique est une théorie encore incomplète et qu'il doit exister une théorie plus précise capable de décrire en détail l'évolution de chaque système individuel. L'usage des probabilités reflète alors simplement que ces évolutions sont différentes, par exemple parce que les conditions initiales ne sont pas exactement les mêmes.

Ce débat entre Bohr et Einstein durera toute leur vie, et il connaîtra plusieurs rebondissements qui culmineront avec la publication en 1935 de l'article dit « EPR », écrit avec ses collègues Boris Podolsky et Nathan Rosen, comme nous le verrons dans le chapitre suivant. Ici, je vais mettre en scène la première phase du débat, en présentant d'abord les formalismes quantiques cohérents mis au point par Heisenberg et Schrödinger, puis l'utilisation des probabilités pour interpréter ces résultats suivant la règle proposée par Max Born en 1926. La confrontation avec Niels Bohr a lieu lors des congrès Solvay de 1927 puis de 1930, où se déroule une sorte de combat singulier entre Einstein, qui cherche à trouver des situations où l'on peut mesurer la position et la vitesse d'une particule mieux que ne l'autorise la théorie quantique, et Bohr, qui affirme qu'il est impossible de faire des mesures aussi précises et réfute point par point les raisonnements d'Einstein. Le débat se cristallise autour des relations d'indétermination de Heisenberg et du principe de complémentarité de Bohr, notions qui sont souvent confondues, à mon avis à tort. Il est considéré comme l'une des controverses les plus importantes de l'histoire de la physique, mais nous manquons malheureusement de sources car il n'a pas fait l'objet d'une publication dans les actes des congrès Solvay. Nous disposons cependant de plusieurs témoignages dignes de foi, même s'ils divergent parfois sur les détails. Dans ce chapitre, je prendrai comme source principale le récit qu'en donne Niels Bohr dans un texte publié en 1949 dans un livre rédigé en l'honneur d'Einstein[1].

2.1. La mise en place
du formalisme quantique (1925-1926)

Le milieu des années 1920 est un moment charnière qui correspond à l'apparition d'un formalisme mathématique complet rendant compte de façon unifiée des divers éléments acquis de façon plus ou moins disparate en ce qui concerne la quantification de la matière, du rayonnement et de leurs interactions. Ce sont en fait deux formalismes qui vont être publiés à quelques mois d'intervalle, en 1925 et 1926, d'abord par Werner Heisenberg, puis par Erwin Schrödinger. Ces deux formalismes ont l'immense mérite de permettre de calculer *ab initio*, c'est-à-dire à partir des premiers principes, des grandeurs observées expérimentalement et de constater l'accord avec les observations, alors que celles-ci étaient incompréhensibles dans le contexte de la physique classique. Il en est ainsi du spectre de l'atome d'hydrogène, que Bohr parvient certes à décrire dès 1913, mais en utilisant une condition de quantification et une formule (la relation de Bohr) qui paraissent complètement artificielles, et que Bohr lui-même qualifie d'« hypothèses horribles » (voir la section 1.7). Le formalisme de Heisenberg, d'une part, et celui de Schrödinger, d'autre part, donnent un statut beaucoup plus solide au calcul. Il est stupéfiant que ces deux formalismes, radicalement différents, donnent les mêmes résultats numériques, en accord avec les observations – ce qui ne sera bien compris que lorsque Schrödinger démontrera leur équivalence mathématique.

---

1. Voir Bohr (1970).

Le formalisme de Heisenberg, que je ne présenterai que succinctement, remplace les observables habituelles de la physique – c'est-à-dire les quantités que l'on sait mesurer, comme la vitesse ou la position d'une particule – par des objets mathématiques connus depuis le XIXe siècle, les matrices. Or ces matrices, qui sont des tableaux de nombres, obéissent à des règles particulières de calcul, que Heisenberg exprime en utilisant la constante de Planck. Il peut alors obtenir des résultats en accord avec les observations en appliquant sa « mécanique des matrices » à l'électron attiré par le noyau de l'atome d'hydrogène ou à une particule qui oscille autour d'une position d'équilibre – c'est le problème de l'oscillateur harmonique. Dans le premier cas, ses tableaux de nombres lui permettent de retrouver les niveaux d'énergie de l'atome d'hydrogène et d'obtenir un accord quasiment parfait avec le spectre observé, en utilisant la relation de Bohr $E_2 - E_1 = h\nu$. Dans le second, il trouve que les niveaux d'énergie de l'oscillateur harmonique sont équidistants et séparés par le quantum d'énergie $h\nu$, comme attendu[1]. Même si on ne comprend pas quel raisonnement a bien pu conduire Heisenberg à mettre au point un formalisme aussi éloigné de toutes les notions habituelles de la physique, il faut bien reconnaître qu'il s'agit d'un coup de génie au regard de sa capacité prédictive.

Le second formalisme, celui d'Erwin Schrödinger, est plus proche des concepts familiers aux physiciens classiques. Ici pas de matrices, mais une équation différentielle aux dérivées partielles relative à des ondes de matière. Comme pour Heisenberg, elle lui permet de retrouver les valeurs exactes des fréquences des raies spectrales de l'hydrogène et la quantification des niveaux d'énergie de l'oscillateur harmonique matériel. Cette équation, connue sous le nom d'équation de Schrödinger, toujours très utilisée en physique moderne, est l'aboutissement d'une réflexion que l'on peut faire remonter à la dualité onde-particule imaginée

---

1. Pour les expert(e)s : il trouve aussi le terme $1/2\,h\nu$ pour l'état fondamental, ignoré jusque-là, mais qui joue un rôle important dans la physique quantique moderne. Il en est de même pour Schrödinger.

dès 1909 par Einstein pour la lumière, et transposée aux particules matérielles par Louis de Broglie en 1923. En fait, c'est précisément l'équation d'onde associée aux ondes de matière introduites par de Broglie.

L'histoire de la genèse de cette équation mérite d'être racontée. Au contact de son frère aîné Maurice de Broglie, qui est un expérimentateur, Louis de Broglie, plus attiré par la théorie, se trouve dans un environnement favorable à la dualité onde-particule pour le rayonnement, ce qui est suffisamment rare à l'époque pour être souligné. En l'occurrence, au début des années 1920, Louis fait des calculs pour expliquer les résultats expérimentaux de son frère sur les rayons X. Ces calculs mettent en jeu à la fois le modèle des quanta de rayonnement, corpuscules relativistes d'énergie $E = h\nu$ et de quantité de mouvement $h\nu/c$, comme proposé par Einstein, et le rayonnement X, qui possède d'indéniables propriétés ondulatoires, par exemple en subissant le phénomène de diffraction sur les cristaux. Louis de Broglie va alors se demander jusqu'où on peut appliquer la dualité onde-particule. Se pourrait-il qu'un tel concept puisse être étendu aux particules de matière ? Inspiré par l'idée d'Einstein sur la lumière, il postule l'existence d'« ondes de matière », associées aux particules matérielles comme l'électron. Il publie ses résultats dans sa thèse soutenue en 1924, dont le contenu est rapidement connu de toute la communauté des physiciens de l'époque. Il bénéficie notamment de la publicité que lui donne Paul Langevin après avoir reçu un avis favorable d'Einstein, qui déclare à propos de la thèse de De Broglie : « Il a levé un coin du grand voile[1]. » On trouve dans cette thèse la célèbre relation $\lambda p = h$, qui relie la quantité de mouvement $p = mv$ de la particule matérielle – de masse m et de vitesse v – à la longueur d'onde λ de l'onde de matière dont l'existence est postulée par de Broglie[2]. Il découvre alors que cette relation permet une interprétation claire de la

---

1. Voir Einstein (1924).
2. Pour les expert(e)s : noter que cette relation s'applique aussi aux quanta de lumière (les photons) dont on a vu au chapitre 1 qu'ils ont une quantité de mouvement $p = h\nu / c = h / \lambda$, puisque la longueur d'onde de la lumière vaut $\lambda = c / \nu$.

mystérieuse condition de quantification de Bohr des niveaux atomiques : la longueur de chaque orbite de Bohr doit être égale à un nombre entier de longueurs d'onde de l'onde de matière, ce qui assure sa stabilité (voir la figure 2.1). C'est cette condition qui sélectionne les niveaux d'énergie permettant de trouver le spectre de l'hydrogène.

Schrödinger, qui connaît les résultats de De Broglie, se met alors à chercher une équation pour ces ondes de matière. Pour les physiciens dont la formation repose sur l'étude des ondes électromagnétiques de Maxwell, ou des ondes acoustiques qui se propagent dans les solides ou les gaz, il ne peut y avoir d'onde sans équation d'onde. Il s'agit d'une équation aux dérivées partielles, mettant en jeu les dérivées par rapport aux

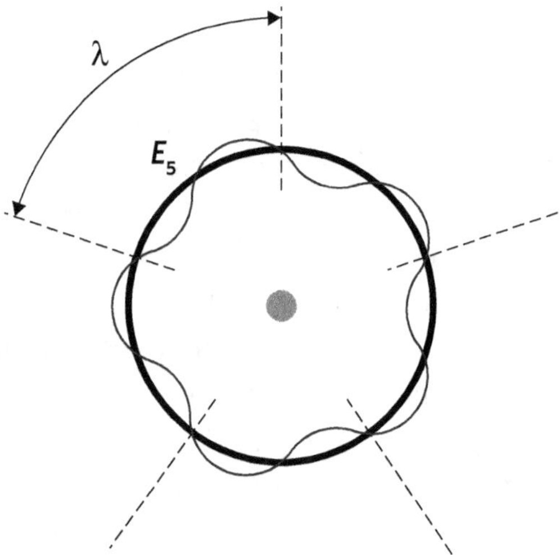

Figure 2.1. Relation de De Broglie et condition de quantification de Bohr. La relation $\lambda p = h$ obtenue par De Broglie, qui relie la longueur d'onde de l'onde de matière λ à la quantité de mouvement p de la particule qu'elle décrit, permet de justifier la condition de quantification des niveaux atomiques introduite par Bohr. En l'occurrence, les niveaux d'énergie accessibles aux électrons sont tels que l'onde de De Broglie qui leur est associée se reboucle en phase, c'est-à-dire présente un nombre entier d'oscillations pour un tour complet. Par exemple, l'onde de matière associée à l'électron dans l'état d'énergie E_5 doit présenter exactement 5 oscillations.

coordonnées d'espace et de temps des quantités étudiées : les champs électrique et magnétique pour l'électromagnétisme, la pression et les déplacements microscopiques de la matière dans le cas des ondes acoustiques[1]. Schrödinger est un physicien à la culture immense, qui connaît à la perfection toutes les façons de décrire les ondes, mais aussi la relativité d'Einstein. Il a donc tout en main pour s'attaquer au problème dans sa généralité, mais les voies de la découverte sont parfois surprenantes. La première équation qu'il établit, s'appuyant sur la relativité restreinte d'Einstein et aujourd'hui connue sous le nom d'équation de « Klein-Gordon », ne lui permet pas de retrouver le spectre de l'atome d'hydrogène. Schrödinger va alors réduire ses ambitions et chercher une équation non relativiste. Cette fois, le succès est au bout, et l'équation qu'on retient de lui aujourd'hui donne tous les fruits espérés.

En effet, parmi les solutions de l'équation de Schrödinger, on trouve les ondes élémentaires introduites par de Broglie, mais il y a beaucoup plus. Grâce à cette équation, Schrödinger parvient à calculer directement les niveaux d'énergie de l'atome d'hydrogène, sans passer par l'hypothèse de Bohr et la longueur d'onde de De Broglie.

Essayons de donner une idée de la façon dont on obtient le résultat. Disons d'emblée que Schrödinger propose une approche de la physique radicalement différente de tout ce à quoi les physiciens sont habitués. En physique quantique, les quantités dont on a l'habitude, comme l'énergie, la position ou la quantité de mouvement[2], ne se représentent plus par des nombres ordinaires ou des vecteurs de l'espace ordinaire, mais par des

---

1. Les équations aux dérivées partielles sont des objets mathématiques qui ne livreront sans doute jamais la totalité de leurs secrets, car le nombre de leurs solutions est infini, et les mathématiciens continuent à leur découvrir de nouvelles propriétés encore aujourd'hui.

2. Pour les expert(e)s : les lectrices ou lecteurs physiciens me pardonneront de parler de quantité de mouvement plutôt que d'impulsion canonique généralisée et d'identifier cette quantité de mouvement à la vitesse grâce à la formule $p = mv$ afin d'utiliser la notion de vitesse, familière aux lectrices et lecteurs non physiciens. Il est vrai que cette identification n'est pas toujours vraie, mais c'est un point technique qui n'affecte pas la présentation qui suit.

« opérateurs » agissant sur l'état du système quantique[1]. On a des règles pour écrire l'expression de ces objets mathématiques, par exemple l'objet associé à l'énergie de l'électron plongé dans le champ électrique attractif du noyau (toujours le modèle de l'atome d'hydrogène). Or un opérateur possède ce que l'on appelle des valeurs propres qui, dans le cas du formalisme quantique, sont des nombres réels. Schrödinger les calcule explicitement et, bingo ! il trouve les valeurs d'énergie de l'atome de Bohr, celles qui conduisent au spectre de l'atome d'hydrogène – un test crucial pour la théorie. Une démarche analogue lui permet de retrouver les niveaux d'énergie équidistants de l'oscillateur harmonique. De plus, Schrödinger sait que pour chaque valeur propre de l'opérateur, il y a une fonction propre qu'il interprète comme l'onde de matière de l'électron – la fonction d'onde – dans ce niveau d'énergie. Mais une question se pose immédiatement : à quoi correspond la fonction d'onde associée à un niveau d'énergie donné ? Encore plus difficile : comment interpréter la superposition de plusieurs fonctions propres de l'énergie, qui est *a priori* une solution valable de l'équation de Schrödinger ?

2.2. *L'interprétation probabiliste de Born*

C'est Max Born qui va fournir la réponse, toujours en vigueur même si sa signification profonde reste l'objet d'intenses débats. Dans un article de 1926 qui lui vaudra le prix Nobel, Max Born propose une interprétation probabiliste de la fonction d'onde. Qu'est-ce à dire ? Que la fonction d'onde ne permet que de calculer la *probabilité* de trouver tel ou tel résultat lorsqu'on réalise une mesure sur le système quantique décrit par cette fonction

---

1. Pour les expert(e)s : dans le cas de la vitesse, de la position ou de l'énergie d'une particule, on a des opérateurs différentiels – mettant en jeu des dérivées – agissant sur des fonctions d'onde qui représentent l'état du système.

d'onde. Ainsi, lorsqu'on effectue la mesure d'énergie d'un atome décrit par une fonction d'onde qui est la superposition de plusieurs fonctions propres de l'opérateur énergie, on peut trouver n'importe quelle valeur de l'énergie parmi celles associées aux diverses composantes de la fonction d'onde. Qui plus est, la probabilité d'obtenir tel ou tel résultat est proportionnelle au poids de la fonction propre associée à ce résultat[1] (voir l'encadré E2.1). Cette règle de Born, qui permet d'établir une relation entre la fonction d'onde et les résultats des mesures, est toujours utilisée pour tirer les conséquences expérimentales d'un calcul quantique. Mais l'introduction de probabilités va se heurter aux réticences d'Einstein, et sous-tendre le débat qu'il aura avec Bohr jusqu'à la fin de sa vie.

E2.1. Un exemple d'utilisation de la règle de Born

Imaginons une particule représentée par une fonction d'onde ψ, ainsi que différents états d'énergie possibles E_1, E_2, E_3, etc., associés aux fonctions d'onde ψ_1, ψ_2, ψ_3, etc. Si la fonction d'onde ψ ne possède qu'une seule composante, par exemple $\psi = \psi_1$, alors la probabilité de trouver la particule dans l'état d'énergie E_1 lorsqu'on la mesure est égale à 1, et les probabilités de la trouver dans tous les autres états d'énergie E_2, E_3, etc., sont nulles. Mais en général la fonction d'onde ψ comporte de multiples composantes associées à une suite de probabilités dont la somme vaut 1. Par exemple, on peut avoir $\psi = \alpha\psi_1 + \beta\psi_2$, où α et β sont des nombres complexes caractérisés par un module et un argument. Les modules de α et β, notés $|\alpha|$ et $|\beta|$, correspondent aux poids respectifs

---

1. Pour les expert(e)s : ce poids est le carré du module du nombre complexe qui est associé à la composante de cette fonction propre dans la fonction d'onde. Il est amusant de savoir que cette règle de Born, qui identifie la probabilité au module carré d'un coefficient et non pas au coefficient lui-même, a été introduite *in extremis* par Born sous forme d'une note ajoutée à son article lors de la correction des épreuves d'imprimerie. L'histoire des grandes découvertes est souvent tortueuse.

des composantes ψ_1 et ψ_2 dans la fonction d'onde ψ. D'après la règle de Born, la probabilité de trouver la particule dans l'état d'énergie E_1 est égale à $|\alpha|^2$. De même, la probabilité de trouver la particule dans l'état d'énergie E_2 est égale à $|\beta|^2$. Le formalisme quantique impose la relation $|\alpha|^2 + |\beta|^2 = 1$, ce qui assure que la somme des probabilités vaut 1. Il faut bien comprendre que dans l'état $\psi = \alpha\psi_1 + \beta\psi_2$, la particule est *à la fois* dans l'état ψ_1 et dans l'état ψ_2. Ce n'est qu'au moment de la mesure qu'on la trouvera *soit* dans l'état ψ_1, *soit* dans l'état ψ_2. Au contraire, selon le point de vue d'Einstein appelé « fréquentiste », les probabilités se comprennent en admettant que la fraction $|\alpha|^2$ des particules est dans l'état ψ_1 et la fraction $|\beta|^2$ est dans l'état ψ_2.

2.3. *Le formalisme de Dirac*

Avant de présenter la réaction négative d'Einstein à l'interprétation de son ami Max Born, insistons sur cette séquence historique extraordinaire, au terme de laquelle on peut considérer que le formalisme mathématique de la physique quantique est définitivement établi. Celui-ci permet de prédire le résultat des mesures que l'on peut effectuer sur les systèmes physiques microscopiques. Mais quel formalisme mathématique ? Celui de Heisenberg ou celui de Schrödinger ? C'est à Schrödinger, au talent mathématique immense, que revient le mérite de démontrer l'équivalence complète entre les deux formalismes. Désormais les physiciens pourront utiliser l'un ou l'autre suivant leur goût personnel, ou parce que l'un donne lieu à des calculs plus simples que l'autre. Et, pour terminer avec un personnage tout aussi génial – le mot n'est pas exagéré –, indiquons que Paul Dirac montrera dans sa thèse quelques années plus tard, en 1929, que les deux formalismes ne sont que deux représentations particulières (deux avatars) d'une structure mathématique générale, pour laquelle il invente une écriture que nous utilisons toujours, la notation de Dirac. L'approche de Dirac permet souvent d'obtenir les résultats de façon élégante et directe, beaucoup plus simplement qu'avec les approches de Heisenberg ou de Schrödinger. Je vous donnerai au chapitre 4 (section 4.2) un exemple du formalisme de Dirac, qui me permettra de décrire un photon polarisé.

2.4. *Premières escarmouches*

Revenons à Einstein. La publication par son ami Max Born de l'interprétation probabiliste de la fonction d'onde va le conduire à s'éloigner du courant dominant de la physique quantique. Ce courant est celui de l'école de Copenhague, doctrine élaborée dans l'institut de physique créé par Niels Bohr en 1921 à Copenhague et financé par... la bière Carlsberg.

Curieusement, Bohr s'était d'abord opposé à Einstein à propos des quanta de lumière, alors qu'il utilisait la relation $E_2 - E_1 = h\nu$ qui pouvait s'interpréter naturellement avec les quanta lumineux d'Einstein. Il n'arrivait pas à les accepter car, selon lui, on ne peut combiner logiquement les descriptions ondulatoire et corpusculaire de la lumière, la fréquence ν de l'onde et l'énergie du quantum de lumière. Dans cette controverse, c'est Einstein qui a la position « la plus quantique » en maintenant que, lorsqu'un atome émet un quantum, c'est dans une direction bien déterminée, ce qui provoque un recul de l'atome. À l'inverse, Bohr et ses collaborateurs, attachés à la correspondance avec la physique classique qui décrit l'onde émise comme une onde sphérique se propageant dans toutes les directions de l'espace à la fois, refusent ce point de vue. Les expériences, par exemple celles de Maurice de Broglie ou celles d'Arthur Compton, donneront raison à Einstein[1].

Mais après la découverte du formalisme de Heisenberg et de la règle de Born sur les probabilités au milieu des années 1920, Niels Bohr va complètement adhérer à cette nouvelle mécanique, y compris à l'usage fondamental des probabilités, en particulier pour décrire le comportement des quanta d'Einstein. Devant les objections de ce dernier, que nous allons présenter bientôt, il s'attache à développer une interprétation cohérente du formalisme, dans une démarche combinant physique et épistémologie. Pour Bohr, le caractère probabiliste est une propriété fondamentale de la physique quantique, qui permet de surmonter la difficulté de faire coexister les points de vue ondulatoire et corpusculaire, tandis que pour Einstein l'utilisation des probabilités révèle le fait que la physique quantique n'est pas une théorie décrivant le monde dans tous ses détails : ce n'est pas une théorie complète. Ce sont deux visions différentes du hasard que nous allons maintenant préciser.

2.5. *Hasard classique ou hasard quantique : une divergence irréductible*

Einstein n'a aucun problème avec l'utilisation des probabilités en physique, dont il a lui-même fait un abondant usage dans tous les raisonnements où il utilise la thermodynamique de Boltzmann. De même, quand il donne en 1905 une description pénétrante du mouvement brownien (voir la note 1 de la p. 37), c'est encore en utilisant les probabilités, au progrès desquelles il contribue substantiellement. Mais pour lui, il ne

---

1. Comme je l'ai déjà écrit au chapitre 1, le succès du modèle d'Einstein de l'interaction atome-rayonnement, qui utilise les quanta de lumière « dirigés », était déjà une indication forte de la valeur de ce concept.

s'agit que d'une commodité mathématique pour pallier l'impossibilité technique de calculer le détail des phénomènes à l'échelle microscopique.

Prenons l'exemple du mouvement des molécules d'azote et d'oxygène qui s'agitent dans tous les sens dans la pièce où j'écris ce livre. Que ce soit dans les années 1920 – avec les équations de la mécanique classique – ou aujourd'hui – avec nos ordinateurs les plus performants –, nous sommes incapables de décrire le comportement de ce gaz en considérant le mouvement de chacune de ses molécules, qui subissent des collisions incessantes. Il y a beaucoup trop de molécules, et le champ des évolutions possibles est beaucoup trop grand. C'est pourquoi on est amené à adopter une description statistique du gaz : au lieu de s'intéresser aux vitesses des molécules individuelles, à l'échelle microscopique, on regarde la *distribution de probabilité* de ces vitesses. Par exemple, si je veux décrire la distribution des vitesses des molécules d'oxygène de l'atmosphère, je peux chercher une loi statistique indiquant la proportion de molécules qui ont une vitesse comprise entre 3 et 30 centimètres par seconde, celle de molécules qui ont une vitesse comprise entre 30 et 300 centimètres par seconde, etc. *A priori* cette loi statistique n'est qu'une commodité : je l'introduis non pas parce que je crois qu'elle décrit parfaitement la réalité, mais parce qu'elle me permet de combler mes lacunes sur la connaissance des processus microscopiques – tout en sachant pertinemment qu'il existe en principe une description du gaz plus exacte prenant en compte toutes les molécules une par une, à plus petite échelle. Tel est le hasard classique : le reflet de notre ignorance.

Il se trouve que ce point de vue probabiliste classique est remarquablement fructueux, comme l'ont montré Maxwell et Boltzmann. On obtient en effet des résultats précis sur les propriétés statistiques des gaz que l'on n'aurait sûrement pas devinés au niveau microscopique détaillé, mais que l'on peut établir en prenant en compte le fait qu'il y a un très grand nombre d'objets microscopiques. Ainsi, dans le cas des vitesses d'un gaz à une température donnée, on peut montrer que leur distribution suit une loi mathématique précise, la loi de Gauss, par un raisonnement statistique rigoureux basé sur l'hypothèse du chaos moléculaire, c'est-à-dire d'un désordre complet. C'est la fameuse distribution de Maxwell-Boltzmann, un des résultats majeurs de la thermodynamique statistique. On en déduit les propriétés macroscopiques des gaz relatives à la pression en fonction de la température. Mais quelle que soit la richesse de cette approche, on conserve l'idée qu'au niveau microscopique chaque molécule possède, à chaque instant, une vitesse déterminée. Le hasard classique n'est donc pas fondamental.

Le hasard quantique, en revanche, est d'une tout autre nature. En effet, en physique quantique, même si je connais parfaitement l'état du système que j'étudie, donné par sa fonction d'onde, je ne peux généralement en déduire que les probabilités d'obtenir tel ou tel résultat (voir à nouveau l'encadré E2.1). Il m'est fondamentalement impossible de prédire avec certitude le résultat de la mesure que je m'apprête à faire. Pour interpréter ces probabilités, il faut imaginer que je répète l'expérience sur un grand nombre d'exemplaires du système, préparés à chaque fois dans le même état quantique, et que je compte le nombre de fois où j'obtiens chaque résultat possible. La mécanique quantique est telle que je peux obtenir différents résultats pour chacun de ces systèmes, qui sont pourtant décrits par la même fonction d'onde – donc qui sont identiques sur le plan mathématique. Une telle dispersion des résultats ne pourrait s'expliquer en physique classique qu'en supposant que tous les systèmes ne sont pas préparés ou n'évoluent pas exactement de la même façon.

Dès lors, deux positions peuvent être adoptées. D'abord, on peut envisager la mécanique quantique comme une théorie statistique cachant une théorie sous-jacente que l'on n'a pas encore découverte et qui permettrait de suivre le comportement de chaque système individuel. Les probabilités n'interviennent que parce que ces divers systèmes ont des évolutions différentes, comme les molécules d'oxygène de l'atmosphère. Telle est la position d'Einstein, qui pense que notre monde n'est pas fondamentalement soumis au hasard ; on connaît à ce propos sa célèbre formule : « Dieu ne joue pas aux dés. » Chaque évolution individuelle peut avoir une description causale, déterministe, c'est-à-dire totalement déterminée par les paramètres de cette situation particulière. S'il y a un aspect statistique dans la physique quantique, c'est que ce n'est pas une théorie ultime, qu'elle n'est pas complète et qu'elle a donc vocation à être dépassée un jour par une théorie plus précise faisant disparaître les probabilités. L'autre position, défendue par Bohr, consiste à considérer que tous les systèmes décrits par la même fonction d'onde ont la même évolution et que la différence des résultats observés provient d'un aléa apparaissant au moment de la mesure. Pour Bohr, il s'agit d'une caractéristique fondamentale du monde microscopique, et il n'y a donc pas à chercher de théorie qui décrirait la réalité à un niveau plus fin que la mécanique quantique, celle-ci donnant déjà la description la plus complète possible.

On voit donc se dessiner ici deux interprétations antagonistes des probabilités quantiques, l'une portée par Einstein, l'autre par Bohr. Leur opposition, d'abord en sourdine, va éclater au grand jour en 1927 lors du cinquième congrès Solvay qui, comme celui de 1911, se tient à l'hôtel Métropole de Bruxelles. C'est à cette occasion qu'Einstein, après avoir décrit clairement les deux positions radicalement opposées que nous venons de présenter, va défendre la sienne en tentant d'ébranler celle de Bohr, qu'il met à l'épreuve d'expériences de pensée particulièrement subtiles.

2.6. *Le congrès Solvay de 1927*

Bohr et Einstein ont déjà eu l'occasion de se rencontrer à Berlin en 1920 puis à Leyde en 1925, chez Paul Ehrenfest, un ami commun (voir la figure 2.2). Ils se sont manifesté un grand respect réciproque, comme on le constate dans plusieurs lettres, notamment celles où ils font état de leur satisfaction que leurs prix Nobel respectifs, nominalement de 1921 et 1922, aient en fait été annoncés simultanément en 1922. Leur première entrevue donnant lieu à une controverse publique prend place au congrès Solvay de 1927, dont le thème est « électrons et photons », mais dont chaque participant sait bien qu'on va y discuter du statut du formalisme quantique qui vient d'être établi. Bohr, Heisenberg, Born connaissent les objections d'Einstein, et Bohr a déjà élaboré une réponse à ces objections, qu'il prend très au sérieux. Au congrès Solvay, Einstein, invité par Lorentz, ne fait pas de présentation formelle, mais il participe aux discussions. Dans ses interventions, il manifeste une opposition résolue au hasard fondamental quantique et il imagine des expériences de pensée qui doivent montrer l'incohérence de l'interprétation probabiliste et la possibilité d'une description plus fine des phénomènes.

Figure 2.2. Discussion entre Bohr et Einstein à Leyde chez Ehrenfest en 1925. *(Wikimedia Commons. Photo par Paul Ehrenfest.)*

Commençons par une discussion très simple lancée par Einstein permettant de mieux saisir le débat. On la trouve dans le témoignage de Bohr de 1949. La figure 2.3 page suivante montre une onde de matière incidente représentant des particules se propageant vers une fente. Au niveau de celle-ci, l'onde est diffractée, c'est-à-dire qu'elle diverge suivant un angle d'autant plus grand que la fente est plus étroite. On peut alors observer sur l'écran les particules à n'importe quel point, A, ou B, ou tout autre point de la figure de diffraction résultant du caractère ondulatoire de la fonction d'onde. En particulier, si l'onde diffractée ne décrit qu'une seule particule, celle-ci pourra être détectée sur l'écran en n'importe quel point avec une probabilité non nulle. Mais dès lors qu'on la détecte en A, alors la probabilité de la détecter en B devient instantanément nulle, ce qui est en contradiction avec le principe de causalité relativiste d'Einstein qui interdit toute interaction instantanée entre deux points séparés. On constate donc une incompatibilité fondamentale entre la description ondulatoire et la description corpusculaire.

Einstein pense qu'il est possible de surmonter ce problème en adoptant un point de vue ensembliste, suivant lequel la fonction d'onde décrit un ensemble de particules ayant des trajectoires différentes. Dans cette perspective, chaque particule a une trajectoire précise, aboutissant à un point donné de l'écran. Mais à cause de détails incontrôlés au niveau de la fente, les particules successives ne suivent pas la même trajectoire, et si on prend l'ensemble des résultats, la distribution obtenue est celle donnée par la figure de diffraction sur l'écran. Ce point de vue est séduisant, mais il va rencontrer des difficultés dans des situations plus élaborées, comme nous allons le voir avec l'expérience des fentes d'Young. Auparavant, il nous faut parler de ce qu'attendent sans doute celles et ceux qui connaissent déjà le sujet : les relations d'indétermination de Heisenberg et le principe de complémentarité de Bohr. C'est la découverte de ces relations par Heisenberg qui va convaincre Bohr que l'on peut adopter, sans incohérence logique, la dualité onde-particule qui sous-tend le formalisme quantique, et qui va le conduire à énoncer le principe de complémentarité.

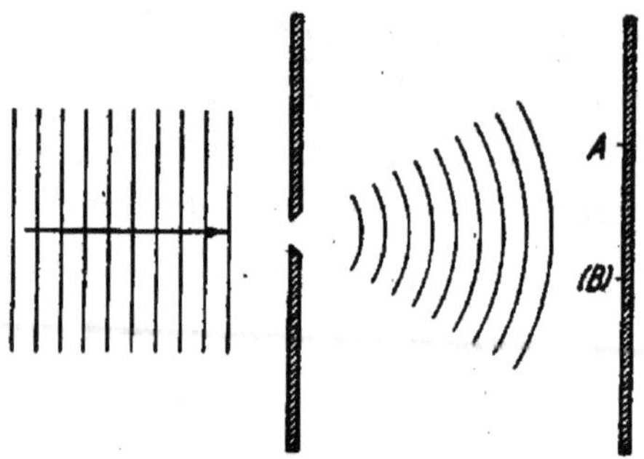

Figure 2.3. Diffraction d'une onde de matière par une fente. La particule associée à cette onde de matière peut être détectée sur l'écran en tout point de la figure de diffraction avec une probabilité non nulle. Cependant, dès l'instant où on la détecte quelque part, la probabilité de la trouver ailleurs sur l'écran devient immédiatement égale à zéro. Cette réduction instantanée du paquet d'onde entre en contradiction apparente avec la relativité restreinte d'Einstein... mais ce n'est pas le sujet de la controverse avec Bohr. *(Schéma dans Bohr (1970), publié en 1949, p. 212. Wikimedia Commons, domaine public.)*

DES RELATIONS D'INDÉTERMINATION DE HEISENBERG AU PRINCIPE DE COMPLÉMENTARITÉ DE BOHR

Un élément central dans la discussion entre Einstein et Bohr est ce que l'on appelle souvent le « principe d'incertitude de Heisenberg ». En fait, je préfère parler de *relations d'indétermination de Heisenberg*. Le mot « principe » ne me convient pas car ces relations sont l'aboutissement d'un raisonnement, et pas un principe posé *a priori*. En fait, je distinguerai deux sortes de relations d'indétermination : les *relations de dispersion*, liées au formalisme quantique, et les *relations d'incertitude*, liées au processus de mesure. Et je garderai le terme « principe » pour le *principe de complémentarité de Bohr*.

Commençons par les relations de dispersion. Il s'agit de relations mathématiques qui sont une conséquence logique du formalisme quantique, reposant sur la description d'un système par un état quantique et sur la règle de Born permettant de calculer les probabilités des résultats des mesures possibles. Ainsi, nous décrivons le mouvement d'une particule par une fonction d'onde et nous en déduisons les probabilités des résultats de mesure de position et de vitesse. On ne peut pas parler d'incertitude au sens habituel de mesure imprécise : il s'agit de la dispersion des résultats de mesure prévus par le formalisme, quelle que soit la précision de l'appareil de mesure. Ces dispersions résultent du caractère probabiliste des prédictions quantiques pour la fonction d'onde particulière considérée. La figure 2.4(a) montre un exemple de loi de probabilité donnant la distribution des positions que l'on peut trouver à un instant donné, pour une fonction d'onde de forme gaussienne. C'est une courbe en cloche dont la largeur est caractérisée de façon conventionnelle par un écart-type noté ΔX. Si on répétait un grand nombre de fois l'expérience consistant à mesurer la position de la particule décrite à chaque fois par la même fonction d'onde, on trouverait des résultats distribués suivant la courbe 2.4(a). Au lieu de la position, on pourrait mesurer la vitesse et, ici encore, en répétant les expériences, on trouverait une distribution de vitesses décrite par la courbe 2.4(b), dont la largeur est caractérisée par l'écart-type ΔV. Le formalisme mathématique des fonctions d'onde montre que les deux courbes ont des largeurs inversement proportionnelles l'une à l'autre[1]. Leur produit a une valeur qui est reliée à la constante de Planck h et à la masse M de la particule, suivant la formule $\Delta X \cdot \Delta V = h / (4\pi M)$. En fait, l'égalité n'est valable que pour une fonction d'onde gaussienne. Pour une fonction d'onde quelconque, cette valeur est une limite inférieure, et on écrit donc une inégalité :

$$\Delta X \cdot \Delta V \geq h / (4\pi M).$$

C'est la célèbre relation de dispersion de Heisenberg. Elle signifie que si l'on a une distribution étroite pour la position, c'est-à-dire une particule bien localisée dans l'espace avec une dispersion ΔX très petite, alors la vitesse est distribuée suivant une loi large : elle est mal définie.

---

1. Pour les expert(e)s : cela résulte du fait que les descriptions de l'état quantique dans l'espace des X ou dans l'espace des V sont reliées par une transformation de Fourier.

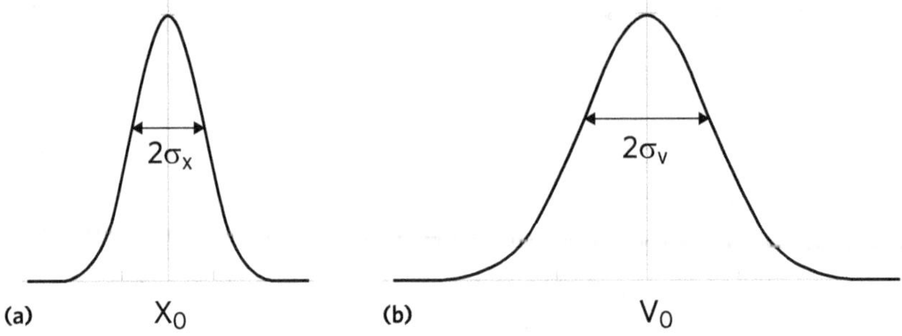

Figure 2.4. Deux courbes décrivant les distributions de probabilité de position et de vitesse à un instant donné pour une particule décrite par une fonction d'onde gaussienne. La courbe (a) décrit la loi de probabilité de trouver la particule à la position X. La courbe (b) décrit la probabilité de trouver la vitesse V de la particule si on la mesure. Dans cet exemple, les courbes sont des fonctions gaussiennes dont on caractérise conventionnellement les demi-largeurs par les quantités σ_X et σ_V. La position moyenne est X_0, mais on peut trouver la particule dans un intervalle de l'ordre de quelques σ_X autour de X_0. La vitesse moyenne est V_0, mais on peut trouver une vitesse un peu différente de V_0 dans un intervalle de quelques σ_V autour de V_0. Les demi-largeurs standards σ_X et σ_V sont inversement proportionnelles l'une à l'autre suivant la relation $\sigma_X \cdot \sigma_V = h / (4\pi M)$, qui est la limite inférieure de la relation de dispersion de Heisenberg $\Delta X \cdot \Delta V \geq h / (4\pi M)$[1].

Les *relations de dispersion* de Heisenberg – on met l'expression au pluriel car elles s'appliquent à toutes les observables quantiques que l'on peut envisager – découlent directement du formalisme, plus précisément dans l'exemple ci-dessus de la description par fonction d'onde complétée par la règle de Born. Elles sont indissolublement liées au caractère probabiliste des prédictions quantiques, puisqu'elles font explicitement référence à des distributions de probabilité. Il est tentant de les interpréter dans l'esprit de la physique statistique classique, en imaginant que chaque particule individuelle a une trajectoire précise, avec des valeurs bien déterminées, à chaque instant, de position et de vitesse ; mais si on répète l'expérience, on a à chaque fois une trajectoire différente, qui reste néanmoins dans les limites données par les dispersions ΔX et ΔV. C'est le point de vue ensembliste

---

1. Pour les expert(e)s : dans le cas d'une gaussienne, la demi-largeur conventionnelle est prise égale à l'écart-type, qui vaut la demi-largeur à $\exp(-1/2) \approx 0{,}6$ du maximum.

défendu par Einstein. Les dispersions correspondent à ce qui est observé sur un ensemble de particules préparées toutes dans le même état quantique. Dans ce point de vue, le formalisme quantique n'est pas complet, puisqu'il ne permet pas de décrire chaque trajectoire individuelle. C'est pourquoi Einstein conteste son caractère de théorie ultime.

Bohr et Heisenberg ne sont absolument pas d'accord avec Einstein. Pour eux, ces relations de dispersion correspondent à la description la plus précise possible du mouvement de la particule, au niveau quantique. Pour étayer leur point de vue, ils vont montrer qu'il est impossible d'imaginer des mesures simultanées de précision infinie de la position et de la vitesse de la particule. C'est la fameuse expérience de pensée dite « du microscope de Heisenberg ». C'est ce raisonnement qui conduit aux *relations d'incertitude* de Heisenberg que je vous présente maintenant.

L'objectif est de mesurer, à l'aide d'un microscope et d'une source de lumière, à la fois la position et la vitesse d'une particule matérielle, décrites de façon classique avec des valeurs parfaitement déterminées. On éclaire la particule, et le microscope permet à chaque instant de déterminer la position de celle-ci. Il suffit alors de faire deux mesures successives pour connaître, lors de la seconde mesure, à la fois la position, déterminée directement, et la vitesse, déduite de la distance parcourue entre les deux mesures de position. C'est cette possibilité que Heisenberg met en cause. Il s'appuie d'abord sur un résultat connu de l'optique ondulatoire : la précision d'une mesure au microscope est limitée par le phénomène de diffraction, lié au caractère ondulatoire de la lumière. Plus précisément, cette précision – la résolution du microscope – dépend de la longueur d'onde λ de la lumière utilisée et de l'angle d'ouverture θ du faisceau accepté par l'objectif de microscope (voir la figure 2.5). L'incertitude ΔX sur la mesure est proportionnelle à la longueur d'onde λ et inversement proportionnelle à l'ouverture θ. Dans une expérience de pensée, on peut choisir les paramètres sans limitation autre que les lois de la physique, sans se préoccuper de la réalisation pratique. Il suffit donc, en principe, de prendre une lumière de longueur d'onde suffisamment petite pour avoir une incertitude ΔX aussi petite que l'on veut. Est-il alors possible, à l'issue de la deuxième mesure de position, d'avoir également une mesure aussi précise que l'on veut de la vitesse ? Il n'en est rien, nous dit Heisenberg dans un raisonnement que Bohr reprendra à satiété dans de nombreuses variantes. En effet, il ne faut pas oublier que la lumière doit aussi être considérée comme formée de particules, les photons, qui perturbent le mouvement de la particule lorsqu'ils sont diffusés vers l'objectif de microscope, dans un processus que l'on peut décrire comme une collision entre un photon du faisceau lumineux et la particule. Il faut alors tenir compte de la vitesse supplémentaire communiquée à la particule lors de la deuxième mesure pour corriger la valeur déterminée à partir des deux mesures. En fait, nous dit Heisenberg, il existe une incertitude sur cette correction, et donc sur la valeur de la vitesse déduite de la mesure et de sa correction. Cette incertitude est liée au fait qu'on ne connaît pas exactement la direction du photon qui est entré dans l'objectif du microscope. Plus précisément, l'incertitude sur cette direction est exactement l'ouverture angulaire θ, et on en déduit la valeur ΔV de l'incertitude sur la vitesse communiquée à la particule. Elle est proportionnelle à l'ouverture θ de l'objectif de microscope, et inversement proportionnelle à la longueur d'onde λ. C'est exactement l'inverse de la relation pour l'incertitude de position ΔX, de sorte que le produit $\Delta X \cdot \Delta V$ est indépendant de θ et de λ. Il est égal à la constante de Planck divisée par la masse de la particule, à une constante multiplicative près[1]. Cette relation s'applique à une expérience idéale. C'est donc une limite inférieure, et c'est pourquoi on exprime généralement la relation d'incertitude de Heisenberg sous forme d'une inégalité :

$$\Delta X \cdot \Delta V \geq h / (4\pi M)$$
(relation d'incertitude de Heisenberg),

---

1. Pour les expert(e)s : le calcul exact montre que cette constante est de l'ordre de $1 / 4\pi$, la valeur exacte dépendant de la façon dont on définit les incertitudes.

qui est identique à celle trouvée pour les dispersions des probabilités résultant du formalisme quantique de la fonction d'onde. C'est ce qui permet à Bohr d'affirmer le caractère complet, ultime, du formalisme quantique. Si aucune mesure ne peut faire mieux que la limite associée au formalisme quantique, il est logique de conclure que ce formalisme est le meilleur possible.

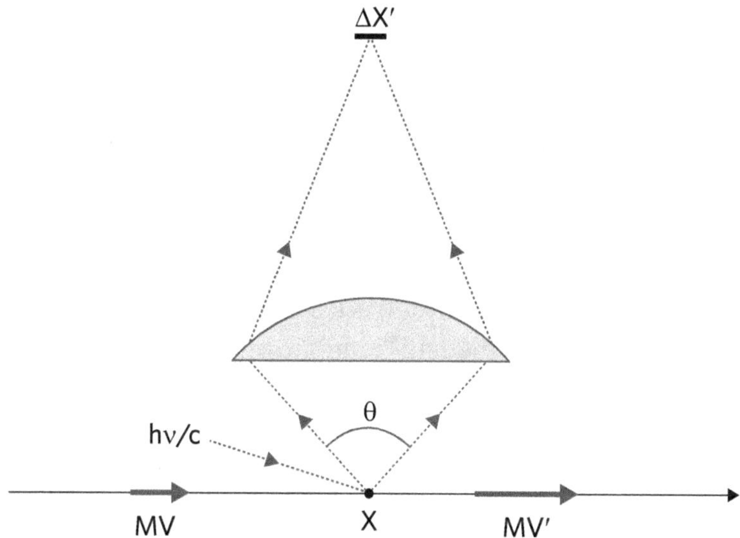

Figure 2.5. Microscope de Heisenberg. La particule de vitesse V diffuse de la lumière dans un faisceau indiqué avec des traits tiretés, depuis le point X vers l'objectif du microscope. Cela permet de déterminer sa position avec une précision ΔX dépendant de la fréquence ν de la lumière et de l'ouverture θ de l'objectif du microscope. Lors de cette diffusion, le photon échange de la quantité de mouvement avec la particule, dont la vitesse change d'une quantité V' – V qui dépend de la fréquence ν de la lumière et de la direction du photon diffusé à l'intérieur de l'angle θ. L'incertitude sur cette direction entraîne une incertitude ΔV sur la vitesse V' après la mesure, qui dépend elle aussi de la fréquence ν de la lumière et de l'ouverture θ de l'objectif du microscope. On en déduit que le produit ΔX . ΔV des incertitudes sur la position et la vitesse de la particule juste après la mesure obéit à la relation de Heisenberg $\Delta X \cdot \Delta V \geq h / (4\pi M)$. La cause de ces incertitudes est la nature quantique de la lumière, qui est à la fois une onde et une particule, et qui provoque une perturbation dont la grandeur est reliée à la valeur de la constante de Planck.

Comme Heisenberg et Bohr l'ont maintes fois souligné, ces incertitudes résultent de la perturbation apportée par le système de mesure, ici le photon utilisé pour observer la particule. Le point essentiel est que le système de mesure lui-même obéit au formalisme quantique. Dans l'exemple ci-dessus, le raisonnement a pris en compte le caractère ondulatoire du photon lors du calcul de l'incertitude ΔX à partir de la théorie de la diffraction, et son caractère corpusculaire lors du calcul de l'incertitude ΔV.

Bohr élève le raisonnement précédent, qui porte sur un exemple particulier de mesures, au rang de principe : le principe de complémentarité. Il insiste sur la nécessité de prendre en compte l'interaction avec le système de mesure, qui ne peut être considérée comme aussi petite que l'on veut à cause de la nature quantique du système de mesure. Il introduit ce principe pour justifier le caractère probabiliste, un peu « flou », du formalisme quantique. C'est ce « flou » qui permet de surmonter la contradiction apparente entre les deux modèles issus de la physique classique, le modèle ondulatoire et le modèle corpusculaire, simultanément à l'œuvre dans la description quantique du mouvement d'une particule. Le principe de complémentarité de Bohr généralise le raisonnement et affirme que, quelles que soient les observables complémentaires considérées, le flou résultant du formalisme quantique ne pourra pas être éliminé par une mesure, car celle-ci conduira toujours à des incertitudes découlant du caractère quantique du système de mesure.

C'est à ce point de vue qu'Einstein va s'attaquer, en essayant de trouver des situations où l'on pourra mesurer simultanément la position et la vitesse d'une particule avec des précisions meilleures que celles autorisées par les relations de Heisenberg.

UNE PARTICULE ET DES FENTES

Il existe peu de témoignages directs des discussions entre Bohr et Einstein au congrès Solvay de 1927. Elles se déroulent « hors programme », et les descriptions données par les exégètes et témoins indirects ont une dispersion importante, qui est peut-être reliée à l'assurance de leurs auteurs par une application originale du principe de complémentarité[1]. Je me réfère ici à la description la plus précise que je connaisse, celle qu'en donne Bohr dans sa contribution de 1949 au volume jubilaire en hommage à Einstein[2].

Si l'on en croit Bohr, la discussion porte d'abord sur la possibilité de déterminer la position ou la vitesse d'une particule passant au travers d'une fente (voir la figure 2.6). Celle-ci peut être fixée à un support soit de façon rigide, soit par des ressorts. Dans le premier cas, on peut connaître la position de la particule avec une précision aussi grande qu'on le veut, en prenant une

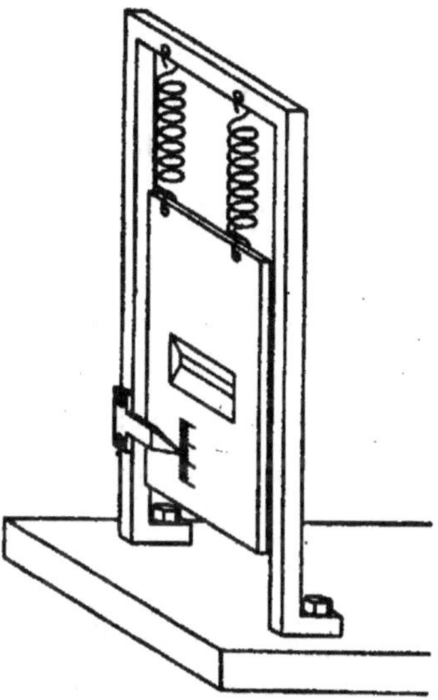

Figure 2.6. Schéma de Bohr utilisé pour un raisonnement du type microscope de Heisenberg. Une plaque ainsi suspendue permet de savoir si une particule est déviée vers le haut ou vers le bas, en mesurant le recul de la plaque, qui sera respectivement observé vers le bas ou vers le haut. *(Schéma dans Bohr (1970), p. 220. Wikimedia Commons, domaine public.)*

---

1. Je suis le seul responsable de ce trait d'humour, mais il existe une version voisine du principe de complémentarité due à Bohr lui-même, qui aurait déclaré que la justesse d'une affirmation et la clarté de sa démonstration étaient des propriétés complémentaires. Je laisse les lectrices et lecteurs conclure par eux-mêmes sur la clarté des textes de Bohr, qui s'efforçait d'être le plus juste possible. Voir Weisskopf (1984, p. 593).
2. Voir Bohr (1970, première édition 1949).

fente très fine, mais sa vitesse après la fente est très mal déterminée du fait de la diffraction. Si on veut mesurer la vitesse de la particule juste après la fente, on peut monter celle-ci sur des ressorts, comme on le voit sur la figure dessinée par Bohr lui-même. En observant le mouvement de la fente juste après le passage de la particule, on pourra en déduire la vitesse de la particule après la fente. Par exemple, si la fente recule vers le haut, on saura que la particule a été déviée vers le bas et, en mesurant la vitesse acquise par la fente, on pourra même déterminer la vitesse exacte de la particule à la sortie de la fente. Selon Einstein, on a donc juste après la fente une particule dont la position est très bien déterminée, et dont on peut déterminer la vitesse en mesurant le recul de la fente initialement au repos.

En fait, nous dit Bohr, on ne peut oublier que la plaque dans laquelle on a percé une fente obéit elle aussi aux lois de la mécanique quantique[1]. Sa position aussi bien que sa vitesse ne sont pas parfaitement définies ; elles ont, avant le passage de la particule, des dispersions initiales dont les valeurs dépendent de la rigidité des ressorts et de la masse de la plaque mobile et qui obéissent aux relations de Heisenberg. Si la plaque est très lourde et les ressorts très rigides, la dispersion de la position sera faible et la position de la particule à la sortie de la plaque sera très bien déterminée. Mais dans ce cas, la vitesse verticale de la plaque avant le passage de la particule aura une dispersion élevée, tellement grande qu'on sera incapable par une mesure ultérieure de déterminer le changement de vitesse induit par le passage de la particule. Ainsi, comme pour le microscope de Heisenberg, c'est l'analyse de l'opération de mesure qui nous montre que nous ne pouvons pas déterminer la position et la vitesse d'une particule avec une précision meilleure que ce qui est autorisé par les relations de dispersion.

Einstein n'est pas convaincu de la généralité de ce type de raisonnement, et il continue d'essayer de trouver des situations où l'on peut mesurer la position et la vitesse d'une particule mieux

---

1. Il s'agit d'un oscillateur harmonique quantique, dont on sait parfaitement décrire le comportement, mais auquel Bohr préfère appliquer des considérations générales.

que la limite de Heisenberg. Cela doit, pense-t-il, conforter son point de vue ensembliste dans lequel la distribution des probabilités observée résulte des comportements différents des diverses particules, alors que l'interprétation de Copenhague affirme que toutes les particules sont décrites par la même fonction d'onde et que la dispersion sur les résultats de mesure est la conséquence de l'opération de mesure elle-même.

LES FENTES D'YOUNG : LE RETOUR GAGNANT DE BOHR

Si l'on en croit le compte rendu de Bohr, confirmé par le témoignage d'Ehrenfest et d'autres participants, la controverse culmine avec l'expérience de pensée des fentes d'Young, qu'Einstein présente pour conforter sa vision ensembliste. Mais tous les témoins ne donnent pas exactement la même description du schéma précis de cette expérience de pensée. Je me réfère pour ma part au témoignage de Bohr, dans son texte de 1949. Ce texte est publié quatorze ans après la discussion, mais il semble que Bohr en ait gardé un souvenir précis, car il s'était énormément investi dans ce débat. Le schéma considéré est constitué d'une première fente suivie d'une double fente puis d'un écran permettant de visualiser les points d'arrivée de chaque particule (voir la figure 2.7). C'est le schéma qui a été utilisé par Thomas Young en 1802 pour conclure que la lumière est une onde, puisqu'on observe un éclairement caractérisé par une alternance de zones brillantes et de zones sombres, que l'on appelle des franges d'interférences, et qui ne peuvent être expliquées que par un modèle ondulatoire. Si maintenant on a des particules matérielles, par exemple des électrons, décrits par une onde de matière, un calcul analogue à celui de l'optique aboutit à la prédiction d'une alternance de zones brillantes où la plupart des particules sont observées et de zones sombres où les particules ne sont quasiment jamais observées. Dès 1927, Clinton Davisson et Lester Germer[1]

---

1. Voir Davisson et Germer (1927).

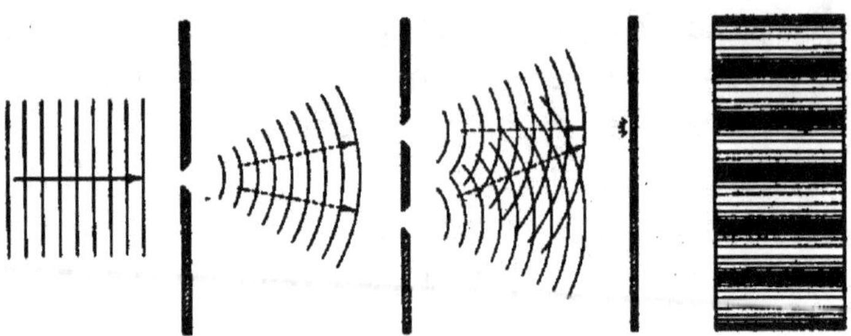

Figure 2.7. Schéma des fentes d'Young pour une particule matérielle donnant lieu à des interférences, c'est-à-dire au fait que les particules seront préférentiellement observées dans les zones de franges brillantes. Pour Einstein, en montant la première fente sur des ressorts comme sur la figure 2.6, on peut savoir si la particule passe par la fente du haut ou par la fente du bas, ce qui est en contradiction avec le principe de complémentarité. Mais ici encore, Bohr invoque le caractère quantique de la première fente pour montrer que la dispersion sur sa position est suffisante pour entraîner le brouillage des franges, dont la position dépend de celle de la fente source.
(Schéma dans Bohr (1970), p. 216. Wikimedia Commons, domaine public.)

ont pu observer des figures d'interférences avec des électrons, confirmant la validité de cette description où la particule, décrite par une fonction d'onde, passe par plusieurs chemins à la fois.

Si on a une seule particule, celle-ci sera préférentiellement observée dans l'une des zones brillantes, comme on pourra le constater en répétant l'expérience un grand nombre de fois. Mais toutes les particules doivent-elles être décrites de la même façon, par la même onde passant par les deux trous à la fois ? Einstein, partisan d'une interprétation ensembliste où chaque particule a un comportement différent, répond que non, car il imagine un moyen de montrer que certaines passent par la fente du haut alors que d'autres passent par la fente du bas. Pour cela, il suffit de mesurer le recul de la plaque portant la première fente lors du passage de la particule. Si elle recule vers le haut, c'est que la particule est partie vers la fente du bas de la seconde plaque, et *vice versa* pour un recul vers le bas permettant de conclure que la particule est partie vers la fente du haut. Einstein entend ainsi montrer que l'on peut à la fois observer des franges, caractéristiques d'un comportement ondulatoire, et décrire des trajectoires précises, différentes, pour les diverses particules associées à la même fonction d'onde. Il en déduit qu'on peut décrire la réalité physique plus précisément que ce que dit le formalisme quantique.

La réponse de Bohr, ici encore, va reposer sur la prise en compte du caractère quantique de la fente source. Pour pouvoir mesurer le recul de la plaque portant la première fente, il faut la maintenir de façon lâche, par un ressort souple (voir de nouveau la figure 2.6). Pour détecter si la particule est partie vers le haut ou le bas, il faut une précision suffisante sur la mesure de la variation de vitesse de la plaque lors du passage de l'électron, ce qui impose que l'impulsion initiale de la plaque soit suffisamment bien définie. Mais, dans ce cas, sa position présente une dispersion juste suffisante pour brouiller les franges d'interférences, dont la position est liée à celle de la fente initiale. Si cette dispersion est plus grande que la distance entre deux franges successives, les franges sont complètement brouillées. Il faut donc choisir : on peut très bien déterminer la position de la fente, par exemple en la fixant sur un socle lourd, et dans ce cas on verra les franges, mais on ne pourra pas savoir par quelle fente de la deuxième plaque la particule est passée ; ou bien on peut au contraire laisser la première plaque très libre et observer son recul, ce qui nous permet de savoir par quelle fente de la seconde plaque la particule passe, mais les franges seront alors brouillées[1]. Telle est la dure loi de la mécanique quantique : si on prend en compte le caractère quantique du système de mesure, on ne peut pas mesurer simultanément les observables complémentaires mieux que ce qui est permis par les relations de Heisenberg.

Il semble qu'Einstein ne trouve rien à objecter à ce raisonnement de Bohr, qui a ainsi réussi à réfuter son attaque, et il faudra attendre trois ans avant que le débat ne reprenne avec une nouvelle expérience de pensée mettant en jeu un autre type de relation de Heisenberg.

---

1. On pourrait faire un raisonnement analogue en considérant une première fente fixe, et la plaque portant la double fente montée sur ressorts. Le recul de cette deuxième plaque indiquerait si la particule, dont on connaît le point d'arrivée sur l'écran, est passée par le haut ou par le bas. Je laisse au lecteur ou à la lectrice le soin de conclure pourquoi ici encore les franges ne sont observables que si on ne peut pas mesurer par quelle fente est passée la particule.

2.7. Le congrès Solvay de 1930 :
la « boîte à photons »

Au congrès Solvay de 1930, Einstein revient à la charge et propose une nouvelle expérience de pensée s'attaquant à une autre relation d'indétermination de Heisenberg, qui relie le temps et l'énergie :

$$\Delta E \cdot \Delta t \geq h \, / \, 4\pi.$$

Cette relation est généralement appliquée dans des situations où Δt est un intervalle de temps, et je dois avouer que je ne la comprends bien que dans ce cas. On peut alors facilement la comprendre dans le cas de la lumière, où elle découle du formalisme et est liée à la dualité onde-particule chère à Einstein. Un résultat bien connu de la physique des ondes est qu'une impulsion lumineuse de fréquence v_0 et de durée $2\Delta t$ a en fait un spectre de fréquences de demi-largeur $\Delta v = 1 \, / \, (4\pi \, \Delta t)$, c'est-à-dire qu'on peut la considérer comme une somme d'ondes de fréquences réparties dans une bande de largeur Δv autour de v_0. Si maintenant on considère ce paquet d'onde lumineux comme un quantum de lumière, un photon, l'énergie de celui-ci n'est pas parfaitement définie[1] : elle a une valeur moyenne $E = hv_0$ et une dispersion de demi-largeur $\Delta E = h \, \Delta v = h \, / \, (4\pi \, \Delta t)$, ce qui est la relation de dispersion annoncée. Le raisonnement se transpose aisément au cas de particules matérielles, par exemple un électron décrit par un paquet d'onde de durée Δt : un tel électron a une énergie qui n'est pas définie mieux qu'à $\Delta E = h \, / \, (4\pi \, \Delta t)$ près, conformément

---

1. Contrairement à ce que l'on croit parfois, la notion de photon, ou de quantum de lumière, n'est pas limitée au cas du rayonnement monochromatique, où le photon a une énergie parfaitement déterminée hv_0, associée à la fréquence du rayonnement. On peut parfaitement définir un photon unique associé à un paquet d'onde de fréquence centrale v_0 et de dispersion de fréquence Δv. Pour les expert(e)s, voir par exemple l'ouvrage de Grynberg, Aspect et Fabre (2010), section 5.4.3.

à la relation ci-dessus. Dans les deux cas, la particule est trouvée quelque part dans le paquet d'onde, et l'instant t où elle arrive sur le détecteur a une dispersion Δt, tandis que son énergie a une dispersion ΔE.

Ce n'est pas exactement sur cette acception de la relation temps-énergie que porte la discussion, si l'on en croit Bohr. L'objectif d'Einstein, nous dit-il, est de montrer qu'il existe une situation dans laquelle il est possible de mesurer l'instant exact d'émission d'un photon et son énergie de façon assez précise pour qu'à l'issue de ces mesures les dispersions sur l'instant d'émission et sur l'énergie soient plus petites que la limite donnée par l'inégalité ci-dessus. Il imagine pour cela une boîte contenant du rayonnement, avec des parois parfaitement réfléchissantes qui conservent ce rayonnement au sein de la cavité sans pouvoir l'absorber (voir la figure 2.8).

Cette boîte possède un orifice qui peut être ouvert et refermé par un obturateur, à un instant précis contrôlé par une horloge placée à l'intérieur de la boîte, la durée d'ouverture étant aussi petite qu'on le veut. Cela est en principe possible car il n'y a aucune limite théorique à la précision d'une horloge. Pendant cette ouverture, du rayonnement – que Bohr nomme un photon – s'échappe. On va alors pouvoir mesurer son énergie en déterminant la perte d'énergie de la boîte à la suite de cette émission. Pour cela on fait deux pesées de la boîte, une avant puis une après l'ouverture de l'obturateur, afin de connaître la

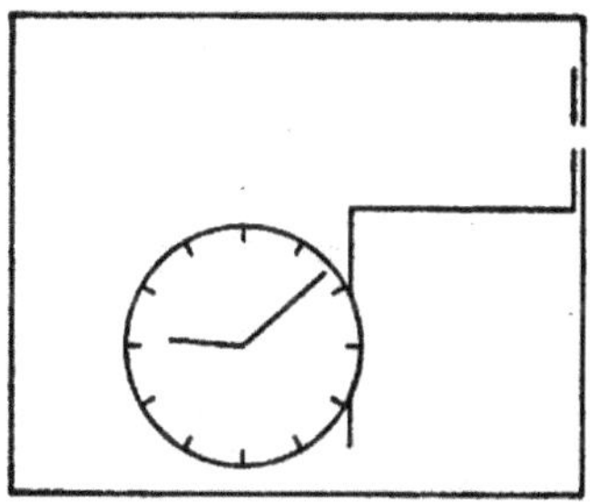

Figure 2.8. La boîte à photons d'Einstein. *(Schéma dans Bohr (1970), p. 225. Wikimedia Commons, domaine public.)*

masse m qui a été perdue et d'en déduire l'énergie du photon qui s'est échappé en utilisant la célèbre relation relativiste $E = mc^2$. On peut ainsi, selon Einstein, obtenir la valeur de cette énergie avec une incertitude ΔE aussi petite qu'on le veut. Le produit de l'incertitude sur l'instant d'ouverture par la dispersion ΔE sur l'énergie du photon peut donc, dit Einstein, être inférieur à ce qui est autorisé par la relation de Heisenberg résultant du formalisme quantique. Ce formalisme est donc incomplet, conclut-il, puisqu'on peut déterminer les deux quantités, instant de sortie et énergie du photon, mieux que ce qui est permis par le formalisme.

Si l'on en croit les témoignages, le congrès va alors passer par des moments d'une intensité dramatique extrême. Il faut une nuit de réflexion à Bohr pour revenir le lendemain matin avec une réfutation, basée comme à chaque fois sur l'analyse détaillée du processus de mesure. Pour expliquer son raisonnement, Bohr redessine l'expérience dans son style pseudo-réaliste, qu'il qualifie lui-même de « semi-sérieux » (voir la figure 2.9). Pour réaliser la pesée, il suspend la boîte à un support par un ressort. Celle-ci peut se déplacer verticalement sous l'effet de la gravitation, et un index permet de lire sa position sur une règle fixée au support. Une paroi est percée d'un petit trou par lequel le rayonnement peut s'échapper lorsque s'ouvre un obturateur commandé par l'horloge placée à l'intérieur de la boîte et dont on a programmé l'instant précis d'émission.

Comment Bohr parvient-il à contrer le raisonnement d'Einstein, consistant à mesurer l'énergie perdue avec une précision aussi grande qu'on le veut, à un instant parfaitement déterminé ? En invoquant… un effet de la relativité générale, théorie formulée par Einstein lui-même ! Il s'agit de l'influence sur les horloges de leur position dans un champ de gravitation[1]. À cause de cet effet, nous dit Bohr, la pesée précédant l'ouverture de

---

1. Cet effet, évidemment purement théorique dans cette expérience de pensée, est aujourd'hui observé dans les laboratoires de métrologie des temps, où on peut comparer deux horloges situées à des hauteurs différentes. On peut constater la différence entre deux horloges atomiques à atomes froids situées à des hauteurs différant de quelques centimètres.

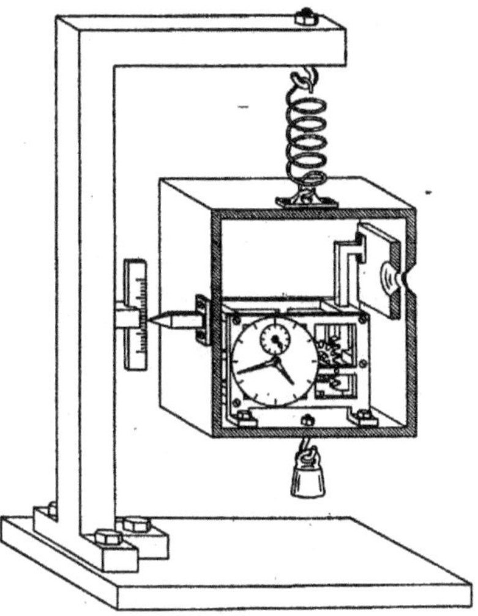

Figure 2.9. Schéma de l'expérience de pensée de la boîte à photons vue par Bohr. *(Schéma dans Bohr (1970), p. 227. Wikimedia Commons, domaine public.)*

l'obturateur entraîne une dispersion sur la marche de l'horloge liée à la dispersion sur la position de la boîte, qui est un objet quantique, ce qui donnera une incertitude sur l'instant de l'ouverture. Par ailleurs, il y a une incertitude sur la pesée, liée à la dispersion de vitesse de la boîte résultant de la relation de dispersion vitesse-position. Dans un raisonnement que je ne suis pas le seul[1] à trouver beaucoup moins clair que celui du congrès Solvay de 1927, Bohr fait un calcul montrant que le produit de l'incertitude sur l'instant d'émission par celle sur la pesée obéit en définitive à la relation de Heisenberg. Une fois de plus, Bohr a réussi à démontrer que la relation de dispersion, qui doit s'appliquer à tout système, est cohérente avec les limitations découlant du processus de mesure particulier envisagé ici. Ces limitations résultent ici encore de l'application des lois de la physique quantique à l'appareil de mesure lui-même.

---

1. Pour les expert(e)s, voir par exemple l'article de Schmidt (2022) qui reprend le raisonnement de Bohr d'une façon que je trouve beaucoup plus convaincante.

2.8. Fin de partie ou nouveau départ ?

Einstein n'insiste pas, et il n'essaiera plus jamais, au moins publiquement, de trouver un moyen de violer les relations de Heisenberg dans des expériences impliquant une particule individuelle. Il reste cependant profondément opposé à l'idée que les lois ultimes de la nature sont probabilistes, et il pense toujours qu'il est possible de trouver une description plus fine que celle du formalisme quantique connu. Il va donc continuer de s'efforcer de montrer que la mécanique quantique ne donne pas la description ultime du monde et qu'il doit exister un niveau de description plus fin – donc que *ce n'est pas une théorie complète*.

En 1935, il imagine une nouvelle expérience de pensée qui, affirme-t-il, répond à ce programme. Celle-ci est basée sur la possibilité donnée par le formalisme quantique de considérer un nouveau type de fonction d'onde impliquant non pas une particule, mais *deux*, qui ont interagi dans le passé et se sont éloignées l'une de l'autre. Or, dans un tel état quantique appelé aujourd'hui un état « intriqué », les deux particules restent totalement corrélées – tellement corrélées qu'Einstein et ses collègues Boris Podolsky et Nathan Rosen vont développer un raisonnement les conduisant à la conclusion que le formalisme quantique *doit nécessairement* être complété. Comme nous le verrons au chapitre suivant, la réponse de Bohr est loin d'être aussi imparable que celles des congrès Solvay, et elle ne convaincra jamais Einstein. C'est ce débat qui, trois décennies plus tard, rebondira avec le théorème de Bell et conduira aux expériences que je décrirai plus loin dans ce livre, et qui vont susciter le développement des technologies quantiques de la deuxième révolution quantique.

L'essentiel

Après avoir présenté sommairement le formalisme quantique de Heisenberg et celui de Schrödinger que nous utilisons encore aujourd'hui, j'explique en quoi l'interprétation probabiliste de Born donne lieu à un débat fondamental entre Einstein et Bohr, qui culmine lors des congrès Solvay de 1927 et 1930. Je décris les raisonnements d'Einstein qui visent à trouver des situations où une mesure permettrait d'obtenir simultanément avec une grande précision la vitesse et la position d'une particule. Cela montrerait la nécessité d'invoquer une description plus fine de la situation que celle donnée par le formalisme, dont les prédictions sont d'une précision limitée par les relations de dispersion de Heisenberg.

À chaque fois, Bohr parvient à montrer que le raisonnement d'Einstein est incorrect, en prenant en compte le caractère quantique de l'appareil de mesure. Il montre que les mesures sont affectées d'incertitudes qui obéissent à des relations de Heisenberg, dont j'explique en quoi elles sont conceptuellement différentes des relations de dispersion résultant du formalisme. Cela permet à Bohr d'affirmer qu'il n'est pas nécessaire de compléter la mécanique quantique pour surmonter la contradiction apparente entre la description ondulatoire et la description corpusculaire des particules, et plus généralement entre les images associées à des observables complémentaires. Selon lui, il est donc inutile et même illogique de vouloir compléter le formalisme quantique pour le « guérir » de son caractère probabiliste, qu'Einstein considère quant à lui comme inacceptable pour une théorie fondamentale.

Einstein va alors renoncer à essayer de trouver des situations relatives à une seule particule dans lesquelles il pourrait prouver la nécessité de compléter le formalisme quantique. Mais comme nous le verrons dans le chapitre qui suit, il va reprendre le combat en utilisant une situation impliquant deux particules intriquées.

CHAPITRE 3

Le débat Bohr-Einstein, acte II : l'argument d'Einstein, Podolsky et Rosen

Aux congrès Solvay de 1927 et 1930, Bohr a pu repousser de façon convaincante les attaques d'Einstein. Mais Einstein n'a pas dit son dernier mot et, en 1935, avec ses deux collaborateurs Boris Podolsky et Nathan Rosen, il invente une nouvelle expérience de pensée destinée à démontrer que le formalisme quantique standard ne donne pas une description complète de la réalité physique. Elle est basée sur une situation mettant en jeu non plus une, mais deux particules dans un état quantique où elles sont en quelque sorte « connectées » alors même qu'elles peuvent se trouver très éloignées l'une de l'autre. Apparaît ici le concept d'intrication quantique qui sera à la base de la seconde révolution quantique. À la différence de son argumentation de 1927, la réponse de Bohr à l'article EPR n'utilise pas un raisonnement purement scientifique : elle repose sur des arguments philosophiques et ne convaincra jamais Einstein d'abandonner sa vision réaliste locale du monde. Leur débat, qui ne sera jamais tranché de leur vivant, restera ignoré d'une majorité de physiciens pendant trois décennies.

Malgré l'échec de ses attaques aux congrès Solvay de 1927 et 1930, Einstein reste convaincu que le formalisme quantique est incomplet, quoi qu'en disent Niels Bohr et ses collaborateurs de l'école de Copenhague. Il ne remet pas en cause sa puissance prédictive, et notamment le fait que le formalisme de Schrödinger permette de calculer avec une précision impressionnante les niveaux d'énergie de l'atome d'hydrogène, en correspondance quasi parfaite avec les mesures des fréquences observées dans le spectre de la lumière qu'il émet. En revanche, il n'accepte pas que l'interprétation probabiliste des calculs obtenus par la règle de Born régisse la théorie ultime du monde microscopique. Il pense que le formalisme utilisé à l'époque doit pouvoir être complété, et qu'il doit prédire pour chaque objet individuel des résultats de mesure plus précis que ce qui est autorisé par les relations de dispersion de Heisenberg.

Abandonnant les expériences de pensée portant sur une particule unique, Einstein et ses collègues Boris Podolsky et Nathan Rosen vont s'intéresser à une situation nouvelle mettant en jeu deux particules dans un état autorisé par le formalisme quantique que Schrödinger va appeler un état « intriqué ».

3.1. *L'intrication quantique*

Dans sa version initiale, le formalisme de Schrödinger concerne une seule particule, et est d'abord appliqué à l'électron plongé dans le champ électrique du proton, c'est-à-dire à l'atome d'hydrogène. Il permet d'obtenir les niveaux d'énergie de cet atome et d'en déduire, en utilisant la relation de Bohr, les valeurs des fréquences lumineuses émises. On obtient un accord parfait avec les mesures spectroscopiques, ce qui valide de façon éclatante ce formalisme.

Très rapidement, Schrödinger propose une généralisation de son formalisme au cas de plusieurs particules qui sont susceptibles d'interagir entre elles. Pour y parvenir, il utilise un espace mathématique abstrait décrivant globalement l'ensemble des particules, l'« espace de configuration ». Pour comprendre en quoi cette description est radicalement différente pour deux particules, considérons d'abord le cas d'une seule particule. On peut écrire sa fonction d'onde $\psi(x, y, z, t)$ à un instant t donné en fonction des trois coordonnées d'espace x, y, z, ce qui nous permet de « garder le contact » avec l'espace réel dans lequel nous vivons, où tout point est caractérisé par les trois coordonnées d'espace (x, y, z). Si maintenant on a deux particules, notées 1 et 2, la fonction d'onde s'écrit $\Psi(x_1, y_1, z_1, x_2, y_2, z_2, t)$[1]. Celle-ci évolue dans un « espace de configuration » à six dimensions, où chaque point possède six coordonnées d'espace $(x_1, y_1, z_1, x_2, y_2, z_2)$. Dans ce cas, on ne peut plus en donner une image dans notre espace ordinaire. Pour moi, c'est la propriété qui rend l'intrication si difficile à se représenter, si mystérieuse comme disent certains physiciens, et non des moindres – comme l'extraordinaire pédagogue Richard Feynman[2]. Je m'efforcerai donc de vous expliquer quelques propriétés de l'intrication, difficiles à accepter, mais qui ont été mises en évidence par de nombreuses expériences, notamment celles citées pour le prix Nobel de physique 2022. Si vous avez du mal à suivre, ne vous inquiétez pas : depuis ma rencontre avec l'intrication, il y a environ un demi-siècle, elle m'étonne toujours autant, même si je m'y suis habitué.

Pour saisir en quoi l'intrication quantique est incompréhensible du point de vue classique, considérons d'abord deux particules classiques, disons deux boules de billard qui s'entrechoquent. Une fois qu'elles se sont séparées et qu'elles n'interagissent plus, je peux m'intéresser à chaque boule indépendamment de l'autre, en précisant pour chacune sa position, sa vitesse ou sa rotation à un instant donné. Si je dispose de toutes les informations sur la première boule, d'une part, et sur la deuxième boule, d'autre part, je sais tout sur l'ensemble des deux boules ; je n'ai pas davantage d'informations si je traite l'ensemble des deux boules comme un système unique. Plus généralement, en physique classique, si on

---

1. À la différence des fonctions d'onde à une particule, notées traditionnellement avec une lettre grecque minuscule, les fonctions d'onde à plusieurs particules sont notées avec une lettre grecque majuscule.

2. Les célèbres *Lectures on Physics* de Richard Feynman (Addison-Wesley, 1964), qui a par ailleurs reçu le prix Nobel 1965 pour sa théorie de l'électrodynamique quantique, ont enchanté des générations entières de physiciens, et l'auteur de ces lignes ne fait pas exception. Feynman n'hésite pas à y parler, à propos de la dualité onde-particule, du « grand mystère » de la théorie quantique. Comme nous le verrons à la fin de ce chapitre, il a aussi souligné deux décennies plus tard le caractère extraordinaire de l'intrication.

a deux systèmes n'interagissant pas, on dispose de la totalité de l'information sur l'ensemble de ces deux systèmes dès l'instant où l'on connaît tous les paramètres du premier et tous les paramètres du second. Bref, le tout est égal à la somme des parties... Mais cela n'est plus vrai en physique quantique pour un système intriqué.

En effet, si je considère deux particules intriquées, qui ont cessé d'interagir et qui semblent donc indépendantes, je ne peux pas identifier l'ensemble des informations sur ce système à l'ensemble des informations sur la première particule ajouté à l'ensemble des informations sur la deuxième particule[1]. Pour deux particules intriquées, le tout est *plus* que la somme des parties : il y a *plus* d'informations dans le système global intriqué que dans la somme des informations propres à chaque particule. Voilà qui est surprenant, si les particules sont sans interaction ! Faut-il alors imaginer que l'intrication met en jeu une interaction nouvelle, inconnue ? Dans ce cas il faut que cette interaction soit instantanée, puisque la fonction d'onde ne peut pas être décomposée en deux parties, chacune décrivant une particule. Si, conformément à la relativité d'Einstein, j'exclus toute interaction se propageant plus vite que la lumière, je n'ai plus d'image à ma disposition quand je cherche à décrire les deux particules dans l'espace réel, celui où je vis, celui du laboratoire où je fais des expériences. Accepter dans ma représentation un lien instantané entre les deux particules revient à parler de « non-localité quantique » : le terme est lâché, nous y reviendrons.

Dès 1926, Schrödinger a noté la difficulté d'interpréter les fonctions d'onde à plusieurs particules dans l'espace habituel, mais c'est incontestablement à Einstein et ses collègues Podolsky et Rosen que l'on peut attribuer la mise en évidence du caractère extraordinaire de la description quantique d'une telle situation, tellement difficile à accepter que ces auteurs vont en conclure que ce formalisme est incomplet.

---

1. Pour les expert(e)s : il existe bien sûr des situations où les propriétés du système global ne sont pas plus que la somme des propriétés des deux particules séparées ; ce sont celles où la fonction d'onde à deux particules peut se factoriser : $\Psi(x_1, y_1, z_1, x_2, y_2, z_2) = \varphi(x_1, y_1, z_1) \kappa(x_2, y_2, z_2)$. Mais ces cas ne constituent qu'un petit sous-ensemble des situations possibles.

3.2. *L'expérience de pensée d'Einstein, Podolsky et Rosen (1935) et le réalisme local*

En 1935, Einstein, Podolsky et Rosen publient un article aujourd'hui devenu mythique[1]. Ils découvrent que le formalisme quantique prévoit des situations dans lesquelles les résultats de mesure sur une particule sont très fortement liés aux résultats de mesure sur une autre particule intriquée avec la première. On dit que ceux-ci sont corrélés, et cela même si ces deux particules sont très éloignées l'une de l'autre et n'interagissent pas. Einstein, Podolsky et Rosen en déduisent une réfutation de l'affirmation de Bohr selon laquelle le formalisme quantique tel qu'il existe donne la description la plus précise possible du monde et qu'il ne peut ni ne doit être complété. Afin de comprendre leur raisonnement, plongeons dans leur expérience de pensée qu'on appelle parfois le « paradoxe EPR », même si je récuse ce terme puisqu'un paradoxe, selon le *Petit Larousse*, « paraît défier la logique parce qu'il présente des aspects contradictoires ». Or nous allons voir que, si le « problème EPR » ou l'« argument EPR » défie l'interprétation probabiliste de Copenhague du formalisme quantique, il ne défie certainement pas la logique.

Le raisonnement d'Einstein, Podolsky et Rosen s'appuie sur le formalisme quantique tel qu'il est accepté par tous les physiciens. Nos trois physiciens ne remettent donc pas en cause ce formalisme, mais ce qu'ils découvrent, c'est que celui-ci permet de considérer un état étonnant de deux particules qui ont interagi dans le passé puis ont cessé d'interagir. Je l'appellerai « état EPR ». Il décrit les deux particules à un instant donné dans l'espace de configuration, qui met en jeu leurs deux ensembles de coordonnées spatiales. On se pose alors la question : dans cet état EPR, si je mesure les positions de chacune des deux particules à un

---

1. Voir Einstein, Podolsky et Rosen (1935).

instant donné, y a-t-il une relation entre les deux résultats de mesure ? Le formalisme apporte une réponse claire : oui, leurs positions sont reliées d'une façon précise, alors que chaque résultat de mesure lui-même est aléatoire. Voilà qui est étrange ! On peut trouver n'importe quelle position pour chaque particule mais, pour chaque mesure simultanée des deux positions, les résultats sont étroitement liés : ils sont « corrélés » (voir la figure 3.1). De même, on peut se demander si le formalisme quantique prédit une relation entre les vitesses mesurées sur les deux particules. À nouveau, la réponse est oui : celles-ci sont exactement opposées, alors que chaque résultat de mesure individuel apparaît totalement aléatoire. Ici encore, on a une corrélation parfaite.

Alors, nous dit Einstein, en mesurant la vitesse ou la position de la première particule, je peux connaître avec certitude le résultat de la mesure de la vitesse ou de la position sur la deuxième particule, effectuée au même instant. Mais, les deux particules étant éloignées, ce que je fais à la première ne peut instantanément affecter les caractéristiques de la seconde. Il paraît donc évident, affirme-t-il, que la vitesse et la position de la deuxième particule étaient parfaitement définies avant que j'effectue ma mesure sur la première. Il n'y a donc aucune incertitude sur ces deux grandeurs, ce qui est en contradiction avec les relations de Heisenberg. Selon Einstein et ses collègues, il est donc nécessaire de compléter le formalisme quantique si on veut décrire correctement la deuxième particule.

Mais que veut dire compléter ? L'article de 1935 ne le précise pas, mais Einstein reviendra plusieurs fois sur le raisonnement EPR. Cela lui donnera l'occasion de préciser sa vision du monde que l'on peut qualifier de « réaliste locale », et qu'il faut connaître pour comprendre sa conclusion que l'on doit compléter le formalisme quantique. Considérons un système physique se trouvant à un certain moment dans un volume fini d'espace-temps. Le point de vue réaliste consiste à admettre que l'on peut définir un ensemble de propriétés du système qui permettent de prédire n'importe quel résultat de mesure que l'on ferait sur lui. Cet ensemble de propriétés est ce qu'Einstein appelle la « réalité physique » du système. Le réalisme *local*, quant à lui, consiste à postuler que cette réalité physique est tout entière contenue dans le volume d'espace-temps où se situe le système, et qu'elle ne peut pas être influencée par ce qui se passe dans l'« ailleurs

Figure 3.1. L'expérience de pensée d'Einstein, Podolsky et Rosen (1935). Dans un état quantique EPR, les deux particules 1 et 2 sont totalement corrélées en position et en vitesse. La mesure de position de la première particule peut donner un résultat quelconque (M_1, M_1'...) ; mais si on a trouvé M_1, on trouve avec certitude la deuxième particule à la position M_2 située à une distance et dans une direction précise par rapport à M_1. De même, si on a trouvé M_1' pour la première particule, on trouve M_2' pour la deuxième à la même distance et dans la même direction par rapport à M_1'. Une mesure de position de la particule 1 permet donc de connaître avec certitude la position de la particule 2. De la même façon, les mesures sur les vitesses sont totalement corrélées (on trouve toujours des vitesses opposées : $V_2 = -V_1$ ou $V_2' = -V_1'$), et une mesure de la vitesse de la particule 1 permet de connaître avec certitude la vitesse de la particule 2. Comme une mesure sur la particule 1 ne saurait affecter instantanément la particule 2 éloignée, Einstein, Podolsky et Rosen en déduisent que la particule 2 possédait avant les mesures une valeur parfaitement déterminée de position et de vitesse, alors que l'état quantique ne spécifie pas ces grandeurs mieux que ce qui est autorisé par les relations d'incertitude de Heisenberg. Ils en concluent que la description quantique de cette situation est incomplète, sans se prononcer sur la façon de compléter le formalisme quantique[1].

---

1. Voir Aspect (2009).

relativiste » – c'est-à-dire par des événements se produisant en un point et à un instant tels que, pour agir sur la réalité physique de notre système, il faudrait envisager une interaction se propageant plus vite que la lumière. Ce point de vue est évidemment en accord avec la causalité relativiste d'Einstein, qui affirme qu'aucune interaction ne peut aller plus vite que la lumière ; nous y reviendrons en détail au chapitre 8.

Munis de cette vision du monde, nous pouvons comprendre pourquoi le raisonnement EPR conduit à compléter le formalisme quantique. Reprenons en effet ce raisonnement en considérant par exemple l'observable vitesse. Que nous dit le formalisme ? D'une part, que chaque mesure prise séparément donne un résultat aléatoire. D'autre part, que si l'on s'intéresse à deux mesures conjointes sur deux particules d'une même paire, on constate que les valeurs des vitesses sont toujours exactement opposées et de même valeur absolue. Quoi de plus naturel, alors, que de conclure que ce couple de valeurs était déterminé dès le départ ? Autrement dit, il paraît logique de considérer que, pour chaque paire de particules, les valeurs des vitesses que l'on trouvera lors de la mesure sont déterminées dès l'instant où les deux particules se séparent. Ces valeurs sont différentes pour chaque paire de façon à reproduire le caractère aléatoire de chaque mesure individuelle. On est donc amené à introduire un *paramètre supplémentaire*, une vitesse $\mathbf{V}$, différente pour chaque paire et telle que $\mathbf{V}_1 = -\,\mathbf{V}_2 = \mathbf{V}$ ($\mathbf{V}_1$ étant la vitesse de la première particule et $\mathbf{V}_2$ celle de la deuxième). Or le formalisme quantique décrit toutes les paires par le même état quantique : on a donc ici rajouté un nouvel élément à la description quantique des particules. Ce paramètre supplémentaire est porté par chaque particule, et comme il détermine le résultat de la mesure qui sera faite sur cette particule, il appartient à sa *réalité physique locale*. La corrélation entre les résultats de mesure est évidemment due au fait que les deux particules d'une même paire ont un paramètre supplémentaire de même valeur, à savoir $\mathbf{V}$ dans l'exemple ci-dessus.

Ce raisonnement, qui conduit à la conclusion qu'il faut introduire des paramètres supplémentaires, est celui que fera explicitement John Bell trente ans après l'article EPR. En fait, c'est le raisonnement que ferait n'importe quel scientifique. Prenons un exemple dans le domaine de la médecine. À l'époque où les méthodes d'analyse génétique ne permettaient pas de décrypter en détail le génome de chaque individu, les médecins pouvaient conclure, devant une pathologie parfaitement corrélée entre deux jumeaux homozygotes, qu'il s'agissait d'une maladie d'origine génétique : les deux jumeaux ayant des génomes identiques, on pouvait aisément comprendre pourquoi les deux étaient atteints de cette pathologie.

À ce stade, vous vous étonnerez peut-être de constater que j'ai explicité l'idée de compléter le formalisme quantique sans invoquer les relations de Heisenberg, alors que ce point était important dans l'article EPR. En fait, il est inutile d'envisager deux observables incompatibles (comme la position et la vitesse) pour conclure à la nécessité de compléter le formalisme quantique, comme John Bell lui-même l'a bien compris. Ainsi, dans son célèbre article de 1964, il n'évoque pas la question des relations de Heisenberg lorsqu'il rappelle le raisonnement EPR, ce qui ne l'empêche pas de conclure qu'il faut introduire des paramètres supplémentaires et définir de façon générale les *théories locales à paramètres supplémentaires*[1].

On peut s'étonner qu'Einstein ne se soit pas arrêté à ce stade du raisonnement, et ait éprouvé le besoin de considérer une deuxième observable non compatible avec la première et d'invoquer une violation des relations de Heisenberg, alors que ce n'était pas nécessaire pour conclure que la mécanique quantique est incomplète. Peut-être avait-il gardé une frustration de l'échec de son raisonnement de 1927 qui invoquait une violation des inégalités de Heisenberg et voulait-il prendre une revanche. En fait,

---

1. Il n'est pas davantage question de ces relations dans ses nombreux articles où il présente des exemples de corrélations classiques explicables par des paramètres communs, par exemple les fameuses chaussettes de M. Bertlmann qui ont toujours des couleurs opposées, rouge et verte. Avant d'avoir observé un pied, on ne sait pas si on y trouvera une chaussette rouge ou verte ; mais dès qu'on a observé un pied, on sait, avant même d'avoir regardé, quelle sera la couleur de l'autre pied. Voir Bell (1981).

avec le recul que nous avons, nous ne pouvons qu'admirer sa perspicacité d'avoir invoqué des observables incompatibles au sens de la mécanique quantique car, comme nous le verrons plus loin, le théorème de Bell, lui, exige de considérer de telles observables complémentaires.

3.3. *La réponse de Niels Bohr*

Si l'on en croit un certain nombre de témoignages – notamment celui de Léon Rosenfeld, très proche collaborateur et témoin direct –, Bohr est profondément troublé par l'article d'Einstein, Podolsky et Rosen. Il décide alors d'arrêter toutes ses activités pour élaborer une réponse. En effet, comme il l'écrira à plusieurs reprises par la suite, il est convaincu que la mécanique quantique ne peut pas être complétée sous peine de perdre sa cohérence interne et il cherche à contrecarrer le raisonnement EPR. À la différence des débats des congrès Solvay, il est loin de donner un raisonnement technique imparable à l'appui de sa thèse. Il va essentiellement utiliser un argument de nature épistémologique pour montrer qu'il n'est pas nécessaire de compléter la mécanique quantique même dans la situation EPR. On est donc loin des démonstrations rigoureuses utilisés en 1927 pour répondre aux arguments d'Einstein sur l'incomplétude de la description quantique d'une seule particule.

La réponse de Bohr, publiée dans un article portant exactement le même titre que l'article EPR[1], est particulièrement difficile à suivre, et je dois avouer qu'elle ne m'a jamais convaincu. Que trouve-t-on dans cet article ? Bohr commence par rappeler longuement la discussion de 1927 relative à une seule particule passant dans une fente, dont on peut mesurer soit la position soit la vitesse suivant que la fente est fixe ou mobile, mais pas

---

1. Voir Bohr (1935).

les deux à la fois à cause de la nature quantique de la fente. Il insiste une fois de plus sur le fait que l'on doit préciser l'instrument que l'on utilise pour pouvoir parler d'une observable. Ensuite il considère deux particules, mais il ne les prend pas s'éloignant l'une de l'autre comme dans l'état EPR. Il ignore donc l'argument de localité à la base du raisonnement EPR : pour deux particules éloignées, la perturbation apportée à la première par la mesure ne saurait affecter instantanément la réalité physique de la seconde. Dans l'expérience de pensée analysée par Bohr, cet argument est passé sous silence. Bohr s'en tient au fait que l'on doit choisir quelle observable on décide de mesurer sur la première particule, et qu'on ne peut donc déterminer simultanément la vitesse et la position de la seconde particule. Il réitère alors ses affirmations générales sur la complémentarité et le fait que l'on doit choisir entre les deux grandeurs à mesurer, qu'il s'agisse de la situation de 1927 avec une seule particule ou de la situation EPR avec deux particules intriquées. C'est tout particulièrement un point qui ne me convainc pas. Je pense que les deux situations sont conceptuellement différentes à cause de la question de la localité liée à la séparation des deux particules, et qu'elles correspondent respectivement à la première et à la seconde révolution quantique. Je reviendrai sur ce point dans la section suivante.

Pendant toute la durée du travail expérimental que j'ai effectué entre 1974 et 1982 sur les tests des inégalités de Bell, j'ai entendu bien souvent cette affirmation : « Mais ce que tu testes, c'est tout simplement la linéarité[1] du formalisme quantique, qui a déjà été vérifiée par les expériences d'interférences avec les particules individuelles, les électrons ou les neutrons. » C'est ce qui m'a obligé à développer une argumentation, celle que l'on trouve dans le présent livre, pour montrer que l'intrication est vraiment de nature différente.

---

1. Pour les expert(e)s : en vertu de la propriété générale de linéarité, un état intriqué est décrit mathématiquement par la somme de deux états représentant chacun deux particules avec des propriétés bien définies, comme l'état d'une seule particule dans un interféromètre est décrit par la somme de deux états passant par deux chemins bien définis.

Je ne nie pas que si l'on prend les affirmations de Bohr dans leur généralité, elles constituent une réponse cohérente à l'argument EPR. Ainsi, il insiste sur le fait qu'en physique quantique on ne peut pas parler de la réalité physique d'un objet sans préciser la mesure que l'on effectue sur lui, ce qui peut effectivement s'appliquer à la situation EPR. Mais il ignore ce qui, à mon avis, constitue le cœur du raisonnement EPR : le fait que la mesure sur une des deux particules ne saurait affecter instantanément l'autre particule qui se trouve à distance. Ici, le rôle de l'appareil de mesure est beaucoup plus abstrait. À la différence du cas de la particule unique qui interagit directement avec l'appareil de mesure et subit une perturbation physique, l'appareil de mesure n'interagit pas directement avec la deuxième particule. C'est pour cela que l'on peut dire que la réponse de Bohr est de nature épistémologique, et non pas physique comme en 1927 ou même en 1930.

3.4. De la première à la deuxième révolution quantique : des concepts différents, des images différentes

La présentation des réponses de Bohr à Einstein, d'abord aux congrès Solvay, puis en 1935, me permet de souligner ce qui constitue d'après moi la différence essentielle, sur le plan des concepts, entre la première et la deuxième révolution quantique.

La première révolution quantique est basée sur le concept de dualité onde-particule, qui s'applique à une seule particule à la fois. Par exemple, quand on s'intéresse au comportement des électrons dans un cristal, on est amené à les décrire par des ondes de matière, appelées « ondes de Bloch » ; et pour définir ces fonctions d'onde particulières, on s'intéresse à la propagation d'un seul électron, même si ensuite on considère un grand nombre de ces électrons. Or on sait bien que, dans beaucoup de situations, l'électron a un comportement de particule, par exemple quand il se propage dans le vide et qu'on peut le manipuler avec des champs électriques ou magnétiques, et qu'on le détecte par son impact sur un écran fluorescent.

Qu'un objet puisse être tantôt une onde, tantôt une particule, voilà qui est étonnant. Néanmoins, quand Bohr nous dit que c'est l'appareil de mesure utilisé qui détermine le caractère ondulatoire ou corpusculaire et insiste sur le fait qu'il faut choisir car les deux appareillages sont incompatibles[1], je le trouve convaincant. J'aime aussi faire remarquer que chacun des deux concepts pris séparément, onde ou particule, nous est familier : nous savons ce qu'est une onde qui se propage dans l'espace à trois dimensions où nous vivons, et nous en avons une image non ambiguë. Nous savons aussi ce qu'est une particule qui se déplace dans notre espace suivant une trajectoire parfaitement définie, et nous en avons également une image non ambiguë. Ce qui est étrange avec la dualité onde-particule, c'est que ces deux modèles contradictoires se retrouvent attachés au même objet, et donc que l'on passe d'une image onde à une image particule suivant la situation considérée. Même si le principe de complémentarité (voir le chapitre précédent, section 2.6) stipule que le formalisme ne décrit pas simultanément de façon précise un comportement ondulatoire et un comportement corpusculaire, on peut avoir l'impression que le choix de l'un ou l'autre de ces deux points de vue relève d'un certain arbitraire. Mais en fait, cet arbitraire n'existe que dans les images que nous nous faisons des phénomènes, pas dans la théorie elle-même. Comme je l'explique dans mes cours[2], le formalisme mathématique de l'optique quantique

---

1. Deux appareillages sont dits incompatibles s'ils ne peuvent pas être mis en place simultanément à l'endroit où se trouve la particule. On peut par exemple penser à un écran sur lequel la position transverse de la particule peut être visualisée avec une précision aussi grande qu'on le veut, ou un collimateur constitué d'une lentille au foyer de laquelle chaque point est associé à une vitesse transverse. Je donnerai un autre exemple dans la section 7.10 consacrée aux expériences d'interférences à un seul photon que j'ai menées avec Philippe Grangier.

2. Pour les expert(e)s : voir Grynberg, Aspect et Fabre (2010). Voir également mes deux MOOC d'optique quantique, disponibles en ligne sous les titres « Quantum optics 1 : Single photons » et « Quantum optics 2 : Two photons and more ».

est global : il décrit à la fois le comportement ondulatoire et le comportement corpusculaire d'un objet quantique, et il n'y a pas besoin d'effectuer un choix entre les deux[1].

La seconde révolution quantique, quant à elle, est basée sur le concept d'intrication quantique qui s'applique à deux particules, ou plus. La description mathématique d'un état intriqué de deux particules se fait non pas dans l'espace réel, mais dans un espace abstrait à six dimensions que j'ai déjà présenté au début de ce chapitre, l'espace de configuration. Comme nous le verrons plus loin dans ce livre, on peut insister pour décrire chaque partenaire du système intriqué dans l'espace dans lequel nous vivons, mais on se heurte alors à la question de la non-localité quantique. Le mystère quantique de l'intrication me paraît donc être d'une nature complètement différente de celui que l'on attache à la dualité onde-particule pour une particule unique. Si cette différence a été longtemps ignorée, sans doute sous l'influence de Bohr, elle est aujourd'hui de plus en plus reconnue, et de nombreux physiciens, non des moindres, avouent que ce point leur avait échappé. Ainsi Richard Feynman, dans les célèbres *Lectures on Physics*, affirme-t-il au début des années 1960 que la situation EPR peut être comprise de la même façon que l'interférence d'une particule unique : « Lorsque cette situation est décrite comme nous l'avons fait ici, il semble ne pas y avoir de paradoxe du tout[2]. » Mais deux décennies plus tard, Feynman change d'avis et souligne le caractère particulier de l'intrication dans un article[3] devenu célèbre car il est considéré comme étant à l'origine des recherches en information quantique (voir le chapitre 8). Et je peux témoigner qu'il a publiquement

---

1. Pour les expert(e)s : le point est que les expressions des observables de champ électrique quantiques comportent d'une part des termes de phase évoluant avec la position, ce qui décrit le caractère ondulatoire, et d'autre part des opérateurs de destruction de photons qui sont associés à la nature discrète de la photodétection, et donc au caractère corpusculaire.

2. « *When the situation is described as we have done it here, there doesn't seem to be any paradox at all* » (Feynman, 1964, p. 18). *Les Leçons sur la physique* de Feynman ont été publiées en français aux éditions Odile Jacob (2000).

3. Voir Feynman (1982).

montré son intérêt pour cette question lors de la conférence que j'ai donnée devant lui, à Caltech, en 1984, qui traitait précisément de ce sujet.

UN DÉBAT JAMAIS CONCLU, AVEC UN IMPACT LIMITÉ PENDANT TROIS DÉCENNIES

Il semble qu'Einstein ne sera jamais convaincu par la réponse de Bohr et, réciproquement, Bohr ne cessera d'essayer de développer son argument contre la conclusion de l'article EPR selon laquelle il faut compléter le formalisme de la mécanique quantique. Or, si on lit les contributions de l'un et de l'autre dans des textes publiés en 1949[1], on ne trouve pas d'argument véritablement nouveau. Le débat demeure toujours de nature purement épistémologique. Einstein montre, de façon convaincante – en tout cas selon moi –, qu'en adoptant une vision réaliste locale du monde on est inévitablement conduit à la conclusion qu'il faut compléter le formalisme quantique. Quant à Bohr, il ne fait toujours pas de démonstration imparable de la fausseté de l'argument de son contradicteur, comme il l'avait fait en 1927 et 1930. Il invoque le principe de complémentarité, convaincant dans le cas d'une seule particule grâce à l'argument du microscope de Heisenberg où l'observation perturbe directement l'objet mesuré, mais il l'applique au cas de deux particules alors même qu'on ne perturbe pas la seconde.

Dans la mesure où le débat ne porte que sur la façon d'interpréter le formalisme quantique et où il n'y a aucun désaccord sur la façon de l'utiliser, on comprend qu'il ne suscite pas un grand intérêt chez les physiciens – d'autant plus que le formalisme permet de rendre compte des nombreux phénomènes nouveaux observés dans des expériences toujours plus raffinées, et permet même d'en prévoir de nouveaux qui sont effectivement observés. Du point de vue d'un physicien en pleine activité, ce débat

---

1. Voir Bohr (1970).

sur la possibilité ou non de compléter le formalisme quantique n'a aucune influence sur sa pratique. On peut donc le réserver pour des discussions extrascientifiques – et cela d'autant plus que quelques personnalités de poids ont pris la peine de publier des réfutations de l'argument EPR, dont Einstein note avec humour qu'elles sont remarquables parce qu'elles sont toutes différentes. Il faut citer tout particulièrement le grand mathématicien et physicien John von Neumann, au prestige immense, qui donne dans son livre sur les fondements de la mécanique quantique[1] une démonstration de l'impossibilité de compléter la mécanique quantique, connue sous le nom de « preuve de von Neumann ». Nous verrons bientôt que même les plus grands ont leurs faiblesses.

Il faudra attendre près de trente ans pour que John Stewart Bell apporte un éclairage nouveau sur le débat, et plusieurs décennies encore pour que des expériences tranchent définitivement en faveur de Bohr. Il n'en reste pas moins que l'argument EPR marque une étape majeure dans la compréhension de la richesse inouïe de la mécanique quantique. Schrödinger ne s'y est pas trompé, lui qui a fait le commentaire suivant sur deux particules intriquées en écho à l'article EPR : « Les deux systèmes ne peuvent plus être décrits de la même façon qu'auparavant, c'est-à-dire en attribuant à chacun un état qui lui est propre. Je n'appellerais pas ça *un* trait, mais plutôt *le* trait caractéristique de la mécanique quantique, celui qui la fait se démarquer complètement de la pensée classique[2]. »

Alors, au lieu de conclure qu'« Einstein avait tort », comme on le dit trop souvent en citant mes expériences, je souhaite plutôt mettre en valeur sa découverte de l'une des propriétés les plus fascinantes de la physique quantique : l'intrication.

---

1. Voir von Neumann (1932).

2. « [*The two systems*] *can no longer be described in the same way as before, viz. by endowing each of them with a representative of its own. I would not call that one but rather the characteristic trait of quantum mechanics, the one that enforces its entire departure from classical lines of thought* » (traduction personnelle). Voir Schrödinger (1935), p. 555.

L'essentiel

Einstein a renoncé à remettre en cause le caractère complet de la mécanique quantique en raisonnant sur des expériences de pensée portant sur une seule particule. Mais, en 1935, avec deux collègues, il publie un article où il présente un nouvel argument portant sur deux particules dans un état particulier propre à la mécanique quantique, un état intriqué. Dans un tel état, des mesures conjointes portant sur deux particules ayant interagi dans le passé donnent des résultats totalement corrélés, bien que chaque résultat de mesure pris séparément apparaisse aléatoire. Il en est ainsi des vitesses des deux particules, que l'on trouve toujours égales et opposées, même si elles ont des valeurs différentes à chaque mesure. Ainsi, si je mesure la vitesse de la première particule, je suis certain du résultat de mesure simultané sur la deuxième. Comme les deux particules sont éloignées l'une de l'autre et qu'elles ne peuvent pas communiquer instantanément à distance en vertu de la relativité restreinte, Einstein et ses collègues concluent que la vitesse de la deuxième particule avait déjà une valeur bien déterminée avant la mesure, que j'effectue cette mesure ou pas. Un raisonnement analogue pour les positions permet de conclure que la seconde particule avait une position parfaitement déterminée avant la mesure, qu'on l'effectue ou pas. Einstein et ses collègues en concluent que l'on peut déterminer les valeurs des deux observables vitesse et position mieux que ne l'autorise le formalisme quantique, puisqu'il s'agit de deux observables complémentaires soumises aux relations d'incertitude de Heisenberg. Et donc, continuent-ils, la mécanique quantique n'est pas une théorie complète.

Niels Bohr est bouleversé par cette nouvelle mise en cause de son interprétation de la mécanique quantique et n'a de cesse de trouver des arguments pour y répondre, d'abord dans un article de 1935, puis tout le reste de sa vie. À la différence de ses réponses lors des congrès Solvay, son argumentation ne s'appuie pas sur une démonstration rigoureuse, mais sur un argument de nature épistémologique. Il fait remarquer que l'on doit choisir l'observable mesurée sur la première particule, et que cela empêche de connaître simultanément la position et la vitesse de la deuxième particule. Mais il ignore le fait que, les deux particules étant éloignées, on ne peut invoquer ici une perturbation physique de la deuxième particule lors de la mesure sur la première.

Pour la plupart des physiciens, ce débat n'a guère d'importance, notamment parce qu'il porte uniquement sur une question d'interprétation. Il n'a donc aucune conséquence sur la façon d'utiliser le formalisme quantique, qui se montre d'une efficacité à toute épreuve pour décrire des expériences de plus en plus sophistiquées. Il faudra attendre plusieurs décennies pour que l'on commence à reconnaître que l'intrication, qui porte sur deux particules, constitue un « mystère quantique » d'une nature différente de la dualité onde-particule. Cela conduit à distinguer la première et la deuxième révolution quantique.

CHAPITRE 4

John Bell : la possibilité d'une expérience

Pendant près de trois décennies, la controverse sur l'interprétation de la mécanique quantique demeure de nature purement philosophique, sans conséquence sur le travail des physiciens : que l'on soit du côté d'Einstein ou de celui de Bohr, cela ne change rien au formalisme quantique et à sa mise en œuvre. Mais en 1964, ce débat épistémologique change de statut et devient un sujet expérimental. Le physicien d'origine irlandaise John Bell découvre en effet que, dans une situation expérimentale de type EPR mettant en jeu des observables dichotomiques – celle imaginée par David Bohm, que nous appelons situation EPRB –, on peut faire des prédictions différentes suivant que l'on adopte le point de vue de Bohr ou celui d'Einstein. Cette découverte, dont ni Einstein ni Bohr n'ont eu connaissance, est stupéfiante. Einstein lui-même n'imaginait pas que sa vision réaliste du monde puisse être incompatible avec la mécanique quantique standard. Dans ce chapitre, je vous expliquerai le raisonnement de Bell sur l'exemple des photons intriqués en polarisation, qui est celui qui donnera lieu aux expériences décrites dans les chapitres suivants. C'est ici que vous prendrez connaissance des fameuses inégalités de Bell, qui indiquent la frontière entre la vision du monde d'Einstein et celle de Bohr.

Einstein, Podolsky et Rosen ont eu un véritable coup de génie en imaginant une expérience de pensée, l'expérience EPR, mettant en lumière les incroyables propriétés de l'intrication quantique. Leur but était d'ébranler la position de Bohr et de l'école de Copenhague, en posant d'une façon nouvelle la question suivante : la mécanique quantique représente-t-elle le réel dans sa totalité ?

Ou bien faut-il la compléter pour rendre compte d'éléments de réalité supplémentaires attachés à chaque particule ? Ces questions, qui interrogent sur le lien qu'entretient la mécanique quantique avec le monde qu'elle prétend décrire, auraient pu rester abstraites et cantonnées à la philosophie des sciences. Mais, au milieu des années 1960, le débat entre Einstein et Bohr a pris une tout autre tournure grâce aux travaux de John Bell, qui a compris que le fait d'adopter la vision de l'un ou de l'autre conduit à des prédictions *expérimentales* différentes dans des configurations bien particulières. C'est ainsi qu'un débat initialement de nature épistémologique s'est retrouvé propulsé au cœur du laboratoire – un épisode tout à fait inédit, me semble-t-il, dans l'histoire de la physique.

Après une brève présentation de John Bell, personnage majeur de cette histoire, ce chapitre décrit l'expérience de pensée EPR revisitée par le physicien américain David Bohm, qui l'a reformulée en utilisant des observables dites « dichotomiques », c'est-à-dire qui ne peuvent prendre que deux valeurs. C'est ce schéma EPRB qui a permis à John Bell d'énoncer les résultats théoriques aujourd'hui connus sous le nom de « théorème de Bell » et dont la présentation est au cœur de ce chapitre. Mais au lieu d'utiliser comme lui des particules de spin 1/2, paradigme des théoriciens qui veulent raisonner sur des systèmes à deux états où les observables sont dichotomiques, j'utilise d'emblée des photons dont la polarisation est elle aussi une observable dichotomique, comme je commence par vous l'expliquer. Je vous montre alors comment, dans le schéma EPRB transposé aux photons, la mécanique quantique prévoit des corrélations totales entre particules intriquées distantes. On comprend alors la conclusion que EPR tirent de ces corrélations totales : il faut compléter la mécanique quantique.

John Bell prend au pied de la lettre la conclusion de l'article EPR[1] (« nous croyons qu'une telle théorie [donnant une description complète de la réalité physique] est possible ») et il propose

---

1. « *While we have thus shown that the wave function does not provide a complete description of the physical reality, we left open the question of whether or not such a description exists. We believe, however, that such a theory is possible* » (Einstein, Podolsky et Rosen, 1935, p. 780).

un formalisme très général, celui des théories locales à paramètres supplémentaires, pour compléter la mécanique quantique conformément à la vision réaliste locale du monde d'Einstein. Contrairement à sa conviction initiale qu'il est ainsi possible de donner une interprétation du formalisme quantique standard, il va découvrir qu'une telle description entre en conflit avec certaines prédictions quantiques, pour des paires intriquées soumises à des mesures suivant le schéma EPR-Bohm. Il ouvre ainsi la possibilité de trancher par l'expérience le débat entre Einstein et Bohr.

Dans ce chapitre comme dans les autres, je me suis efforcé de dissocier le raisonnement logique, que l'on peut exprimer avec des mots et sans équations, des démonstrations utilisant le langage des mathématiques. Les lectrices et lecteurs qui ne sont pas rebutés par quelques équations pourront trouver ces démonstrations mathématiques dans le complément C4.1 sur le théorème de Bell à la fin de ce chapitre. Elles sont au demeurant peu difficiles sur le plan technique, et particulièrement limpides si on sait les suivre.

4.1. John Bell et l'interprétation de la mécanique quantique

John Stewart Bell naît en 1928 dans une famille irlandaise modeste. Passionné par les sciences, il fait des études de technicien et atteint rapidement la fonction d'ingénieur, dans le domaine des accélérateurs de particules. Évolution encore plus exceptionnelle dans le champ de la physique des particules élémentaires, il passe de la pratique à la théorie, et devient en 1960 membre de la prestigieuse division théorique du CERN. Il obtient alors un certain nombre de résultats remarquables sur des thèmes très importants, comme la violation de la parité – un sujet au cœur des préoccupations de l'époque où va s'illustrer l'expérimentatrice Chien-Shiung Wu, dont nous reparlerons plus loin. Mais, en même temps qu'il utilise le formalisme quantique habituel dans ses raffinements les plus techniques, il ressent une profonde insatisfaction au niveau de son interprétation standard, celle de Copenhague, qui est enseignée depuis les années 1930 de génération en génération. Il va donc, en dehors de son travail principal de théoricien, consacrer du temps « pendant ses week-ends » à une réflexion sur la signification profonde de ce formalisme quantique. Comme il l'a déclaré un jour, avec son humour si caractéristique : « Durant la semaine, je suis un ingénieur quantique. Mais le week-end, j'ai mes principes[1] ! »

Il est clair que le qualificatif « ingénieur quantique » signifie qu'il sait, dans le cadre du travail de théoricien pour lequel il est payé, utiliser le formalisme quantique sans se poser de question d'interprétation, comme tous ses collègues, pour résoudre des problèmes théoriques difficiles. Cependant, comme un certain nombre d'entre eux, il n'est pas satisfait par l'interprétation de Copenhague. Il va donc s'intéresser à d'autres interprétations. À l'instar d'Einstein, il voudrait pouvoir parler d'une réalité physique indépendante des choix de l'observateur qui effectue des mesures. Il a lu l'article d'Einstein, Podolsky et Rosen et les réflexions ultérieures d'Einstein sur le sujet, et il est convaincu comme eux que la théorie quantique ne décrit pas la réalité dans sa totalité ; c'est pourquoi il s'intéresse aux possibilités de la compléter. De nombreux physiciens ont abordé cette question, qui émerge naturellement si l'on a du mal à accepter l'interprétation de Copenhague selon laquelle il faut renoncer à connaître une réalité physique indépendante de l'observateur. Cependant, la plupart d'entre eux ont été convaincus qu'il n'est pas possible de rajouter des paramètres supplémentaires afin de décrire la réalité physique de chaque système quantique individuel mieux que ne le fait le formalisme quantique. Le grand scientifique John von Neumann n'en a-t-il pas démontré l'impossibilité avec toute la rigueur du mathématicien dans ses *Fondements mathématiques de la mécanique quantique*, publiés dans leur première édition en 1932 ? En effet, dans ce célèbre ouvrage destiné à établir des bases mathématiques solides

---

1. « *During the week, I am a quantum engineer, but on week-ends I have my principles* » (déclaration de John Bell rapportée par Nicolas Gisin).

pour la mécanique quantique, et qui est longtemps resté la bible des théoriciens, von Neumann démontre – ou du moins prétend démontrer – qu'il est impossible de compléter cette théorie avec des variables « cachées » – sa façon de nommer les paramètres supplémentaires puisque ceux-ci n'apparaissent pas dans le formalisme quantique usuel[1]. Il est bien possible que von Neumann, qui était lui-même très proche de l'école de Copenhague, se soit senti investi de la mission de trouver une démonstration mathématique rigoureuse que Bohr avait raison contre Einstein. Quoi qu'il en soit, sur le plan mathématique, son raisonnement semble impeccable.

Pourtant, Bell a des doutes. Il a la conviction qu'il doit être possible de compléter la mécanique quantique avec des paramètres supplémentaires. Preuve en est : David Bohm y est parvenu ! Ce dernier a en effet publié en 1952[2] un article dans lequel il présente une théorie à paramètres supplémentaires reproduisant exactement, au niveau statistique, les prédictions de la mécanique quantique tout en donnant une description plus précise des systèmes individuels. Comme Bohm le précise, Louis de Broglie avait avancé des idées analogues dès 1927, mais il s'était ensuite rétracté devant les critiques, en particulier celles de Pauli, et n'était pas allé au bout de sa démarche. Dans la théorie à paramètres supplémentaires développée par Bohm, on représente l'évolution d'une particule décrite par une fonction d'onde à l'aide d'un ensemble de particules qui se déplacent dans un potentiel calculé à partir de cette fonction d'onde et appelé par Bohm le « potentiel quantique ». Réparties aléatoirement dans le potentiel quantique à l'instant initial, ces particules vont décrire un ensemble de trajectoires (voir la figure 4.1) parfaitement définies qui permettent de calculer à chaque instant une distribution statistique de positions ; or, par construction même de la théorie,

---

1. Le choix du vocabulaire « paramètres supplémentaires » est cohérent avec le vocabulaire utilisé par Bell dans son article de 1964 : « *Let this more complete specification* [*of the quantum state*] *be effected by means of parameters* λ » (Bell, 1964, p. 195). Il paraît clair qu'il ne se distingue pas de l'expression « variables cachées » de von Neumann, mais il fait mieux ressortir l'idée de compléter le formalisme quantique.
2. Voir Bohm (1952).

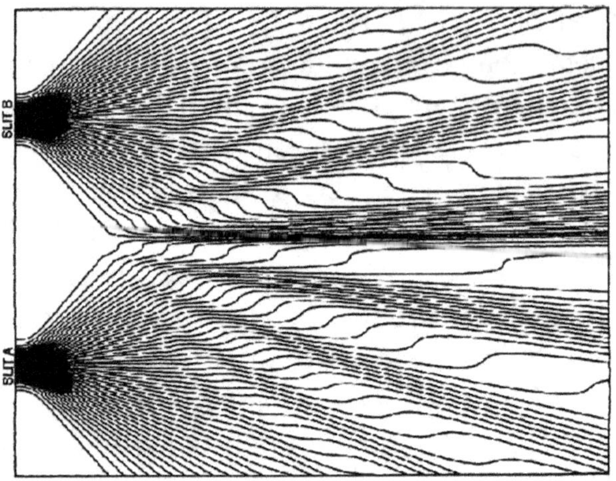

Figure 4.1. Fentes d'Young dans la théorie à paramètres supplémentaires de Bohm : interférences pour une particule matérielle. Suivant sa position de départ (non représentée ici), la particule va passer par l'une ou l'autre fente, mais sa trajectoire va ensuite se poursuivre vers une région de « frange brillante ». Si on considère un ensemble de particules indépendantes réparties aléatoirement dans la zone de départ avant les fentes, la statistique des trajectoires loin derrière les fentes reproduit la statistique prévue par la mécanique quantique, montrant des franges brillantes et des franges sombres. Chaque particule suit une trajectoire mieux définie que ce qui est décrit par le formalisme quantique : on a donc complété le formalisme quantique, qui ne peut pas décrire la trajectoire précise d'une particule. *(Schéma extrait de Bohm et Hiley (1993), p. 42. © Taylor and Francis, 1993.)*

cette distribution statistique coïncide exactement avec les probabilités calculées à partir du formalisme quantique. Ainsi, Bohm apporte la preuve que l'on peut compléter la mécanique quantique à l'aide de paramètres supplémentaires tout en reproduisant exactement toutes ses prédictions.

La démonstration de Bohm semble correcte, du point de vue logique et mathématique ; pourtant, elle est en contradiction directe avec la « preuve de von Neumann ». L'une des deux doit donc être fausse... Mais comment imaginer que ce monstre sacré des mathématiques et de la physique, von Neumann, ait pu se tromper ? John Bell, convaincu par l'article de Bohm, va avoir cette audace, et après quelques mois de travail il trouve la faille. Il écrit pour *Reviews of Modern Physics* un article[1] dans lequel il montre que von Neumann a attribué des propriétés beaucoup trop restrictives aux paramètres supplémentaires auxquels il applique sa démonstration. Sa « preuve » est très loin d'avoir la généralité qu'on lui prête. Dans ce même article, Bell cite en détail la théorie de Bohm, qui est une preuve d'existence des théories à paramètres supplémentaires reproduisant fidèlement les prédictions quantiques. Mais il note aussi une caractéristique étrange de cette théorie lorsqu'elle est appliquée non pas à une particule isolée, mais à deux particules intriquées. Dans cette situation, explique-t-il, le comportement d'une particule dépend de façon non locale – c'est-à-dire instantanée – de la position de l'autre particule, quelle que soit la distance qui les sépare.

Quand on lit la conclusion de ce premier article de Bell, et la dernière phrase de son résumé, on se rend compte que le physicien a déjà compris l'essentiel de ce qui sera au cœur de son article suivant[2], publié dans la revue *Physics*. Il y énoncera son fameux théorème (nous y viendrons dans la section 4.4) qui constitue une preuve incontestable de l'impossibilité d'une classe très générale de théories à paramètres supplémentaires : les théories *locales* à paramètres supplémentaires. Cet article de 1964, petit par le nombre de pages – six seulement –, est un grand article pour l'histoire de la physique. Il est d'une portée immense. C'est en le lisant que j'ai immédiatement décidé de travailler sur son résultat majeur : la possibilité de trancher par une expérience entre les points de vue de Bohr et d'Einstein.

Dans cet article, Bell reprend l'expérience de pensée d'Einstein, Podolsky et Rosen telle qu'elle a été généralisée par Bohm à une situation particulièrement simple à analyser, mettant en jeu des particules de spin 1/2 comme les électrons. Comme je vais vous le montrer, on prévoit des résultats différents suivant que l'on adopte le point de vue de Bohr ou celui d'Einstein. Pour présenter

---

1. Voir Bell (1966).
2. Voir Bell (1964). Contrairement à ce que pourraient laisser penser les dates de publication, cet article est écrit après celui pour *Reviews of Modern Physics*, dont la parution a été retardée par suite d'un mauvais traitement administratif par cette revue.

le raisonnement de Bell, j'utiliserai une version formellement équivalente utilisant non pas des particules de spin 1/2, mais des photons[1]. Ceux-ci possèdent en effet une propriété spécifique, la polarisation, qui peut être décrite en physique quantique de façon analogue au spin des particules à spin 1/2, c'est-à-dire comme une observable dichotomique dont la mesure n'a que deux résultats possibles. C'est cette version qui sera mise en œuvre dans les expériences récompensées par le prix Nobel 2022, alors autant se familiariser tout de suite avec un schéma que nous retrouverons au fil des chapitres suivants. D'abord, qu'est-ce que la polarisation d'un photon, et comment la mesure-t-on ?

4.2. Photon, polarisation, polariseur

Commençons par décrire ce qu'est un photon pour la théorie quantique. On peut d'emblée affirmer qu'il s'agit d'un grain de lumière capable d'échanger de l'énergie et de la quantité de mouvement lorsqu'il entre en collision avec une particule comme un électron ou un atome. Ce concept de « quantum de lumière » s'est imposé pendant les premières décennies du XXe siècle, après avoir été proposé et développé par Einstein dès 1905 (voir le chapitre 1). Pour un faisceau de lumière monochromatique, le photon possède une énergie bien définie, proportionnelle à sa fréquence suivant la célèbre relation $E = h\nu$. De plus, si le faisceau est formé de rayons parallèles – on dit qu'il est collimaté –, le photon a une quantité de mouvement $h\nu / c$. Ces deux quantités permettent de calculer le recul des particules qui absorbent ou diffusent un photon. Ce dernier apparaît donc comme une particule normale, à ceci près qu'elle se déplace à une vitesse exactement égale à celle de la lumière, c. La relativité restreinte d'Einstein permet de décrire les particules se déplaçant à la vitesse de la lumière, en leur attribuant

---

1. C'est encore Bohm, cette fois avec Yakir Aharonov, qui a indiqué cette équivalence dans un important article de 1957 dont nous reparlerons (Bohm et Aharonov, 1957).

une masse nulle. Cependant, la définition du photon que je viens de donner ignore le fait que la lumière est aussi une onde, comme le montrent d'innombrables expériences d'interférence ou de diffraction, dans toutes les gammes de fréquences, de la lumière visible jusqu'aux rayons X (voir à nouveau le chapitre 1). Or ces propriétés ondulatoires sont parfaitement décrites par l'électromagnétisme classique basé sur les équations de Maxwell – des équations aux dérivées partielles dont nous savons que le nombre de solutions est illimité. Parmi ces solutions, on trouve la classe des ondes planes progressives monochromatiques, c'est-à-dire des ondes qui se propagent dans une direction entièrement déterminée, à une fréquence précisément définie. C'est la vision complémentaire de notre faisceau de photons se propageant tous dans la même direction avec la même énergie et la même quantité de mouvement.

C'est en partant d'une telle solution classique des équations de Maxwell que l'on peut définir rigoureusement la notion de photon, en suivant la méthode de « quantification canonique » introduite par Dirac à la fin des années 1920. Cette méthode permet de quantifier n'importe quelle entité classique, c'est-à-dire de lui associer une description quantique. Ainsi, une particule matérielle de masse M se propageant avec une vitesse bien définie V se voit associer un état quantique, décrit par une fonction d'onde, qui est une onde monochromatique progressive.

S'ils m'ont suivi jusque-là, les lecteurs et lectrices ne seront pas surpris d'apprendre que, réciproquement, la méthode de quantification canonique de Dirac appliquée à une onde électromagnétique classique associe à cette onde un objet quantique qui possède les propriétés d'une particule. Si on part d'une onde plane monochromatique de fréquence v parfaitement déterminée, cet objet quantique n'est autre que notre photon, dont l'énergie hv s'exprime en fonction de la fréquence v de l'onde dont on est parti, et dont la quantité de mouvement hv/c est dirigée dans la direction de propagation de l'onde[1]. Cette particule hérite des

---

1. Comme pour une particule matérielle, la quantité de mouvement d'un photon d'onde progressive monochromatique est en fait un *vecteur*, dont le module est hv/c et dont la direction et le sens sont ceux correspondant à la propagation de l'onde.

propriétés de l'onde de départ, y compris les propriétés réservées aux ondes, par exemple le fait de se diviser en deux sur une lame réfléchissante et de suivre deux chemins en même temps si on ne cherche pas à déterminer la voie choisie. Voilà comment le quantum de lumière d'Einstein présente des propriétés d'onde tout en ayant des caractéristiques de particule. Si vous voulez en savoir plus, reportez-vous au chapitre 7, section 7.10.

En fait il existe des photons aux propriétés très diverses, aussi diverses que les ondes électromagnétiques. Ainsi, il existe des photons de durée de vie τ très brève, associés à des paquets d'onde très courts, tels que ceux émis par certains lasers à impulsions très brèves, ou ceux résultant d'une émission spontanée de certains états atomiques de durée de vie courte. Ces paquets d'onde, dont le champ est représenté sur la figure 4.2(a), sont en fait la superposition d'un continuum d'ondes monochromatiques dont les fréquences sont réparties dans un intervalle de demi-largeur $\Delta v = 1 / (4\pi\,\tau)$ autour d'une fréquence moyenne v_0 (voir la figure 4.2(b)). Du fait de la relation $E = hv$, un tel photon n'a pas une énergie bien définie et, si on en fait la mesure, on trouvera une valeur appartenant à un intervalle $2\Delta E = h / (2\pi\,\tau)$ autour de la valeur moyenne hv_0[1].

Un exemple intéressant, que nous rencontrerons dans les expériences, est celui du paquet d'onde émis par un atome porté à l'instant $t = 0$ dans un niveau atomique de durée τ. Puisqu'on ne peut observer un photon unique qu'une seule fois, il faut pouvoir répéter l'expérience avec des photons produits toujours de la même façon, pour observer la distribution de fréquences de la figure 4.2(b), à l'aide d'un spectromètre. On peut aussi mesurer l'intervalle de temps entre l'instant d'émission du photon, connu par ailleurs, et l'instant de sa détection. On obtient alors une distribution de ces intervalles donnée par la figure 4.2(c)[2]. Vous trouverez au chapitre 6 un exemple de signaux expérimentaux correspondant à cette figure.

---

1. C'est la relation que nous avons déjà présentée au chapitre 2, dans la section 2.7 consacrée à la « boîte à photons ».
2. Pour les expert(e)s : cette probabilité est égale au carré du module du champ complexe dont la figure 4.2(a) représente la partie réelle.

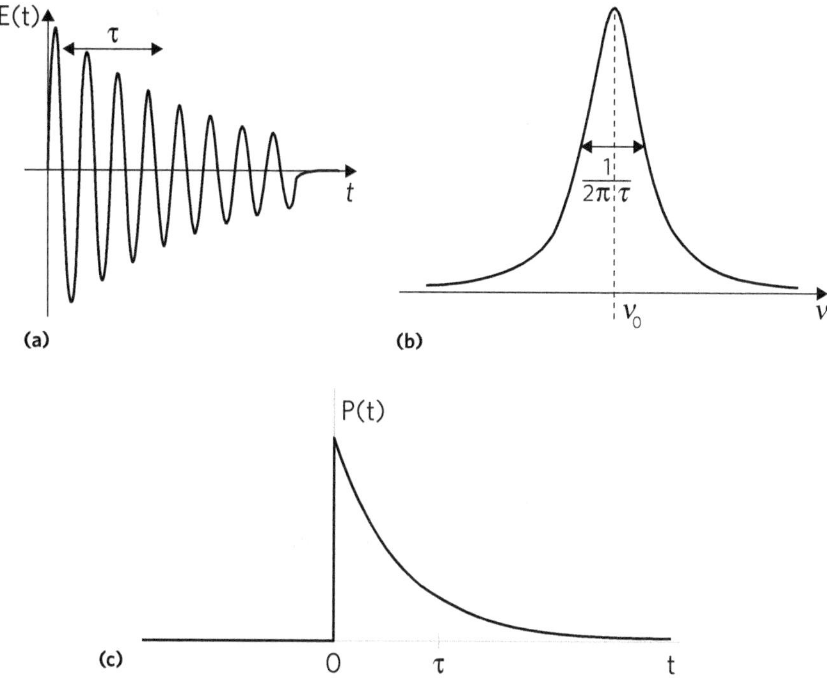

Figure 4.2. Photon associé à un paquet d'onde exponentiellement amorti. Le champ électromagnétique classique E(t) permettant de définir le photon est décrit par la figure (a). Il est nul jusqu'à $t = 0$ puis, après une montée brusque, il oscille à la fréquence v_0 en décroissant exponentiellement. Cette impulsion classique se décompose en une infinité de fréquences réparties dans un intervalle de demi-largeur $1 / (4\pi\,\tau)$, comme le montre la figure (b). L'énergie du photon associé n'est donc pas définie exactement : elle vaut hv_0 à $h / (4\pi\,\tau)$ près. Lors d'une détection du photon, la probabilité de le trouver autour du temps t est nulle pour t négatif, elle croît brutalement à $t = 0$ puis elle décroît exponentiellement avec la constante de temps τ, comme on peut le voir sur la figure (c).

Une propriété fondamentale des ondes électromagnétiques, qui va jouer un rôle clef dans ce qui suit, est ce qu'on appelle leur *polarisation*. Il s'agit de la direction de vibration du champ électrique, qui oscille dans un plan – donc dans un espace à deux dimensions – perpendiculaire à la direction de propagation de l'onde. Lorsqu'on définit le photon associé à cette onde polarisée, en utilisant la méthode de quantification de Dirac, on obtient un photon polarisé puisque, comme je l'ai dit, celui-ci hérite des propriétés de l'onde électromagnétique à partir de laquelle il a été défini. En physique quantique, cette polarisation est décrite par un état appartenant à un espace abstrait de dimension 2 : il s'agit donc d'une observable dichotomique, du type de celles auxquelles s'applique le théorème de Bell.

Comment mesure-t-on la polarisation ? Commençons par répondre dans le cadre de la description de la lumière par une onde électromagnétique classique. Disposons-nous d'une antenne allongée qui permettrait de détecter la composante du champ électrique oscillant le long de cette antenne ? On pourrait alors déterminer la direction de vibration en cherchant l'orientation de l'antenne conduisant au signal le plus fort. Si cela est possible dans le domaine des ondes radio, il n'en est pas question dans le domaine des ondes lumineuses, qu'elles soient dans le visible, l'ultraviolet ou l'infrarouge proche, car leurs fréquences sont beaucoup trop élevées pour que les détecteurs et les circuits électroniques puissent être sensibles à des variations aussi rapides du champ électrique.

En fait, alors qu'ils ignoraient la nature de la vibration lumineuse dont ils avaient pourtant deviné de nombreuses propriétés, les physiciens du début du XIXe siècle – notamment Augustin Fresnel – avaient appris à étudier la polarisation de la lumière grâce à certains cristaux dits « biréfringents », qui dévient différemment la lumière suivant sa polarisation. On peut ainsi construire un *polariseur*, c'est-à-dire un système optique qui sépare la composante de polarisation parallèle à un axe particulier, l'axe d'analyse du polariseur, et la composante perpendiculaire à cet axe[1]. La figure 4.3 montre un séparateur de polarisation moderne, qui transmet la polarisation parallèle à son axe d'analyse (Ox sur la figure) et qui réfléchit la polarisation perpendiculaire (Oy sur la figure).

Précisons le rôle du polariseur, en notant +1 et –1 ses deux voies de sortie. Si la lumière est polarisée suivant l'axe d'analyse du polariseur, elle sort dans la voie +1, et si elle est polarisée

---

1. Les techniques modernes de dépôt de couches minces permettent de produire de tels séparateurs de polarisation (voir le chapitre 6, section 6.10). Auparavant, les séparateurs de polarisation étaient basés sur des cristaux biréfringents naturels.

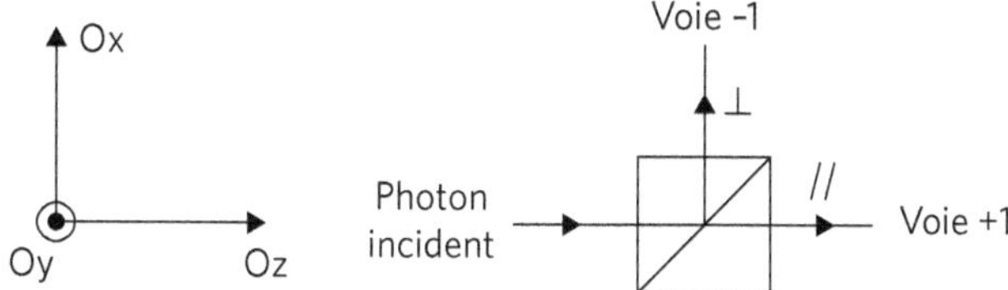

Figure 4.3. Polariseur à deux voies. Tout polariseur possède un axe d'analyse, dirigé dans notre exemple suivant l'axe Ox. La lumière incidente polarisée linéairement possède elle-même une polarisation orientée dans une certaine direction. Si celle-ci est parallèle à l'axe d'analyse du polariseur, donc dirigée suivant Ox, alors le faisceau ressort par la voie +1. Si elle est perpendiculaire à l'axe d'analyse du polariseur, donc dirigée suivant Oy, alors le faisceau ressort par la voie −1. Enfin, si la lumière est polarisée suivant une direction comprise entre Ox et Oy, alors le faisceau se divise en deux : une partie ressort dans la voie +1 et l'autre partie dans la voie −1, avec des intensités dépendant de l'angle entre la polarisation du faisceau et l'axe d'analyse du polariseur. Dans le cas d'un photon polarisé, il ne se divise pas : il ressort soit par la voie +1, soit par la voie −1, avec des probabilités dépendant de l'angle entre la polarisation du photon et l'axe d'analyse du polariseur. (Par convention, le rond avec le point noir sur le système d'axes indique que l'axe Oy pointe en direction de votre œil.)

perpendiculairement, elle sort dans la voie −1. Mais comment décrire ce qui se passe si le faisceau incident est polarisé suivant une direction intermédiaire ? On peut rendre compte des phénomènes observés en utilisant le fait que la polarisation est un vecteur. Par projection, celui-ci peut être décomposé en deux vecteurs, respectivement parallèle et perpendiculaire à l'axe d'analyse Ox du polariseur, qui vont se comporter indépendamment l'un de l'autre. On aura donc en sortie deux faisceaux, respectivement dans les voies +1 et −1, dont les intensités sont proportionnelles respectivement au carré de la longueur de chaque composante sur Ox et Oy. Cette loi, énoncée par Étienne Louis Malus en 1808, rend bien compte du fait que si l'angle entre la polarisation et l'axe d'analyse du polariseur est nul, le faisceau sort entièrement dans la voie +1. S'il est polarisé à 90°, il sort entièrement dans la voie −1. Et s'il est polarisé dans une direction intermédiaire, on a deux faisceaux émergents, l'un dans la voie +1 et l'autre dans la voie –1, avec des intensités dépendant respectivement du carré du cosinus ou du carré du sinus de l'angle entre la polarisation et l'axe d'analyse du polariseur.

Cette digression *via* l'optique classique était nécessaire pour décrire ce que vont être la polarisation du photon et sa mesure, puisque vous avez bien compris que les propriétés du photon sont associées aux propriétés de l'onde électromagnétique dont il est issu par la procédure de quantification de Dirac. Mais un élément nouveau vous attend, qui va vous faire entrer dans le noyau dur de la physique quantique. Je l'ai dit, un photon polarisé est décrit par un état quantique qui appartient à un espace abstrait à deux dimensions. Pour éviter de longues périphrases, je vais décrire les états quantiques de la polarisation des photons en utilisant la notation géniale de Dirac, qui est particulièrement limpide. Même si vous êtes allergique aux notations mathématiques, ne refermez pas immédiatement ce livre et suivez-moi encore quelques lignes. J'espère que vous serez convaincu(e) de la remarquable puissance de ces notations très simples.

Dans l'espace abstrait des états de polarisation, on a deux états de base, que nous écrirons $|x\rangle$ et $|y\rangle$ suivant la notation de Dirac. Vous ne serez pas dérouté(e) par cette notation lorsque je vous l'aurai expliquée : le crochet bizarre, nommé « ket » suivant l'appellation de Dirac, désigne un état quantique, ce qui est la généralisation de la notion de fonction d'onde. La lettre dans le crochet, quant à elle, permet de savoir de quel état quantique il s'agit. Ainsi, $|x\rangle$ décrit un photon polarisé suivant l'axe Ox et $|y\rangle$ décrit un photon polarisé suivant l'axe Oy, tout simplement. Ces axes Ox et Oy sont perpendiculaires à la direction de propagation Oz de la lumière et perpendiculaires entre eux (voir à nouveau la figure 4.3).

Prenons maintenant un polariseur dont l'axe d'analyse est dirigé suivant l'axe Ox. Envoyons sur lui un photon dans l'état de polarisation $|x\rangle$: il va sortir dans la voie +1. Envoyons maintenant un photon dans l'état $|y\rangle$: il va sortir dans la voie –1. Mais que se passera-t-il pour un photon dans l'état $|\psi\rangle = \alpha|x\rangle + \beta|y\rangle$, un état parfaitement autorisé par le formalisme quantique et que l'on appelle « état superposé » des états $|x\rangle$ et $|y\rangle$? Cet état correspond à une polarisation dans une direction intermédiaire entre les axes Ox et Oy. Le photon ne va pas se couper en deux : il va sortir soit dans la voie +1, soit dans la voie –1. Les probabilités P_+ et P_- de sortir dans l'une ou l'autre voie sont données par les carrés des modules des nombres complexes α et β, à savoir $P_+ = |\alpha|^2$ et $P_- = |\beta|^2$. Nous avons ici toute la spécificité de la mécanique quantique :

• D'abord la quantification, c'est-à-dire le fait que la mesure d'une observable, ici la polarisation, ne peut donner que des valeurs discrètes, dénombrables. Ici le nombre de valeurs possibles est de 2, suivant Ox ou suivant Oy : c'est le cas le plus simple où les propriétés quantiques se manifestent.

• L'autre spécificité quantique, que vous connaissez bien, est l'utilisation des probabilités pour décrire les résultats des mesures que l'on effectue sur les systèmes.

Les observables quantiques dichotomiques – qui ne peuvent prendre qu'une valeur parmi deux et qui sont décrites dans un espace des états de dimension 2 – permettent d'illustrer un certain nombre de comportements typiquement quantiques, sans équivalent classique, et sont abondamment utilisées par les théoriciens ou les auteurs d'ouvrages d'enseignement de mécanique quantique. Leur observable dichotomique favorite est ce que l'on appelle un spin 1/2, un objet mathématique permettant par exemple de décrire le comportement d'un atome d'argent dans un champ magnétique[1], ou celui d'un électron. En ce qui me concerne, je préfère discuter ces propriétés quantiques à propos de la polarisation des photons, qui a donné lieu à de nombreuses expériences montrant des phénomènes typiquement quantiques,

---

1. L'expérience de Stern et Gerlach, dont le compte rendu a été publié en 1922, a contribué à l'émergence du formalisme quantique. Dans cette expérience, dont les résultats ont stupéfié les physiciens de l'époque, on mesure l'orientation du moment magnétique des atomes d'argent, qui se comportent comme de petits aimants ayant toutes les orientations possibles dans la vapeur observée. Or on n'observe que deux valeurs. C'est un nouvel exemple d'une grandeur quantifiée qui doit être décrite par une observable quantique dichotomique, que l'on appelle « spin 1/2 ». L'analogie avec la polarisation des photons est presque parfaite, à un certain nombre de facteurs 2 près sur les angles intervenant dans certaines formules.

comme celles décrites dans les chapitres suivants. Celles-ci seraient beaucoup plus difficiles à réaliser avec des spins 1/2.

4.3. L'expérience de pensée d'Einstein-Podolsky-Rosen-Bohm (EPRB) avec des photons polarisés

Maintenant que vous en savez suffisamment sur les photons et la mesure de leur polarisation, il est temps de présenter l'expérience de pensée EPR transposée aux photons. Cette nouvelle version de l'expérience de pensée, due à David Bohm, est celle qui sera à la base des expériences réelles. Elle a été introduite en deux temps. D'abord, en 1951, il publie un excellent manuel de théorie quantique, *Quantum Theory*[1], qui donne une présentation de la mécanique quantique en accord avec l'interprétation de l'école de Copenhague. Dans ce livre, Bohm présente l'argument EPR dans une version nouvelle qui va jouer un rôle crucial dans ce qui suit. Au lieu de raisonner, comme Einstein et ses collègues, sur les observables de position et de vitesse, qui sont des variables continues pouvant prendre n'importe quelle valeur, David Bohm considère les observables de spin de deux particules de spin 1/2, dont la mesure ne peut donner que deux valeurs. J'ai déjà dit que cette utilisation d'observables dichotomiques a constitué une avancée majeure : d'abord parce que cela lui permet de présenter l'argument EPR d'une façon particulièrement claire, mais surtout – et cela Bohm ne le sait pas en 1951 – parce que c'est ce schéma

---

1. Voir Bohm (1951). C'est au moment même où ce livre a été publié que David Bohm a proposé une théorie à paramètres supplémentaires donnant une interprétation de la mécanique quantique radicalement différente de celle de Copenhague, dont son excellent livre donne pourtant une présentation sans réserve. Un ancien étudiant brésilien qui a suivi en 1951-1952 l'enseignement de Bohm, réfugié à Rio de Janeiro pour échapper à la commission McCarthy, m'a raconté que, lors de ses cours, David Bohm critiquait sévèrement son propre livre et parlait de son auteur comme s'il s'agissait d'un étranger (Moyses Nussenzveig, communication personnelle).

qui sera utilisé par Bell en 1964 pour démontrer son théorème. Celui-ci s'applique en effet à des variables dichotomiques, et non aux variables continues de l'article original EPR.

Les spins 1/2 sont très difficiles à mesurer et, lorsqu'il va se demander si une situation expérimentale du type EPRB a déjà été réalisée, Bohm va comprendre qu'il y a une équivalence complète entre la théorie quantique du spin d'une particule de spin 1/2 et celle de la polarisation d'un photon. Avec Yakir Aharonov il va utiliser cette équivalence pour discuter une nouvelle version de la situation EPR. Dans un article de 1957[1], tous deux donnent explicitement l'expression de l'état intriqué de deux photons corrélés en polarisation. Leur but est de discuter dans le contexte de l'argument EPR une expérience de mesure de corrélation de polarisation de photons gamma intriqués, réalisée en 1949 par la célèbre physicienne C.-S. Wu[2].

Malheureusement, comme Bohm et Aharonov le notent, dans l'expérience de C.-S. Wu, l'analyse des polarisations est indirecte car il n'existe pas de polariseur à deux voies pour les photons gamma, à la différence du cas des photons visibles, et on n'a donc pas un résultat de mesure dichotomique, à deux valeurs seulement. C'est pourquoi je présenterai ici le schéma de l'expérience de pensée EPRB dans une version basée sur la polarisation de photons visibles pour lesquels il existe des polariseurs à deux voies. Ce schéma est très important car il est à la base des expériences décrites dans les chapitres suivants. Il me paraît doublement juste de l'appeler « expérience de

---

1. Voir Bohm et Aharonov (1957). Dans cet article, on trouve l'expression explicite de l'état EPR avec des photons corrélés en polarisation, afin de discuter dans ce contexte une expérience de mesure de corrélation de polarisation de photons gamma, réalisée en 1949 par la célèbre physicienne C.-S. Wu (voir la note suivante).

2. Voir Wu et Shaknov (1950). Dans cet article, le problème EPR n'est pas mentionné, et c'est Bohm et Aharonov qui ont eu l'idée d'associer cette expérience à la discussion entre Einstein et Bohr. C.-S. Wu est surtout connue pour avoir démontré expérimentalement la violation de parité, en 1957. De façon surprenante, elle n'a pas été associée au prix Nobel décerné en 1957 aux deux physiciens ayant suggéré de tester expérimentalement cette symétrie considérée comme fondamentale, mais qu'ils soupçonnaient d'être violée dans l'interaction faible. Son rôle majeur dans la découverte de la violation de parité n'a été vraiment reconnu qu'en 1976, lorsqu'elle a reçu le prestigieux prix Wolf.

pensée EPRB », puisque c'est Bohm qui a eu l'idée d'utiliser des variables dichotomiques et qu'il a de plus compris l'intérêt expérimental de passer des spins 1/2 à la polarisation des photons.

On peut schématiser l'expérience de pensée EPRB par la figure 4.4. On y voit deux photons émis simultanément par la source S et se propageant dans des directions opposées suivant l'axe Oz. Ils sont chacun soumis à une mesure de polarisation, respectivement par le polariseur I dont l'axe d'analyse, perpendiculaire à Oz, est défini par le vecteur unitaire **a** situé dans le plan xOy, et par le polariseur II dont l'axe d'analyse, perpendiculaire à Oz, est défini par le vecteur unitaire **b**.

Pour chaque photon, la mesure peut donner le résultat +1 ou –1, associé à une polarisation parallèle ou perpendiculaire à l'axe d'analyse du polariseur. En répétant l'expérience avec des paires de photons préparées à chaque fois dans le même état quantique, on peut déterminer les probabilités $P_+(\mathbf{a})$, $P_-(\mathbf{a})$, $P_+(\mathbf{b})$, $P_-(\mathbf{b})$ d'obtenir chacun de ces résultats pour cet état quantique. J'utilise ici une notation simplifiée non ambiguë, $P_+(\mathbf{a})$, que j'aurais dû écrire $P_{+1}(\mathbf{a})$, pour désigner la probabilité de détecter

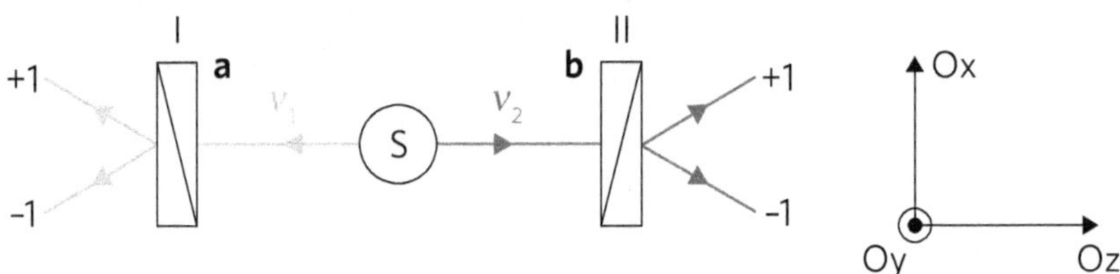

Figure 4.4. Schéma de l'expérience de pensée d'Einstein-Podolsky-Rosen-Bohm (EPRB). La source S émet des paires de photons intriqués de fréquences respectives v_1 et v_2 différentes. Des filtres sont disposés entre la source et les polariseurs afin de sélectionner les photons selon leur fréquence et d'avoir uniquement des photons de fréquence v_1 dans le polariseur I et des photons de fréquence v_2 dans le polariseur II. Si le photon de fréquence v_1 (resp. v_2) est polarisé suivant la direction **a** (resp. **b**) qui est l'axe d'analyse du polariseur, il sort du polariseur I (resp. II) par la voie +1. En revanche, si le photon est polarisé perpendiculairement à l'axe du polariseur, il sort par la voie –1. Dans la situation intermédiaire, le photon sort par la voie +1 ou par la voie –1 avec une probabilité qui dépend de l'état quantique des deux photons. Si les deux photons sont dans un état intriqué EPRB, on observe des corrélations fortes entre les résultats de mesure.

le photon v_1 dans la voie +1 du polariseur I, orienté suivant la direction **a** ; et de même pour les autres probabilités, appelées « probabilités simples », associées à chacun des deux photons. On peut aussi définir des « probabilités conjointes » pour ces paires de photons, ou plus précisément les probabilités de détections simultanées dans les voies de sortie d'un polariseur et de l'autre. Il y a quatre possibilités pour chaque couple (**a**,**b**) d'orientations des polariseurs : $P_{++}(\mathbf{a},\mathbf{b})$, $P_{+-}(\mathbf{a},\mathbf{b})$, $P_{-+}(\mathbf{a},\mathbf{b})$ et $P_{--}(\mathbf{a},\mathbf{b})$. Ici encore, j'utilise une écriture simplifiée : par exemple $P_{+-}(\mathbf{a},\mathbf{b})$ au lieu de $P_{+1,-1}(\mathbf{a},\mathbf{b})$, pour noter la probabilité de détecter le photon v_1 dans la voie +1 du polariseur I et le photon v_2 dans la voie –1 du polariseur II. Nous allons voir que ces mesures conjointes permettent de mettre en évidence les corrélations entre les résultats des mesures sur les deux photons – des corrélations qui jouent un rôle central dans le théorème de Bell. Plutôt que d'en donner une définition générale, que ceux d'entre vous qui le souhaitent trouveront à la fin de ce chapitre dans le complément C4.1 sur le théorème de Bell, je vais présenter la notion de corrélation sur l'exemple de l'état intriqué en polarisation EPRB.

Pour exprimer cet état, nous devons étendre la notation de Dirac afin de décrire la polarisation d'une paire de photons, l'un se propageant vers la gauche, auquel nous attribuons l'indice 1, et l'autre se propageant vers la droite, caractérisé par l'indice 2. Par exemple, l'état intriqué $|x_1, x_2\rangle$ décrit une paire dont les deux photons sont polarisés suivant la direction Ox. Toujours aussi simple, n'est-ce pas ? Nous pouvons maintenant décrire le fameux état EPRB intriqué en polarisation. Dans cet état, dont nous donnons l'expression dans le complément C4.1, la paire de photons se trouve *à la fois* dans l'état $|x_1, x_2\rangle$ où les deux photons sont polarisés suivant la direction Ox *et* dans l'état $|y_1, y_2\rangle$ où les deux photons sont polarisés suivant la direction Oy. À la différence de l'état $|x_1, x_2\rangle$ ou de l'état $|y_1, y_2\rangle$, l'état intriqué – qui s'écrit comme la somme de ces deux termes – ne peut pas être mis sous une forme dite « factorisée », qui décrirait un état où chaque photon a une polarisation bien définie. Cette impossibilité de factorisation est ce qui caractérise un état intriqué, où chacune des deux particules semble perdre son individualité – j'y reviendrai. Si bizarre et difficile à se représenter mentalement soit-il, un tel état ne pose pas de difficulté particulière quand il s'agit de calculer les probabilités simples ou conjointes des résultats de mesure par les polariseurs I et II. En ce qui concerne les probabilités simples, on les trouve chacune égale à 1/2, quelles que soient les orientations des polariseurs : $P_+(\mathbf{a}) = P_-(\mathbf{a}) = P_+(\mathbf{b}) = P_-(\mathbf{b}) = 1/2$. Cela veut dire que, pour chaque photon pris séparément, le résultat de la mesure de polarisation est totalement aléatoire : on a autant de chances de détecter le photon dans la voie +1 que dans la voie –1, comme pour un jeu de pile ou face avec deux joueurs indépendants.

En revanche, les probabilités conjointes dépendent des orientations des polariseurs, ou plus exactement de l'angle $(\mathbf{a},\mathbf{b})$ entre ces orientations. Ainsi, pour un angle nul $(\mathbf{a},\mathbf{b}) = 0°$, c'est-à-dire lorsque les deux polariseurs sont orientés suivant la même direction, les résultats sont les suivants : $P_{++}(0) = P_{--}(0) = 1/2$, et $P_{+-}(0) = P_{-+}(0) = 0$. On constate que la somme des probabilités vaut 1, ce qui ne doit pas nous surprendre, mais un moment de réflexion sur ces résultats va nous conduire à des conclusions surprenantes. Ils indiquent une corrélation parfaite entre les résultats de mesure, qui apparaissent séparément aléatoires. En effet, pour le photon v_1, on obtient aléatoirement +1 ou –1, et de même pour le photon v_2 ; mais si le résultat est +1 sur le photon v_1, il est également +1 sur le photon v_2 appartenant à la même paire, car la probabilité $P_{+-}(0)$ d'avoir +1 pour l'un et –1 pour l'autre est égale à 0. De même, si le résultat est –1 sur le photon v_1, il est également –1 sur le photon v_2, car on n'observe jamais –1 sur le photon v_1 et +1 sur le photon v_2.

Voici une autre façon de comprendre la notion de corrélation (voir la figure 4.5). Si je considère dix résultats de mesure derrière le polariseur I, j'obtiens une suite de +1 et de –1 apparemment quelconque : +1, +1, –1, +1, –1, –1, –1, –1, +1, –1. Si je fais de même derrière le polariseur II, pour les dix photons appartenant aux mêmes dix paires, j'obtiens aussi une suite de +1 et de

	Paire n° 1	Paire n° 2	Paire n° 3	Paire n° 4	Paire n° 5	Paire n° 6	Paire n° 7	Paire n° 8	Paire n° 9	Paire n° 10
Voie de sortie du photon derrière le polariseur I	+1	+1	−1	+1	−1	−1	−1	−1	+1	−1
Voie de sortie du photon derrière le polariseur II	+1	+1	−1	+1	−1	−1	−1	−1	+1	−1

Figure 4.5. Corrélations totales pour des directions d'analyse identiques : (a,b) = 0. On mesure les résultats des mesures de polarisation sur des photons dans l'état intriqué EPRB, pour dix paires successives, et on note le résultat de la mesure de chaque côté. Si l'on ne regarde que les résultats en sortie de l'un des deux polariseurs, ils paraissent aléatoires. Mais si l'on compare les résultats obtenus pour les deux polariseurs, on s'aperçoit que les deux photons d'une même paire sortent par la même voie de leurs polariseurs respectifs. C'est ce qu'on appelle une corrélation totale.

−1 apparemment aléatoire : +1, +1, −1, +1, −1, −1, −1, −1, +1, −1. Mais si je compare ces deux suites, je constate qu'elles sont strictement identiques ! Le jeu de pile ou face est manifestement truqué. Alors, quel est le ressort caché ? En d'autres termes, comment puis-je me représenter la cause de ces corrélations dans l'espace du laboratoire, celui dans lequel je vis, et pas simplement dans l'espace mathématique abstrait qui est celui des calculs ?

Un adepte de l'interprétation de Copenhague me répondrait : « Il n'y a rien à chercher au-delà du calcul et de ses résultats. La seule question est de savoir si la nature confirme ces résultats du calcul, il faut faire l'expérience et comparer ses résultats à ceux du calcul. » Mais comme un certain nombre de physiciens, à commencer par Einstein, je ne peux pas me satisfaire de cette position. J'ai besoin d'images, de mécanismes qui me permettent de comprendre intuitivement l'origine de ces corrélations. Or, comme l'explique Bell dans son article, il est facile de produire une explication intuitive de telles corrélations, logique et naturelle. Elle consiste à imaginer qu'au moment où ils sont émis, chacun des deux photons d'une même paire emporte avec lui une information – la même pour les deux photons –, c'est-à-dire un paramètre qui déterminera le résultat de la mesure effectuée plus tard sur ce photon. Souvenez-vous de l'exemple des jumeaux, cité dans le chapitre précédent (section 3.2) : s'ils ont des yeux et des cheveux de même couleur, s'ils ont une réaction identique à certaines pathologies, c'est tout simplement parce qu'ils ont les mêmes chromosomes. Le modèle que nous envisageons ici est analogue. Dès le départ, la paire de photons pourrait être caractérisée par un paramètre commun, par exemple une polarisation suivant Ox pour chacun des deux photons. Alors, si on mesure la polarisation de chacun des deux photons avec un polariseur orienté suivant Ox, on obtiendra +1 de chaque côté. Naturellement, pour reproduire le caractère aléatoire des résultats de mesure, nous devons aussi envisager des paires où les deux photons sont polarisés suivant Oy, et dans ce cas on obtiendra –1 de chaque côté avec les mêmes polariseurs orientés suivant Ox. Ainsi, en complétant le formalisme quantique par des paramètres supplémentaires, on peut espérer reproduire les résultats du calcul quantique d'une façon conforme à la logique habituelle. Dans ce modèle, le hasard intervient au moment de la création des paires de photons, lorsque est choisi le paramètre supplémentaire qui déterminera plus tard le résultat des mesures et qui varie d'une paire à l'autre. La description est donc radicalement différente de celle de l'interprétation orthodoxe où le résultat +1 ou le résultat –1 est produit au moment de la mesure.

Cette façon de raisonner est dans la droite ligne de la théorie à paramètres supplémentaires de Bohm, qui représente un état quantique par un ensemble de particules dont les propriétés initiales, toutes un peu différentes, déterminent des évolutions ultérieures variées mais bien déterminées, dont la statistique coïncide avec les résultats du calcul quantique (voir à nouveau la figure 4.1). On aurait donc pu penser qu'après avoir discuté de façon si profonde la situation EPR, Bohm développerait un tel modèle pour la décrire, mais il n'en a rien été. C'est à Bell qu'a été dévolu ce rôle, qui l'a conduit à découvrir ce qui restera comme une avancée majeure dans l'histoire de la physique quantique, connue sous le nom de théorème de Bell.

4.4. Le théorème de Bell (1964)

L'article de Bell de 1964, à l'origine de toutes les expériences décrites dans les chapitres suivants, est une merveille de clarté (Bell, 1964). C'est dans cet article de quelques pages seulement que j'ai pris connaissance de l'expérience de pensée EPRB avec spins 1/2 et des calculs quantiques prédisant des corrélations fortes entre particules intriquées. C'est dans cet article que j'ai compris qu'une façon naturelle de décrire ces corrélations est d'introduire des paramètres supplémentaires, répondant ainsi au vœu d'Einstein de compléter le formalisme quantique. Et c'est dans cet article que j'ai compris que ce modèle, naturel et logique, entre en conflit avec les prédictions de la mécanique quantique si on lui impose une condition de localité dans le droit-fil des idées d'Einstein, et donc que l'on peut en principe trancher par une expérience le débat entre Bohr et Einstein. C'est cela, le théorème de Bell. C'est aussi dans cet article que j'ai pris conscience que, pour respecter totalement la logique du raisonnement d'Einstein et de Bell, il faut modifier les orientations des polariseurs après que les photons ont quitté la source, ce qui a été fait dans l'expérience décrite au chapitre 7. Cet article a changé ma vie.

Pour vous présenter le théorème de Bell, je vais suivre le fil de l'article, sans néanmoins y coller littéralement. D'abord, comme je vous l'ai déjà dit, plutôt que l'expérience de pensée EPRB avec des spins 1/2, je vais utiliser la version transposée aux polarisations de photons, puisque les expériences décrites plus loin suivent ce schéma. De même, lorsqu'il sera nécessaire de donner une forme explicite des inégalités de Bell, je choisirai non pas la version originale de Bell mais une version mieux adaptée aux tests expérimentaux, celle de Clauser, Horne, Shimony et Holt. J'introduirai ici le moins de formules possible, et je renvoie celles et ceux qui veulent en savoir plus au complément C4.1 à la fin de ce chapitre.

Les inégalités de Bell portent sur le coefficient de corrélation entre les résultats de mesure aux polariseurs I et II pour diverses orientations relatives entre les polariseurs. Comme vous l'avez vu dans la section 4.3, ces résultats de mesure, observés séparément de part et d'autre de l'expérience, sont aléatoires, mais si on prend du recul et qu'on les regarde en même temps, on s'aperçoit qu'ils peuvent être corrélés. Ainsi, lorsque les deux polariseurs sont orientés suivant la même direction, la corrélation est totale : si on a +1 d'un côté on a +1 de l'autre, et si on a –1 d'un côté on a –1 de l'autre. En revanche, si leurs orientations sont différentes, la corrélation est moins forte. On définit alors le coefficient de corrélation $E(\mathbf{a},\mathbf{b})$, qui est un nombre compris entre +1 et –1. Celui-ci caractérise le degré de corrélation à partir des probabilités conjointes $P_{++}(\mathbf{a},\mathbf{b})$, $P_{+-}(\mathbf{a},\mathbf{b})$, $P_{-+}(\mathbf{a},\mathbf{b})$ et $P_{--}(\mathbf{a},\mathbf{b})$ introduites dans la section 4.3. Plus précisément, il est égal à la différence entre les probabilités des résultats identiques et celles des résultats opposés, c'est-à-dire

$$E(\mathbf{a},\mathbf{b}) = [P_{++}(\mathbf{a},\mathbf{b}) + P_{--}(\mathbf{a},\mathbf{b})] - [P_{-+}(\mathbf{a},\mathbf{b}) + P_{+-}(\mathbf{a},\mathbf{b})].$$

Pour une paire de photons intriqués dans un état EPR, et pour des polariseurs ayant la même orientation $\mathbf{a} = \mathbf{b}$, nous avons vu qu'il n'y a que des résultats identiques : le coefficient $E_{MQ}(0)$ prévu par le calcul quantique vaut donc +1, ce qui indique une corrélation totale[1]. Plus généralement, pour des orientations quelconques, le coefficient prévu par la mécanique quantique dépend de l'angle $\theta = (\mathbf{a},\mathbf{b})$ entre les orientations. Il vaut

$$E_{MQ}(\theta) = \cos(2\theta),$$

ce qui est un nombre décroissant quand l'angle θ augmente (voir la figure 4.7 dans le complément C4.1). La corrélation n'est donc pas totale quand les polariseurs ne sont pas orientés suivant la même direction.

---

1. En effet, pour $(\mathbf{a},\mathbf{b}) = 0$, $P_{++}(\mathbf{a},\mathbf{b}) = P_{--}(\mathbf{a},\mathbf{b}) = 1/2$, et $P_{+-}(\mathbf{a},\mathbf{b}) = P_{-+}(\mathbf{a},\mathbf{b}) = 0$.

Comme je vous l'ai expliqué dans la section 4.3, il est naturel, pour rendre compte de corrélations à distance entre objets qui ont interagi mais qui sont maintenant séparés, d'introduire des paramètres identiques pour les deux objets de la même paire. Ces paramètres, qui n'existent pas dans le formalisme quantique, sont appelés « paramètres supplémentaires ». Ils permettent de rendre compte de la corrélation totale pour les mesures avec les polariseurs parallèles. En suivant Bell, on se demande alors si on peut imaginer des théories à paramètres supplémentaires rendant compte de la corrélation pour *toutes* les orientations possibles des polariseurs. La réponse est non ! Il n'existe aucune théorie locale à paramètres supplémentaires prédisant un coefficient de corrélation identique à la prévision quantique pour toutes les orientations à la fois. Autrement dit, avec une théorie locale à paramètres supplémentaires donnée, on peut rendre compte du coefficient de corrélation pour certaines orientations relatives, mais pas pour toutes.

Vous avez peut-être noté le mot « local », que je viens d'introduire subrepticement pour qualifier les théories à paramètres supplémentaires utilisées pour tenter de reproduire les prévisions quantiques. Cette notion de localité des théories à paramètres supplémentaires, découverte par Bell, va jouer un rôle crucial. Elle consiste à admettre que le résultat de mesure donné par un polariseur ne dépend que du paramètre porté par le photon et de l'orientation de ce polariseur, mais pas de l'orientation de l'autre polariseur.

Précisons la démarche de Bell (pour plus de détails, voir le complément C4.1 en fin de chapitre). Il écrit quelques équations très simples, qui peuvent être comprises par un élève de lycée. Pour chaque paire émise, il introduit un paramètre – le même pour les deux photons – qui détermine le résultat de chaque mesure. Plus exactement, lorsque chaque photon arrive sur son polariseur, le résultat de la mesure dépend de ce paramètre et de l'orientation du polariseur concerné[1]. On peut alors connaître

---

1. Pour les expert(e)s : lorsque le théorème de Bell a été publié, une critique lui a été adressée : ce formalisme est déterministe, car lorsque le paramètre supplémentaire est fixé, le résultat

pour chaque paire le résultat obtenu parmi les quatre possibles :
(+1 +1), (–1 –1), (+1 –1) ou (–1 +1). Le coefficient de corrélation
est alors obtenu à partir des probabilités de ces résultats, en faisant la moyenne sur tous les paramètres portés par les paires de
photons successives. Ici, la condition de localité de Bell s'exprime
par le fait que la distribution de ces paramètres ne dépend pas
de l'orientation des polariseurs. Voilà ce qu'est une théorie *locale*
à paramètres supplémentaires (TLPS).

Le coup de génie de Bell a été de s'intéresser à une combinaison de plusieurs coefficients de corrélation relatifs à plusieurs
orientations des polariseurs. Il utilise le formalisme des théories locales à paramètres supplémentaires pour exprimer quatre
coefficients de corrélation, associés à deux orientations ($\mathbf{a}$ et $\mathbf{a'}$)
pour le polariseur I et deux orientations ($\mathbf{b}$ et $\mathbf{b'}$) pour le polariseur II. Combinons alors ces quatre coefficients pour former
une quantité $S(\mathbf{a}, \mathbf{a'}, \mathbf{b}, \mathbf{b'})$ dont vous trouverez l'expression dans
le complément. On peut alors montrer que si les coefficients de
corrélation sont calculés par une théorie locale à paramètres supplémentaires *quelle qu'elle soit*, la quantité S est nécessairement
comprise entre –2 et +2 :

$$-2 \leq S_{\mathrm{TLPS}}(\mathbf{a},\mathbf{a'},\mathbf{b},\mathbf{b'}) \leq +2.$$

Ce sont les inégalités de Bell[1] écrites sous la forme découverte par Clauser, Horne, Shimony et Holt ; nous les appellerons « inégalités BCHSH ». Insistons sur le fait que ces inégalités
s'appliquent à toute théorie locale à paramètres supplémentaires.

La découverte de Bell, c'est qu'il existe des jeux d'orientations pour lesquels les prédictions quantiques violent l'une de
ces inégalités. Ainsi, pour les orientations $\mathbf{a},\mathbf{a'},\mathbf{b},\mathbf{b'}$ indiquées sur

---

de mesure +1 ou –1 est déterminé de façon univoque. Or on sait bien que le formalisme
quantique est probabiliste. Comment espérer le reproduire avec un formalisme déterministe ?
Je vous explique dans le complément C4.1 pourquoi cette objection n'est pas pertinente.
1. J'appelle « inégalité de Bell » toute inégalité qui permet de distinguer entre les théories à
paramètres supplémentaires et la mécanique quantique, qu'il s'agisse des inégalités découvertes
par Bell lui-même ou de celles écrites par la suite par d'autres physiciens. Les inégalités BCHSH
font référence à celles découvertes par Clauser, Horne, Shimony et Holt (voir chapitre 5).

la figure 4.6, le calcul quantique donne une quantité S égale à $S_{MQ}(\mathbf{a,a',b,b'}) = 2\sqrt{2}$, soit environ 2,83, ce qui est manifestement plus grand que 2.

Il est donc impossible de reproduire ce résultat quantique par une théorie « à la Einstein », quelle qu'elle soit. Ce résultat a particulièrement marqué Feynman, qui l'a redécouvert en 1982. Il a écrit à ce propos : « Je me suis toujours bercé d'illusions en réduisant la difficulté de la mécanique quantique à un secteur de plus en plus réduit, et du coup je suis de plus en plus ennuyé par ce point particulier. Cela semble ridicule de pouvoir réduire la difficulté à une question numérique, qu'une quantité soit plus grande qu'une autre. Mais c'est un fait, elle est plus grande que ce que n'importe quel raisonnement logique peut donner, si vous avez ce type de logique [le raisonnement à la Einstein][1]. » Comment comprendre cette impossibilité de reproduire la mécanique quantique par une théorie à paramètres supplémentaires, alors qu'il en existe une, celle de Bohm, qui est précisément construite pour redonner exactement les prédictions quantiques ? Bell nous donne la clef dans son article : c'est précisément la « condition de localité », que la théorie de Bohm ne respecte pas.

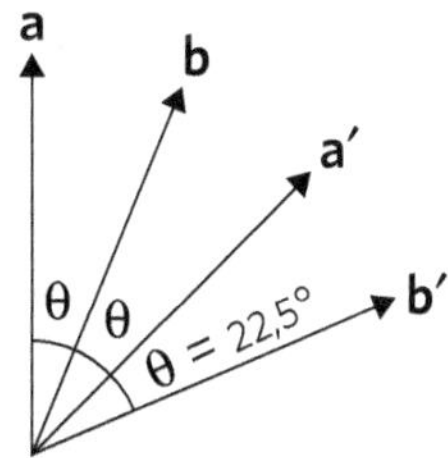

Figure 4.6. Violation maximale des inégalités de Bell. Lorsque les axes d'analyse des polariseurs sont orientés de façon telle que $\theta = (\mathbf{a,b}) = (\mathbf{b,a'}) = (\mathbf{a',b'}) = 22{,}5°$, et donc $(\mathbf{a,b'}) = 67{,}5°$, la violation des inégalités BCHSH est maximale.

---

1. « *I've entertained myself always by squeezing the difficulty of quantum mechanics into a smaller and smaller place, so as to get more and more worried about this particular item. It seems to be almost ridiculous that you can squeeze it to a numerical question that one thing is bigger than another. But there you are - it is bigger than any logical argument can produce, if you have this kind of logic* » (traduction personnelle). Citation extraite de Feynman (1982), p. 485.

Comment justifier cette condition de localité ? Bell souligne le fait qu'il s'agit d'une *hypothèse*, que l'on doit admettre pour démontrer ses inégalités. À première vue, cette hypothèse de localité est tout à fait raisonnable : on ne voit pas en vertu de quelle loi ou de quel phénomène l'orientation d'un polariseur dans une branche de l'expérience pourrait affecter instantanément la mesure de l'autre polariseur dans l'autre branche. Dans l'exemple des jumeaux, cela reviendrait à dire que le fait d'observer la couleur des yeux de l'un des jumeaux pourrait influencer le résultat de l'observation de la couleur des yeux de l'autre jumeau à l'autre bout de la planète. Cela paraît absurde... mais comme on travaille sur un sujet fondamental, rien n'empêche d'imaginer l'existence d'une interaction à distance inconnue entre les deux polariseurs ou entre les polariseurs et les photons.

Pour améliorer la démonstration du théorème de Bell, il faudrait donc trouver une situation où la localité n'est pas qu'une hypothèse, où elle découle d'un principe physique fondamental. Or c'est précisément ce que propose Bell lui-même à la toute fin de son article de 1964, au détour d'une remarque brève mais très importante. En faisant référence à l'article de Bohm et Aharonov de 1957, Bell explique qu'on pourrait s'affranchir de l'hypothèse de localité – ou plus précisément la considérer comme la conséquence d'une loi fondamentale – si l'on pouvait changer rapidement l'orientation des polariseurs pendant que les photons sont « en vol », c'est-à-dire pendant qu'ils se déplacent entre la source et les polariseurs. Si l'on parvient à réaliser cette opération, alors on sera assuré que l'orientation choisie pour un polariseur ne peut pas influencer ce qui se passe au niveau de l'autre polariseur, dans la mesure où aucun signal ne peut se propager plus vite que la lumière. De même, l'attribution d'une valeur particulière de paramètre supplémentaire à une paire au moment de son émission ne pourra pas dépendre de l'orientation des polariseurs qui sera choisie plus tard. La localité, qui était jusqu'alors une hypothèse, certes raisonnable, mais posée sans preuve particulière, deviendrait alors une *conséquence* de la causalité relativiste d'Einstein. Autrement dit, la localité serait garantie par un principe fondamental de la physique. Ce point est crucial pour moi, puisque réaliser une expérience dans laquelle l'information sur l'orientation d'un polariseur n'a pas le temps d'arriver à l'autre polariseur a constitué l'objectif ultime de ma thèse d'État.

Nous sommes désormais en mesure de formuler à nouveau le théorème de Bell de façon plus générale : il est impossible de reproduire toutes les prédictions de la mécanique quantique par *une théorie à paramètres supplémentaires obéissant à la causalité relativiste d'Einstein*. Il est inutile d'ajouter ici l'hypothèse de Bell, puisque dans une expérience où l'orientation des polariseurs est modifiée pendant la propagation des photons entre la source et les polariseurs, la condition de localité de Bell est en fait une conséquence de la causalité relativiste, selon laquelle aucune influence ne peut se propager plus vite que la lumière. Dans une expérience avec polariseurs variables, c'est toute la vision du monde d'Einstein, le réalisme local et la causalité relativiste, qui est mise à l'épreuve par l'expérience de test des inégalités de Bell.

En fait, la vision « réaliste locale » du monde défendue par Einstein, telle que je vous l'ai présentée au chapitre précédent (section 3.2), fait implicitement référence à la causalité relativiste. Il y a d'abord ce qu'Einstein appelle la « réalité physique » d'un système, c'est-à-dire l'ensemble des propriétés déterminant le résultat de n'importe quelle mesure sur ce système ainsi que son évolution ultérieure. Quand on dit que cette réalité physique est locale, on veut dire qu'elle est attachée au système, qu'elle ne peut pas dépendre de ce qui se passe dans ce que l'on appelle en relativité l'« ailleurs », c'est-à-dire des événements tels que leur éventuelle influence, si elle existait, devrait se propager plus vite que la lumière, voire remonter le temps. Pour le dire très simplement, dans un monde réaliste local, l'orientation du polariseur *ici* ne peut pas influencer instantanément la réponse du polariseur *là-bas*, et *vice versa*. De même, les deux polariseurs ne peuvent pas influencer la source au moment où elle émet les photons qu'ils analyseront plus tard.

4.5. *La possibilité d'une expérience*

Résumons. Grâce au théorème de Bell, la question de savoir s'il est possible ou non de compléter la mécanique quantique n'est plus seulement une affaire d'interprétation : cela devient un problème expérimental. En effet, dans la mesure où la vision de Bohr et celle d'Einstein conduisent à des prédictions différentes, il devient possible de trancher leur débat épistémologique par une expérience qui consiste à tester les inégalités de Bell. Pour ce qui va suivre, il est important de comprendre ce que veut dire « tester les inégalités de Bell » : il s'agit de déterminer expérimentalement la valeur de S dans une situation où les calculs quantiques prédisent une valeur supérieure à 2. Si la valeur observée est inférieure à 2, les inégalités de Bell sont respectées : les corrélations EPR peuvent alors s'interpréter par des théories locales à paramètres supplémentaires et la mécanique quantique doit être remise en cause dans certaines situations, même si celles-ci sont très rares. En revanche, si on observe une valeur de S plus grande que 2, alors les inégalités de Bell sont violées : la mécanique quantique standard est confortée même dans ces situations extraordinaires, et la vision réaliste locale du monde d'Einstein doit être abandonnée.

Quel défi magnifique que de se lancer dans une pareille expérience, puisqu'il s'agit de trancher entre les positions épistémologiques de deux géants de la physique du XXe siècle, Bohr et Einstein ! Cependant, le passage de la théorie à la pratique est semé d'embûches, comme nous allons le voir dans les chapitres suivants.

L'essentiel

Au début des années 1960, le débat entre Bohr et Einstein suscité par l'article EPR est ignoré de la plupart des physiciens. Ceux qui savent qu'il y a eu un débat entre Bohr et Einstein sur l'interprétation du formalisme quantique pensent que ce débat s'est conclu par la victoire sans appel de Bohr. Ils ne savent pas qu'il y a eu deux phases dans ce débat : celle portant sur les relations d'incertitude de Heisenberg concernant les situations à une seule particule (voir le chapitre 2), et celle relative à la situation EPR mettant en jeu deux particules intriquées[1] (voir le chapitre 3). L'idée qu'il est vain d'essayer de compléter le formalisme quantique est d'autant plus répandue que John von Neumann, dans son livre de référence, a « démontré » l'impossibilité d'introduire des paramètres supplémentaires dans cette perspective.

Mais John Bell n'est convaincu ni par la réponse de Bohr à l'article EPR, ni par la « preuve de von Neumann », dont il démontre le manque de généralité. Il sait que David Bohm a développé une idée ancienne de Louis de Broglie et trouvé un moyen de compléter le formalisme quantique par une théorie à paramètres supplémentaires. Par construction, cette théorie redonne au niveau statistique les mêmes prédictions que le formalisme quantique, tout en décrivant de façon plus précise l'évolution de chaque particule quantique individuelle. Mais lorsqu'on l'applique à un système de deux particules intriquées, cette théorie est non locale, c'est-à-dire qu'une action sur l'une des particules influence instantanément l'autre particule. Cela est contraire à la vision « réaliste locale » du monde défendue par Einstein, et John Bell va définir la classe générale des théories *locales* à paramètres supplémentaires qui représentent cette vision.

---

1. Il en est encore ainsi au milieu des années 1970, au moment où je commence ma thèse. J'entendrai souvent des commentaires montrant que la différence de nature entre le débat EPR et celui des congrès Solvay n'est pas bien comprise. Un exemple de cette confusion est donné par la position de Feynman, explicitée dans ses *Lectures on Physics* rédigé à la fin des années 1950.

Bell raisonne sur la situation EPR où les observables intriquées sont dichotomiques, c'est-à-dire dont la mesure ne peut donner que deux résultats possibles – une transposition de l'expérience de pensée originelle découverte par David Bohm. Bell essaie de simuler les corrélations prédites par le calcul quantique en utilisant une théorie locale à paramètres supplémentaires. Il montre en fait que cela est impossible. Il prouve d'abord que, pour la classe générale des théories locales à paramètres supplémentaires, il existe des combinaisons des coefficients de corrélation qui sont contraintes par des inégalités aujourd'hui appelées « inégalités de Bell ». Il montre ensuite que pour certaines orientations des appareils de mesure, les prédictions quantiques violent les inégalités de Bell : ces situations ne peuvent donc pas être décrites par des théories locales à paramètres supplémentaires, quelles qu'elles soient. C'est le théorème de Bell.

On peut donc envisager une expérience dans laquelle la mesure des coefficients de corrélation de polarisation des photons permettrait de trancher entre la physique quantique et la vision réaliste locale du monde d'Einstein. Pour être pleinement significative, et mettre à l'épreuve la localité, cette expérience devrait inclure la possibilité de modifier l'orientation des polariseurs pendant que les photons se propagent entre la source et les polariseurs. Une violation des inégalités de Bell, telle que prévue par la physique quantique, conduirait à conclure que le monde n'obéit pas au réalisme local.

Il n'y a plus qu'à faire l'expérience.

Le théorème de Bell : une question de corrélations

Ce complément est destiné aux lectrices ou aux lecteurs qui ne sont pas rebutés par quelques lignes de mathématiques. Ils pourront constater que le théorème de Bell n'est pas une question de virtuosité calculatoire : le génie de Bell a été de se poser la bonne question et d'y répondre avec des calculs assez simples.

Le théorème de Bell est la démonstration de l'impossibilité de reproduire toutes les prédictions de la mécanique quantique par une théorie locale à paramètres supplémentaires, quelle qu'elle soit. La discussion porte sur le coefficient de corrélation de polarisation de deux photons intriqués en polarisation dans un état EPRB. Dans ce complément, je vais revenir sur la définition de ce coefficient de corrélation, donner son expression telle que prévue par la physique quantique, puis celle fournie par une théorie locale à paramètres supplémentaires, quelle qu'elle soit. Enfin, et ce sera le point culminant, je donnerai la démonstration la plus simple que je connaisse des inégalités de Bell et je montrerai que les prédictions quantiques entrent en contradiction avec ces inégalités pour certaines orientations des polariseurs.

Dans tout ce complément, je me réfère à la figure 4.6 (corrélations EPRB avec polariseurs), ainsi qu'au texte principal.

Coefficient de corrélation

On s'intéresse au coefficient de corrélation entre les résultats des mesures A et B aux polariseurs I et II. Ce sont des variables aléatoires classiques, qui ne peuvent prendre que la valeur +1 ou la valeur –1. La théorie classique des probabilités nous apprend que, pour des variables aléatoires indépendantes, la valeur moyenne du produit est égale au produit des valeurs moyennes. Le degré de corrélation – c'est-à-dire de non-indépendance – est donné par la différence entre la valeur moyenne du produit et le produit des valeurs moyennes. Mais ici, chaque valeur moyenne est nulle puisque les probabilités de trouver +1 ou –1 sont égales au niveau de chaque polariseur. Le coefficient de corrélation est alors tout simplement la valeur moyenne du produit des variables aléatoires classiques $\mathcal{A}$ et $\mathcal{B}$, que nous notons

$$\overline{\mathcal{A} \cdot \mathcal{B}}.$$

La barre supérieure indique une moyenne statistique, c'est-à-dire la moyenne obtenue en répétant un grand nombre de fois la mesure. Cette moyenne s'exprime en fonction des probabilités P_{++} et P_{--} d'obtenir deux résultats identiques, auquel cas le produit vaut +1, et des probabilités d'obtenir des résultats opposés P_{+-} et P_{-+}, auquel cas le produit vaut –1. On peut donc écrire

$$\overline{\mathcal{A} \cdot \mathcal{B}} = \{P_{++} + P_{--}\} - \{P_{+-} + P_{-+}\}.$$

Pour deux polariseurs dans les orientations $\mathbf{a}$ et $\mathbf{b}$, on notera ce coefficient de corrélation de polarisation $E(\mathbf{a},\mathbf{b})$ et on écrira

$$E(\mathbf{a},\mathbf{b}) = \{P_{++}(\mathbf{a},\mathbf{b}) + P_{--}(\mathbf{a},\mathbf{b})\} - \{P_{+-}(\mathbf{a},\mathbf{b}) + P_{-+}(\mathbf{a},\mathbf{b})\}.$$

Dans cette expression, les probabilités sont celles que l'on mesure en répétant l'expérience un grand nombre de fois. On en déduit la valeur du coefficient de corrélation. Nous allons d'abord calculer ce que la mécanique quantique prédit dans le cas de photons dans l'état EPRB, puis ce que prédit une théorie locale à paramètres supplémentaires (TLPS), et montrer qu'il y a contradiction.

Calculs quantiques du coefficient de corrélation

L'état quantique EPRB décrivant une paire de photons maximalement intriqués en polarisation s'écrit

$$| \Psi_{EPRB}(v_1, v_2)\rangle = \frac{1}{\sqrt{2}}\left(\, | x_1, x_2\rangle + | y_1, y_2\rangle\right).$$

Pour calculer la probabilité d'une détection conjointe, il suffit de projeter cet état intriqué sur l'état correspondant au résultat de mesure et de prendre le module carré de l'expression obtenue. Ainsi, pour le cas où les deux polariseurs sont alignés suivant Ox, le résultat (+1, +1) correspond à l'état $|x_1, x_2\rangle$ et la probabilité de détection conjointe dans les voies +1 et +1 vaut

$$P_{++}(0) = \left|\langle x_1, x_2|\Psi_{EPRB}(v_1, v_2)\rangle\right|^2 = \frac{1}{2}.$$

La valeur 0 entre parenthèses indique que l'angle entre les axes d'analyse des polariseurs est nul. On peut montrer que le résultat, obtenu ici dans le cas où les deux polariseurs sont orientés suivant Ox, reste vrai pour n'importe quelle autre orientation, pourvu que ce soit la même pour les deux polariseurs.

De même, toujours dans le cas où les deux polariseurs sont orientés suivant Ox, le résultat (–1,–1) correspond à l'état $|y_1, y_2\rangle$ et la probabilité correspondante vaut

$$P_{--}(0) = \left|\langle y_1, y_2|\Psi_{EPRB}(v_1, v_2)\rangle\right|^2 = \frac{1}{2}.$$

On obtiendrait de façon analogue

$$P_{+-}(0) = \left|\langle x_1, y_2|\Psi_{EPRB}(v_1, v_2)\rangle\right|^2 = 0$$

et

$$P_{-+}(0) = \left|\langle y_1, x_2|\Psi_{EPRB}(v_1, v_2)\rangle\right|^2 = 0.$$

Ces résultats montrent une corrélation totale pour des polariseurs orientés suivant la même direction. En utilisant la formule donnant le coefficient de corrélation en fonction des probabilités, on en déduit que

$$E_{MQ}(0) = \{P_{++}(0) + P_{--}(0)\} - \{P_{+-}(0) + P_{-+}(0)\} = 1,$$

ce qui indique bien une corrélation totale. Mais que se passe-t-il lorsque l'orientation des polariseurs est quelconque ? Je ne détaillerai pas le calcul dans ce cas. En repérant les orientations des polariseurs I et II respectivement par les vecteurs unitaires **a** et **b**, on peut montrer que

$$P_{++}\left(\mathbf{a},\,\mathbf{b}\right) = P_{--}\left(\mathbf{a},\,\mathbf{b}\right) = \frac{1}{2}\cos^{2}\left(\mathbf{a},\,\mathbf{b}\right)$$

et

$$P_{+-}\left(\mathbf{a},\,\mathbf{b}\right) = P_{-+}\left(\mathbf{a},\,\mathbf{b}\right) = \frac{1}{2}\sin^{2}\left(\mathbf{a},\,\mathbf{b}\right).$$

On vérifie que l'on a bien les valeurs trouvées plus haut dans le cas où $(\mathbf{a},\mathbf{b}) = 0$. En utilisant une nouvelle fois l'expression du coefficient de corrélation en fonction des probabilités, on obtient pour l'état EPRB

$$E_{MQ}\,(\mathbf{a},\,\mathbf{b}) = \cos^{2}\,(\mathbf{a},\,\mathbf{b}) - \sin^{2}\,(\mathbf{a},\,\mathbf{b}) = \cos 2\,(\mathbf{a},\,\mathbf{b}).$$

La figure 4.7 montre la valeur de ce coefficient en fonction de l'angle $\theta = (\mathbf{a},\mathbf{b})$ entre les polariseurs.

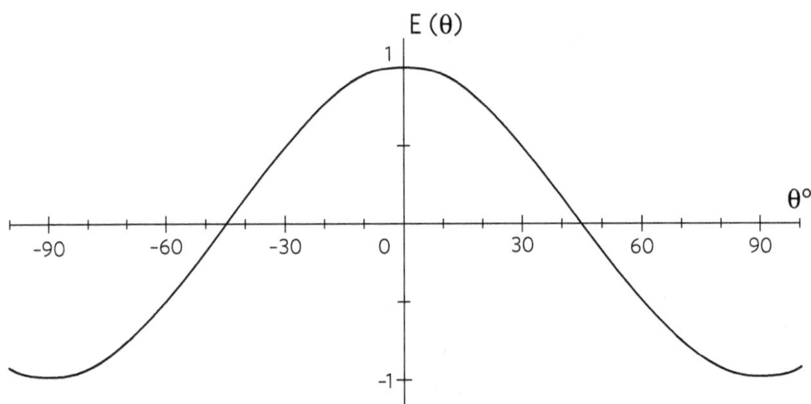

Figure 4.7. Valeur du coefficient de corrélation E_{MQ} en fonction de l'angle $\theta = (a,b)$. La courbe représente la valeur du coefficient de corrélation E prédite par la mécanique quantique en fonction de l'angle θ entre les directions d'analyse des polariseurs, c'est-à-dire $E_{MQ}(\mathbf{a},\mathbf{b}) = \cos (2\theta)$. La corrélation est totale pour $\theta = 0°$ et pour $\theta = 90°$ (le signe - indique que c'est la corrélation entre résultats opposés qui est totale). Elle est nulle pour $\theta = 45°$.

Coefficient de corrélation pour une théorie locale à paramètres supplémentaires ; inégalités de Bell-CHSH

Donnons maintenant l'expression du coefficient de corrélation pour une théorie locale à paramètres supplémentaires. Comme expliqué dans le cœur du chapitre, on introduit pour chaque paire un paramètre supplémentaire λ, et on décrit les résultats des mesures aux polariseurs I et II par des fonctions $A(\lambda,\mathbf{a})$ et $B(\lambda,\mathbf{b})$ qui ne peuvent prendre que la valeur +1 ou –1[1]. Une telle théorie est appelée une théorie locale à paramètres supplémentaires (TLPS), le mot « local » signifiant que l'on considère seulement des fonctions $A(\lambda,\mathbf{a})$ qui ne dépendent pas de $\mathbf{b}$ et des fonctions $B(\lambda,\mathbf{b})$ qui ne dépendent pas de $\mathbf{a}$: nous respectons ainsi la condition de localité de Bell.

Le coefficient de corrélation s'écrit alors

$$E_{\text{TLPS}}(\mathbf{a},\, \mathbf{b}) = \overline{A(\lambda,\, \mathbf{a}) \cdot B(\lambda,\, \mathbf{b})},$$

où la barre supérieure indique que l'on prend la moyenne sur l'ensemble des paires.

---

1. Lorsque le théorème de Bell a été publié, une critique lui a été adressée : ce formalisme est déterministe, car lorsque le paramètre supplémentaire λ est fixé, le résultat de mesure +1 ou –1 est déterminé de façon univoque. Or on sait bien que le formalisme quantique est probabiliste. Comment espérer le reproduire avec un formalisme déterministe ? Il me semble que cette objection n'est pas pertinente, car les théories à paramètres supplémentaires considérées par Bell dans son premier article sont probabilistes *via* le paramètre λ, qui est tiré aléatoirement au moment de l'émission des paires et pour lequel on utilise une distribution de probabilités $\rho(\lambda)$. De plus, comme Bell l'a proposé dès 1971 (voir Bell, 1971), et comme je l'ai montré de façon détaillée dans ma thèse, on peut parfaitement raffiner le modèle à paramètres supplémentaires en introduisant un aléatoire au niveau de la mesure, c'est-à-dire en admettant que la relation entre λ et la réponse du polariseur est elle-même probabiliste. De tels modèles conduisent à des inégalités de Bell inchangées, qui entrent donc toujours en conflit avec la mécanique quantique si l'aléatoire de la mesure est local, c'est-à-dire si la loi de probabilité caractérisant la réponse du polariseur ne dépend que de l'orientation du polariseur concerné et du paramètre λ. De tels modèles stochastiques locaux à paramètres supplémentaires sont soumis aux inégalités de Bell tout autant que les modèles déterministes locaux à paramètres supplémentaires. Ce qui est en jeu est bien le réalisme local.

La démonstration de l'inégalité de Bell-CHSH est tellement simple que je ne résiste pas au plaisir de vous la donner. On commence par établir un petit théorème préliminaire, que les mathématiciens appellent un lemme. On considère quatre nombres x_1, x_2, y_1, y_2 qui ne peuvent prendre que les valeurs +1 ou –1, et on forme l'expression

$$s = x_1 y_1 - x_1 y_2 + x_2 y_1 + x_2 y_2$$

que l'on transforme en

$$s = x_1 (y_1 - y_2) + x_2 (y_1 + y_2).$$

Sous cette forme, il est facile de voir que s vaut soit +2, soit –2. En effet : ou bien $y_1 = y_2$ et le premier terme est nul tandis que le second vaut +2 ou –2 ; ou bien $y_1 = -y_2$ et le second terme est nul tandis que le premier vaut +2 ou –2.

Remplaçons maintenant dans cette expression x_1, x_2, y_1, y_2 par $A(\lambda,\mathbf{a})$, $A(\lambda,\mathbf{a'})$, $B(\lambda,\mathbf{b})$ et $B(\lambda,\mathbf{b'})$ et prenons la moyenne sur toutes les paires. On obtient ainsi, pour toute théorie locale à paramètres supplémentaires,

$$S_{\text{TLPS}}(\mathbf{a},\mathbf{a'},\mathbf{b},\mathbf{b'}) = E(\mathbf{a},\mathbf{b}) - E(\mathbf{a},\mathbf{b'}) + E(\mathbf{a'},\mathbf{b}) + E(\mathbf{a'},\mathbf{b'}).$$

Or $S_{\text{TLPS}}(\mathbf{a},\mathbf{a'},\mathbf{b},\mathbf{b'})$ est la moyenne d'une quantité qui vaut soit +2, soit –2. Elle est donc nécessairement comprise entre +2 et –2, et on obtient les inégalités de Bell-CHSH :

$$-2 \leq S_{\text{TLPS}}(\mathbf{a},\mathbf{a'},\mathbf{b},\mathbf{b'}) \leq +2.$$

Contradiction

Par ce titre de section lapidaire, que j'emprunte à l'article de Bell, j'indique que c'est ici que je vais montrer le conflit entre certaines prédictions quantiques et les inégalités de Bell qui contraignent n'importe quelle théorie locale à paramètres supplémentaires.

Pour montrer cette contradiction, je calcule les coefficients de corrélation prédits par la mécanique quantique pour les orientations indiquées sur la figure 4.6, correspondant aux angles relatifs

$$(\mathbf{a},\mathbf{b}) = (\mathbf{b},\mathbf{a'}) = (\mathbf{a'},\mathbf{b'}) = 22{,}5°.$$

En se souvenant que $E_{MQ}(\mathbf{a},\mathbf{b}) = \cos 2\,(\mathbf{a},\mathbf{b})$, on a

$$E_{MQ}(\mathbf{a},\mathbf{b}) = E_{MQ}(\mathbf{a'},\mathbf{b}) = E_{MQ}(\mathbf{a'},\mathbf{b'}) = \cos\frac{\pi}{4} = \frac{1}{\sqrt{2}}.$$

La quatrième orientation relative vaut

$$(\mathbf{a},\mathbf{b'}) = 67{,}5°$$

et

$$E_{MQ}\left(\mathbf{a},\ \mathbf{b'}\right) = \cos\frac{3\pi}{4} = -\frac{1}{\sqrt{2}}.$$

D'où :

$$S_{MQ}\left(\mathbf{a},\mathbf{a'},\mathbf{b},\mathbf{b'}\right) = 2\sqrt{2},$$

ce qui est manifestement plus grand que 2 (environ 2,828...).

Plus généralement, la figure 4.8 montre les valeurs de S en prenant la même valeur θ pour les trois angles $(\mathbf{a},\mathbf{b})$, $(\mathbf{b},\mathbf{a'})$ et $(\mathbf{a'},\mathbf{b'})$, c'est-à-dire

$$\theta = (\mathbf{a},\mathbf{b}) = (\mathbf{b},\mathbf{a'}) = (\mathbf{a'},\mathbf{b'}).$$

On voit que la violation des inégalités de Bell n'existe que pour certaines valeurs de θ. Pour une expérience significative, il faudra donc choisir une valeur de θ dans cette gamme, de préférence pour une valeur donnant la violation maximale, par exemple 22,5°.

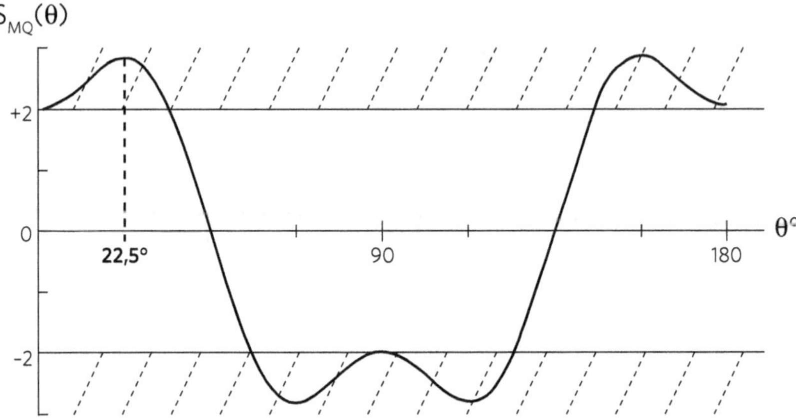

Figure 4.8. Valeur de S prédite par la mécanique quantique en fonction de l'angle θ = (a,b) = (b,a') = (a',b'). La courbe représente le résultat du calcul quantique pour la quantité S_{MQ}(**a,a',b,b'**) , en prenant (**a,b**) = (**b,a'**) = (**a',b'**) = θ. Par ailleurs, pour toute théorie locale à paramètres supplémentaires, S_{TLPS} doit être comprise entre -2 et +2 (inégalités BCHSH), ce que montrent les parties hachurées. Lorsque S_{MQ} entre dans une zone hachurée, les prédictions quantiques violent les inégalités de Bell. La violation est maximale lorsque θ vaut 22,5° ou 67,5°. Noter qu'il n'y a pas contradiction pour les valeurs 0°, 45°, 90°, qui sont les valeurs que l'on est tenté de privilégier si on ne connaît pas le théorème de Bell.

CHAPITRE 5

Des inégalités de Bell aux premières expériences

Grâce à John Bell, on sait depuis 1964 qu'il est possible de trancher expérimentalement le débat entre Einstein et Bohr sur l'interprétation de la mécanique quantique en réalisant ce que l'on appelle un « test des inégalités de Bell ». Il s'agit de comparer les résultats d'une expérience bien choisie à une limite fixée par ces inégalités. Ou bien les résultats sont inférieurs à cette limite : le point de vue d'Einstein est alors conforté, et on a trouvé une faille dans le formalisme de la mécanique quantique. Ou bien ils la dépassent, auquel cas on dit que les inégalités de Bell sont violées : l'expérience donne alors raison à Bohr, et on doit rejeter la vision du monde réaliste locale d'Einstein. Mais pour démontrer ses inégalités, Bell raisonne dans un cadre idéalisé. Or « dans la vraie vie », rien n'est jamais parfait : toute expérience faite en laboratoire comporte des imperfections, et la mise en pratique des techniques envisagées dans les expériences de pensée reste souvent à inventer. L'objectif de ce chapitre sera d'abord d'expliquer comment une poignée de physiciens va réussir à imaginer un schéma expérimental réaliste et à modifier les inégalités de Bell originelles afin qu'elles prennent en compte les diverses limitations propres aux montages. Je présenterai ensuite les premières expériences de test de ces inégalités de Bell modifiées, dont les résultats, d'abord contradictoires, convergent au milieu des années 1970. Celles-ci vont constituer une source d'inspiration pour mes propres expériences, qui viseront à se rapprocher du schéma idéal imaginé par Bell.

5.1. De la théorie aux expériences

Comme je l'ai expliqué au chapitre précédent, l'article de John Bell ouvre la possibilité de trancher expérimentalement le débat entre Einstein et Bohr sur l'interprétation du formalisme quantique[1]. Le premier pense avoir démontré que, si l'on veut conserver une vision réaliste locale du monde, il est nécessaire de compléter ce formalisme avec des paramètres supplémentaires. Le second affirme au contraire que la théorie quantique est déjà complète et qu'on ne peut rien y rajouter. Pouvoir trancher entre les points de vue de ces deux géants est une perspective enthousiasmante, mais l'article de Bell est celui d'un théoricien. Il est basé sur ce qu'il est convenu d'appeler, depuis Einstein, une « expérience de pensée », c'est-à-dire une expérience imaginaire respectant toutes les lois physiques connues, mais ayant recours à une technologie n'existant pas encore. Ainsi, Bell raisonne sur le système favori des théoriciens lorsqu'ils ont besoin d'un système quantique à deux états : une particule de spin $1/2$[2]. Il considère alors un état intriqué de deux de ces particules, dit « état singulet », qui possède des propriétés fascinantes. Cet état, bien connu des théoriciens, est utilisé pour décrire certains états à deux électrons dans l'atome d'hélium. Le problème est que personne ne sait comment créer un tel état entre deux électrons lorsque ceux-ci sont éloignés l'un de l'autre, hors de l'atome. On n'a même pas de méthode directe pour mesurer le spin d'un électron ! Mais Bell ne s'en soucie pas. Comme je l'ai constaté lors des multiples conversations que j'ai eues avec lui, il se garde bien

---

1. Rappelons que le formalisme quantique est l'ensemble des outils mathématiques qui permettent de calculer le résultat attendu d'une mesure dans une situation expérimentale relevant de la physique quantique.

2. Une particule de spin $1/2$ peut être soumise à une mesure de moment magnétique suivant un axe, et seuls deux résultats sont possibles. C'est un exemple paradigmatique de mesure quantique, observé pour la première fois sur des atomes d'argent par Otto Stern et Walther Gerlach en 1922. Cette expérience a été une source d'inspiration pour le développement du formalisme quantique.

de faire la moindre suggestion de nature expérimentale, car il se considère comme incompétent dans ce domaine et fait totalement confiance aux expérimentateurs. Pour établir ses inégalités, il raisonne donc sur des mesures parfaites et sur un état intriqué idéal. Il estime que ce n'est pas à lui de savoir comment passer ensuite à une expérience réelle où rien n'est parfait.

C'est donc aux expérimentateurs de se poser la question : est-il possible de réaliser une expérience qui permettrait de tester des inégalités de Bell tout en prenant en compte les inévitables imperfections d'un montage de laboratoire ? La réponse est oui, mais à plusieurs conditions qui seront détaillées successivement au cours de ce chapitre :

1. Il faut identifier des particules permettant la mesure de plusieurs observables[1] dichotomiques, chacune ne pouvant donner que deux résultats possibles lors d'une mesure. Il faut aussi qu'au moins deux de ces observables soient incompatibles, c'est-à-dire qu'elles ne puissent pas être mesurées simultanément.

2. Il faut être capable de produire un état intriqué quasi idéal de deux de ces particules éloignées l'une de l'autre.

3. Il faut disposer d'une forme des inégalités de Bell que l'on peut appliquer aux résultats d'une expérience non idéale.

4. Il faut que les prédictions quantiques violent ces nouvelles inégalités de Bell adaptées à la situation non idéale, tout en tenant compte des imperfections d'une expérience réaliste.

Alors, si les résultats expérimentaux violent les inégalités de Bell, on en conclura qu'il faut rejeter les théories locales à paramètres supplémentaires qui sont dans l'esprit de la vision du monde d'Einstein. Dans le cas contraire, on pourra soupçonner la mécanique quantique d'être en défaut dans cette situation inhabituelle, jamais testée précédemment, où deux particules intriquées sont éloignées l'une de l'autre. Cela ne voudra pas dire qu'il faut rejeter la mécanique quantique en bloc, pas plus

---

1. Pour rappel, en physique quantique, une observable est une quantité que l'on peut mesurer.

qu'on n'a rejeté la mécanique newtonienne après la découverte de la relativité. Mais il faudra dans ce cas trouver une théorie plus large, équivalente à la mécanique quantique pour tous les phénomènes connus jusque-là, et prédisant aussi les résultats observés dans cette nouvelle situation.

L'observation d'un désaccord avec la mécanique quantique est bien sûr une éventualité que j'ai envisagée lorsque j'ai commencé mes propres expériences. Dans ce cas, comme toujours, et plus spécifiquement lorsqu'on observe un résultat particulièrement étonnant, il faut suivre rigoureusement la méthode scientifique. Pour commencer, on rend public un maximum de détails sur l'expérience et on ouvre son laboratoire aux collègues qui veulent bien en faire une analyse critique. Et si personne ne trouve d'erreur, il faut encourager d'autres groupes à répéter l'expérience dans d'autres laboratoires, sous une forme plus ou moins équivalente mais pas nécessairement identique. La vérité scientifique s'établit tôt ou tard dans le consensus entre professionnels, au terme d'une discussion ouverte et de plusieurs études expérimentales.

Contrairement à ce que l'on pourrait penser aujourd'hui, bien peu de physiciens s'intéressent à l'article de Bell dans les années qui suivent sa publication en 1964. La faute en revient en partie à John Bell lui-même, car il a publié son article dans un journal inconnu[1], disparu après seulement quatre numéros, donc présent dans peu de bibliothèques. Or, à cette époque, aller à la bibliothèque de son université ou de son institut est le moyen privilégié d'avoir accès aux publications scientifiques, l'autre possibilité étant de demander à l'auteur, par voie postale, d'envoyer un tiré à part. C'est pourquoi très peu de physiciens prennent connaissance de cet article. De plus, au cas où l'un d'entre eux tomberait dessus par hasard, il est probable qu'il serait victime d'un préjugé tenace de l'époque[2], à savoir que la discussion entre

---

1. Voir Bell (1964).
2. Ce préjugé vient sans doute du fait que Bohr, lors du congrès Solvay de 1927, avait répondu de façon convaincante aux objections d'Einstein basées sur des expériences de pensée portant sur une seule particule.

Einstein et Bohr a été définitivement tranchée en faveur de Bohr. Il a même peut-être entendu dire que von Neumann a prouvé théoriquement qu'il est impossible de compléter la mécanique quantique en introduisant des paramètres supplémentaires[1]. Alors pourquoi perdrait-il son temps à lire plus que le titre et le résumé de l'article de Bell ?

Pourtant, en 1969, deux physiciens prennent au sérieux l'article de Bell et se demandent s'il est possible de réaliser une expérience pour tester les inégalités de Bell. John Clauser, qui vient de soutenir une thèse expérimentale à l'université Columbia à New York et qui est chercheur postdoctoral à Berkeley en Californie, n'est pas du tout satisfait par l'interprétation de la mécanique quantique qui lui a été enseignée. Il a lu l'article de Bell et pense que les paramètres supplémentaires sont une solution à son problème d'interprétation : le test des inégalités de Bell mérite donc d'être fait. Afin de transformer l'expérience de pensée de Bell en expérience réelle, il a l'idée de partir d'une expérience sur des photons visibles corrélés réalisée par des collègues dans un laboratoire voisin de Berkeley. En vue du prochain congrès de la Société de physique américaine, il soumet un résumé décrivant succinctement l'expérience qu'il propose. Ce résumé, publié dans le document imprimé envoyé à l'avance à tous les physiciens inscrits au congrès, attire l'attention d'Abner Shimony, professeur de philosophie et de physique théorique à Boston University. Avec sa double culture, Shimony s'intéresse à l'interprétation de la mécanique quantique. Il a lui aussi lu l'article de Bell, et il a imaginé, avec son doctorant Michael Horne, un schéma expérimental proche de celui de Clauser. Après un échange téléphonique, Clauser, Shimony et Horne décident de collaborer. Ensemble, ils vont écrire un article qui va changer l'histoire du domaine, aujourd'hui connu sous le nom de « CHSH » – le dernier H faisant référence à Richard Holt, un doctorant de Harvard qui possède un montage expérimental pouvant constituer une bonne base pour le test des inégalités de Bell.

---

1. Voir le début du chapitre précédent.

De façon étonnante, compte tenu du contexte de l'époque plutôt hostile à ce genre de débat, leur article est accepté en quelques mois seulement par l'un des journaux de physique les plus prestigieux, *Physical Review Letters*[1]. Cette publication va donner le signal de départ des expériences de tests des inégalités de Bell avec des photons optiques corrélés en polarisation, comme je l'expliquerai dans la première partie de ce chapitre. Je présenterai ensuite les deux premières expériences, celle de Clauser et de son doctorant Stuart Freedman à Berkeley, ainsi que celle de Holt à l'occasion de sa thèse sous la direction de Francis Pipkin, professeur à Harvard. Ces deux expériences, l'une réalisée en Californie et l'autre sur la côte Est, aboutissent en 1972... à des résultats contradictoires ! Il faudra attendre quelques années pour que deux nouvelles expériences, l'une réalisée par Clauser toujours à Berkeley, l'autre par Edward Fry et Randall Thompson à Texas A&M University, viennent faire pencher la balance.

Avant de s'embarquer avec nos explorateurs, il faut rappeler la situation de l'époque : le monde dans lequel ils veulent s'aventurer est une terre inconnue. Aucune expérience connue ne permet de tester les théories locales à paramètres supplémentaires. Certes, l'expérience de Wu et Shaknov[2] a montré quelques années plus tôt un degré de corrélation de polarisation compatible avec le calcul quantique de Wheeler. Mais l'absence de véritables polariseurs pour les photons gamma empêche d'utiliser leurs résultats pour tester directement les inégalités de Bell ; d'ailleurs, l'article de Wu et Shaknov ne fait même pas référence à l'article EPR. Il faut donc utiliser des photons pour lesquels de vrais polariseurs existent, ce qui est le cas pour des photons visibles. Il faut aussi trouver une situation où la nature voudra bien produire des paires de photons intriqués en polarisation. Il faut enfin montrer qu'il est possible, au prix d'hypothèses supplémentaires raisonnables, de proposer une version des inégalités

---

1. Voir Clauser, Horne, Shimony et Holt (1969).
2. Voir le chapitre 4, section 4.3.

de Bell permettant de conclure dans une expérience non idéale utilisant les technologies disponibles. C'est précisément ce que font Clauser, Horne, Shimony et Holt (CHSH) dans leur article de 1969.

5.2. Un schéma de principe réaliste

A priori, on peut envisager de tester les inégalités de Bell avec n'importe quelle particule, si tant est que celle-ci possède une propriété pouvant être assimilée à une observable quantique dichotomique, c'est-à-dire pour laquelle seuls deux résultats sont possibles. La nature nous offre à ce propos une particule idéale, pour ne pas dire miraculeuse : le photon optique, dans le domaine visible ou proche ultraviolet. Ses atouts sont nombreux. J'en ai déjà cité quelques-uns au chapitre précédent, mais voyons-les tous ici, car ils font toute la valeur de la proposition de CHSH. Je pourrai ainsi partager avec vous mon émerveillement lorsque j'ai pris conscience de ces atouts au cours de la conception des expériences que je décrirai dans les chapitres suivants. La figure 5.1 donne le schéma de principe de l'expérience EPRB avec des photons visibles et de vrais polariseurs.

Un premier atout des photons optiques, que j'ai déjà mentionné, est d'être des particules sur lesquelles on peut mesurer une observable dichotomique, la polarisation suivant un axe, en utilisant un instrument d'optique appelé un polariseur. Pour chaque direction d'analyse du polariseur, on n'a que deux résultats possibles : +1 pour la polarisation parallèle à l'axe d'analyse du polariseur, –1 si elle est orthogonale. Ce qui est remarquable, c'est qu'il n'est nul besoin de connaître la physique quantique pour décrire l'action du polariseur : le fait que le résultat soit dichotomique résulte d'une observation empirique, pas d'une théorie.

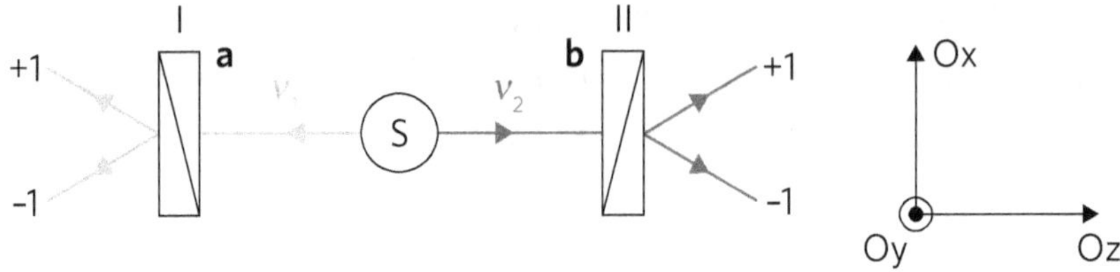

Figure 5.1. Expérience EPRB avec des photons visibles. Cette figure montre à nouveau le schéma de l'expérience de pensée EPRB avec deux photons intriqués v_1 et v_2 sur lesquels on peut faire des mesures de polarisation, respectivement suivant les directions d'analyse **a** et **b**. Des détecteurs de photons dans les voies de sortie de chaque polariseur permettent de donner le résultat de ces mesures. On peut observer les détections conjointes derrière le polariseur I et derrière le polariseur II. En répétant l'expérience avec un grand nombre de paires et en comptant les quatre détections conjointes possibles (+1,+1), (+1,−1), (−1,+1) et (−1, −1), on peut obtenir les quatre probabilités de détection conjointe $P_{+1,+1}$, $P_{+1,-1}$, $P_{-1,+1}$, $P_{-1,-1}$ et en déduire le coefficient de corrélation de polarisation $E = P_{+1,+1} - P_{+1,-1} - P_{-1,+1} + P_{-1,-1}$. Le lecteur pourra vérifier que si les résultats sont à chaque fois identiques en I et en II, le coefficient de corrélation vaut 1. Si les quatre coïncidences sont équiprobables (jeu de pile ou face non truqué), le coefficient de corrélation est nul. Dans l'expérience, le coefficient de corrélation prend toutes les valeurs possibles entre −1 et +1 lorsqu'on fait varier les orientations des polariseurs.

Un deuxième atout essentiel des photons est leur insensibilité aux perturbations extérieures. En effet, de telles perturbations détruisent généralement l'intrication quantique, et si c'est le cas les prédictions quantiques ne se distinguent plus de celles des théories locales à paramètres supplémentaires : les deux formalismes prévoient un accord avec les inégalités de Bell. Heureusement, les photons optiques sont insensibles à la plupart des perturbations auxquelles on peut penser, par exemple la gravitation, le champ magnétique terrestre, ou les ondes électromagnétiques radio dont nous sommes inondés. En fait, le photon n'est notablement perturbé que par les variations de l'indice de réfraction des milieux transparents dans lesquels il se propage, qu'il s'agisse du verre, des cristaux des instruments d'optique ou de l'air ambiant. Il est cependant très facile de lutter contre les variations de l'indice de l'air : il suffit de mettre un tuyau autour des faisceaux lumineux de l'expérience pour qu'il n'y ait pas de courant d'air et que la température ne varie que lentement et de façon homogène. Quant au verre des instruments d'optique, on bénéficie de plusieurs siècles d'expérience et de connaissances accumulées en ingénierie optique pour éviter ces perturbations si on s'en donne la peine. On ne soulignera jamais suffisamment l'importance de ces techniques de l'optique traditionnelle, qui continuent de progresser, pour les succès de l'optique quantique moderne.

Un avantage essentiel des photons optiques est qu'ils peuvent être détectés un par un, grâce à l'effet photoélectrique. Dans l'encadré E5.1, je vous explique comment un photon d'énergie suffisante est capable d'arracher un électron à une couche métallique, ce qui conduit à une impulsion électrique détectable. Ces techniques de détection de photons uniques ont été développées après la Seconde Guerre mondiale, et en 1969 on dispose de bons photomultiplicateurs permettant de détecter des photons visibles ou ultraviolets, mais avec des efficacités loin d'être parfaites. La probabilité de détecter un photon tombant sur la photocathode – ce que l'on appelle « rendement quantique » – est loin d'être de 100 % ; elle n'est que de quelques dizaines de pour cent. Nous verrons plus loin comment CHSH vont surmonter cette difficulté, au prix d'une hypothèse supplémentaire raisonnable.

Un problème connu des photomultiplicateurs de l'époque est leurs quelques milliers de coups d'obscurité par seconde. Qu'est-ce qu'un coup d'obscurité ? Il s'agit de la conséquence de l'arrachement d'un électron hors de la photocathode par agitation thermique[1]. On compte alors une détection, alors qu'aucun photon n'est arrivé sur la photocathode. En détection simple, il s'agit

---

1. Toutes les composantes microscopiques d'un corps (électron, ion, etc.) qui n'est pas au zéro absolu sont soumises à des mouvements dont l'énergie est proportionnelle à la température. Plus précisément, l'énergie moyenne associée à l'agitation thermique vaut $k_B T$, où k_B est la constante de Boltzmann et T la température absolue. Elle est de l'ordre de 0,025 eV (électronvolt) à température ordinaire, alors que l'énergie nécessaire pour arracher un électron est de l'ordre de plusieurs eV. La probabilité d'avoir une excitation thermique capable d'arracher un électron est donc beaucoup plus faible que celle associée à l'absorption d'un photon, même si elle n'est pas nulle. Ces ordres de grandeur découlent des travaux de deux physiciens théoriciens géniaux dont j'ai déjà parlé, Boltzmann et Einstein, et il s'est écoulé près d'un demi-siècle entre leurs travaux et l'application aux photomultiplicateurs. C'est un intervalle de temps typique que nous retrouvons souvent entre avancées fondamentales et applications, par exemple entre l'article de Bell et l'émergence des technologies quantiques basées sur l'intrication, que je présenterai au chapitre 8.

d'un problème sérieux qui joue un rôle néfaste sur la qualité des mesures. En revanche, ce n'en est pas un dans nos mesures de coïncidences, car la probabilité d'avoir deux coups d'obscurité simultanés aux deux détecteurs est négligeable. Si vous voulez en savoir plus sur cet avantage considérable des techniques de détection de coïncidence, qui m'a toujours émerveillé, je vous renvoie au complément C6.2 du chapitre 6.

E5.1. Détection de photons individuels avec un photomultiplicateur

L'optique quantique n'a pu se développer au lendemain de la Seconde Guerre mondiale que grâce à l'invention du photomultiplicateur, instrument capable de détecter un seul photon en produisant une impulsion électrique très brève qui peut activer un circuit électronique. Le phénomène physique à la base du photomultiplicateur est... l'effet photoélectrique cher à Einstein (voir le chapitre 1, section 1.3). Nous avons vu en effet que, si son énergie $h\nu$ est suffisante, un photon peut extraire un électron du métal où il est absorbé. Cet électron va donner un signal macroscopique, observable à notre échelle grâce à un dispositif appelé multiplicateur d'électrons (voir la figure 5.2). Il s'agit d'une succession d'électrodes, appelées « dynodes », portées à des potentiels positifs de plus en plus élevés, typiquement 200 volts d'une électrode à la suivante. La première électrode elle-même est à un potentiel positif par rapport au métal d'où a été arraché l'électron. Celui-ci, accéléré jusqu'à une énergie de 200 électronvolts, heurte violemment la première électrode et provoque l'éjection de plusieurs électrons, typiquement trois. Ces trois électrons sont eux-mêmes accélérés vers la deuxième dynode et vont provoquer chacun l'éjection de trois électrons. De dynode en dynode, le nombre d'électrons croît donc exponentiellement, encore plus vite que les grains de blé sur l'échiquier de la fable dont le nombre n'est multiplié que par 2 à chaque case.

Au bout de 12 dynodes, on a ainsi un paquet de 3 à la puissance 12 électrons, soit environ 500 000 électrons, ce qui est une impulsion électrique macroscopique que l'on peut visualiser sur un écran. Cette impulsion permet d'activer n'importe quel système électronique, afin par exemple de déterminer l'instant exact de détection avec une précision de l'ordre de la nanoseconde, c'est-à-dire au milliardième de seconde, ou plus simplement d'incrémenter un compteur de photons.

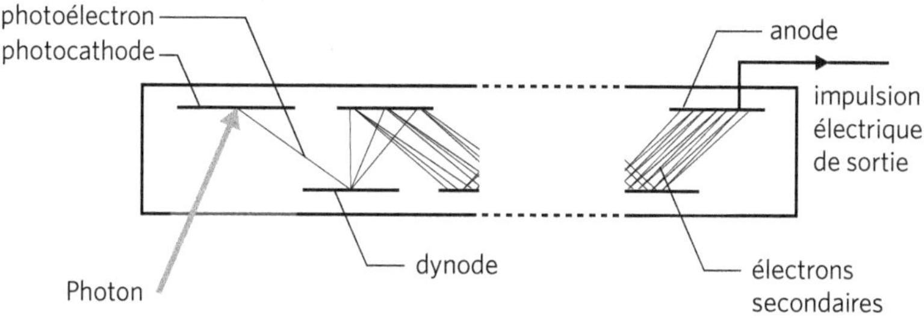

Figure 5.2. Schéma de principe d'un photomultiplicateur. Lorsqu'un photon entre dans le photomultiplicateur, il provoque par effet photoélectrique l'éjection d'un électron hors de la photocathode. Cet électron est accéléré vers une électrode appelée dynode, portée à un potentiel positif, ce qui attire l'électron qui est chargé négativement. La collision provoque l'éjection de trois autres électrons qui vont eux-mêmes provoquer l'éjection de neuf électrons hors de la dynode suivante, et ainsi de suite. Le nombre d'électrons éjectés croît ainsi exponentiellement de dynode en dynode, jusqu'à produire une impulsion électrique macroscopique que l'on peut observer.

Détecteurs de photons individuels longtemps inégalés, les photomultiplicateurs se voient aujourd'hui concurrencés par d'autres détecteurs capables de détecter eux aussi les photons un par un. Il s'agit d'une part de détecteurs à avalanche à base de semi-conducteurs, dans lesquels une première paire électron-trou, due à l'absorption d'un premier photon, déclenche une avalanche électronique aboutissant à une impulsion électrique macroscopique détectable avec un appareil électronique. Comme les photomultiplicateurs, dont la structure est conceptuellement voisine, ces détecteurs de photons individuels ont un rendement quantique limité, c'est-à-dire qu'ils ne détectent pas tous les photons qu'ils reçoivent. Cette limitation n'existe pas dans des détecteurs de nature complètement différente, basés sur de fins fils métalliques supraconducteurs qui, lorsqu'ils absorbent un photon, subissent une variation de température que l'on sait détecter. Ces détecteurs à supraconducteurs ont un rendement quantique proche de 100 %, c'est-à-dire qu'ils détectent quasiment tous les photons qu'ils reçoivent. Il s'agit d'une avancée considérable qui permettra les tests des inégalités de Bell « sans échappatoire » que nous verrons au chapitre 8 (section 8.1). Mais la mise en œuvre de ces détecteurs est compliquée par la nécessité de les mettre à très basse température, dans un cryostat à hélium liquide.

Maintenant que nous avons trouvé une particule adaptée pour tester en laboratoire les inégalités de Bell, le photon, la deuxième condition à remplir est la possibilité de produire des paires de photons dans un état intriqué en polarisation. L'article CHSH décrit en détail la possibilité offerte par une série de trois niveaux d'énergie (notés f, r et e) de l'atome de calcium, qui fournit des paires de photons intriqués en polarisation exactement dans l'état dont on a besoin pour tester les inégalités de Bell. Ces paires résultent de l'émission successive de deux photons par un atome qui se désexcite d'abord à partir du niveau excité e vers le niveau intermédiaire r en émettant le photon ν_1, puis du niveau r vers le niveau fondamental f en émettant le photon ν_2 (voir la figure 5.3). Cette émission de deux photons l'un après l'autre porte le joli nom de « cascade radiative » : c'est une cascade qui fournit du rayonnement. Chaque photon peut *a priori* être émis dans n'importe quelle direction, mais si on sélectionne les cas où les deux photons sont émis dans des directions opposées, on montre que pour des niveaux atomiques bien choisis, l'état de polarisation des deux photons est l'état intriqué sur lequel nous avons raisonné aux chapitres 3 et 4. Donc, en se limitant aux détections conjointes de paires de photons émis en sens contraire suivant l'axe Oz, on a des paires de photons intriqués en polarisation susceptibles d'être soumis à un test des inégalités de Bell.

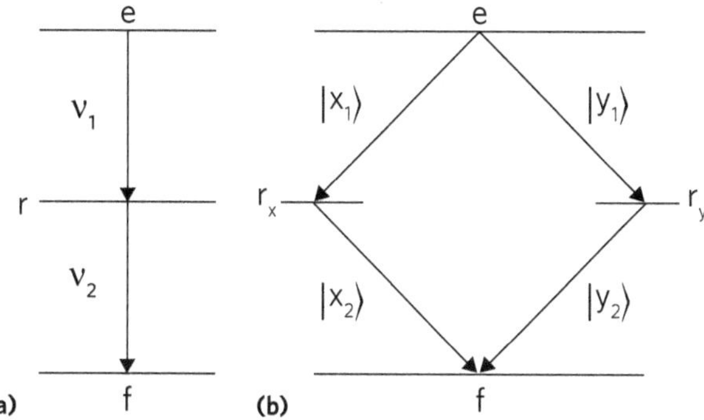

Figure 5.3. Cascade radiative produisant des paires de photons intriqués en polarisation. La figure (a) montre les trois niveaux d'énergie du calcium e, r, f utilisés pour produire les paires de photons (v_1, v_2). Un atome porté dans le niveau excité e se désexcite vers le niveau intermédiaire r en émettant un premier photon v_1, puis, durant les quelques nanosecondes qui suivent, il tombe dans le niveau fondamental f en émettant le second photon de la paire, v_2. La figure (b) montre la structure des niveaux e, r et f conduisant à l'émission d'une paire de photons intriqués en polarisation. Le niveau d'énergie r correspond en fait à plusieurs états possibles pour l'atome : on dit qu'il est dégénéré. Les niveaux f et e, en revanche, ne sont pas dégénérés. Quand l'atome passe du niveau e au niveau f en passant par le niveau r, ce qui correspond à l'émission des deux photons v_1 et v_2, il peut emprunter deux voies de désexcitation[1]. La première donne deux photons polarisés suivant x, décrits par l'état à deux photons $|x_1, x_2\rangle$. La deuxième donne deux photons polarisés suivant y, décrits par l'état à deux photons $|y_1, y_2\rangle$. En physique quantique, quand deux chemins sont possibles et que l'expérience ne permet pas de les distinguer[2], ils sont tous les deux suivis en même temps. On obtient donc un état des deux photons qui s'écrit comme la somme de $|x_1, x_2\rangle$ et de $|y_1, y_2\rangle$. Il s'agit d'un état intriqué parfait pour réaliser le test des inégalités de Bell.

---

1. Pour les expert(e)s : en fait le niveau r est trois fois dégénéré, mais pour deux photons émis dans des directions opposées le troisième chemin de désexcitation a une contribution nulle.
2. C'est parce que les deux sous-niveaux intermédiaires r_x et r_y ont exactement la même énergie qu'on ne peut pas les distinguer. Si ce n'était pas le cas, une analyse spectroscopique permettrait de les identifier.

Un certain degré de corrélation de polarisation des photons de cette cascade avait été mis en évidence dans une expérience réalisée à Berkeley en 1967 par Carl Kocher, mais son expérience ne permettait pas de tester les inégalités de Bell. L'article CHSH va montrer qu'il est possible de modifier son montage afin d'obtenir des résultats qui pourront conduire à un test significatif des inégalités de Bell – c'est-à-dire à un test qui permette de conclure sur la violation ou non de ces inégalités, moyennant des hypothèses supplémentaires raisonnables. Les modifications porteront d'abord sur les polariseurs, qui devront être bien meilleurs que ceux utilisés par Kocher.

5.3. *Les inégalités BCHSH*

La troisième condition pour tester les inégalités de Bell en laboratoire est de modifier leur forme pour pouvoir les appliquer à une expérience réelle. Tel est le résultat majeur de l'article CHSH : l'écriture d'inégalités de Bell nouvelles, déjà mentionnées au chapitre 4 et que nous avons appelées « inégalités BCHSH ». Celles-ci sont utilisables dans une expérience réelle ayant des imperfections. Il s'agit d'un progrès décisif par rapport aux inégalités écrites pour la première fois dans l'article initial de Bell. En effet, Bell raisonnait sur une expérience de pensée idéale dans laquelle le coefficient de corrélation est parfait lorsque les axes d'analyse des polariseurs sont parallèles, c'est-à-dire qu'il vaut exactement 1. Or aucune expérience, si bien conçue soit-elle, ne donnera exactement 1, ne serait-ce que parce que toute mesure est entachée d'incertitudes. Alors, comment utiliser les résultats d'une expérience réelle pour un test des inégalités de Bell ?

L'article CHSH donne la réponse en établissant le nouveau jeu d'inégalités pour lesquelles il n'est nul besoin de faire l'hypothèse que le coefficient de corrélation est de 1 lorsque les deux polariseurs sont alignés suivant la même direction d'analyse.

Souvenez-vous : ces inégalités portent sur une combinaison de quatre mesures des coefficients de corrélation associés à deux orientations **a** et **a'** pour le premier polariseur et à deux orientations **b** et **b'** pour le deuxième polariseur : il s'agit des coefficients notés E(**a**,**b**), E(**a**,**b'**), E(**a'**,**b**) et E(**a'**,**b'**). On peut montrer que, si ces coefficients peuvent se calculer à partir de théories locales à paramètres supplémentaires, la combinaison

$$S_{\text{BCHSH}}(\mathbf{a},\ \mathbf{a'},\ \mathbf{b},\ \mathbf{b'}) = E(\mathbf{a},\mathbf{b}) - E(\mathbf{a},\mathbf{b'}) + E(\mathbf{a'},\mathbf{b}) + E(\mathbf{a'},\mathbf{b'}),$$

que nous appellerons la « quantité de Bell-CHSH », ne peut être ni supérieure à 2, ni inférieure à –2, soit :

$$-2 \le [S_{\text{BCHSH}}(\mathbf{a},\ \mathbf{a'},\ \mathbf{b},\ \mathbf{b'})]_{\text{TLPS}} \le 2.$$

Ce sont les « inégalités de Bell-CHSH ». Maintenant, si on prend les valeurs calculées par le formalisme quantique pour l'état intriqué en polarisation émis par la cascade de la figure 5.3, on peut trouver des jeux d'orientations (**a**, **a'**, **b**, **b'**) pour lesquels la quantité $S_{\text{BCHSH}}(\mathbf{a},\ \mathbf{a'},\ \mathbf{b},\ \mathbf{b'})$ prévue par la mécanique quantique – que nous noterons $[S_{\text{BCHSH}}(\mathbf{a},\ \mathbf{a'},\ \mathbf{b},\ \mathbf{b'})]_{\text{MQ}}$ – est nettement plus grande que 2. J'ai déjà mentionné le cas où elle vaut $2\sqrt{2}$, presque 2,83. En principe, il suffit donc de faire les quatre

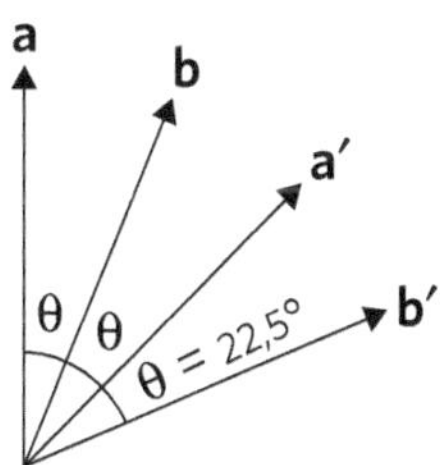

Figure 5.4. Orientations des polariseurs conduisant à la plus grande violation des inégalités de Bell, en combinant le résultat de quatre mesures correspondant aux deux orientations **a** et **a'** pour le polariseur I et **b** et **b'** pour le polariseur II. Les trois angles (**a**,**b**), (**b**,**a'**) et (**a'**,**b'**) sont égaux et valent 22,5°. Quant à l'angle (**a**,**b'**), il vaut 67,5°.

mesures correspondant à ce jeu d'orientations, d'en déduire la valeur de S découlant des mesures expérimentales et de la comparer à 2 pour trancher. Si elle est supérieure à 2 comme prévu par la physique quantique, alors il faut renoncer aux théories locales à paramètres supplémentaires correspondant à la vision du monde d'Einstein. Si au contraire on trouve moins de 2, alors on aura identifié une situation où l'expérience dément le résultat du calcul quantique, c'est-à-dire une situation où la théorie quantique est mise en défaut – ce qui sera un résultat tout aussi étonnant.

En quoi consiste l'expérience ? On choisit d'abord une orientation $\mathbf{a}$ pour le premier polariseur et une orientation $\mathbf{b}$ pour le deuxième polariseur telles que l'angle $(\mathbf{a},\mathbf{b})$ vaille 22,5° (voir la figure 5.4). Il faut alors mesurer les nombres de détections conjointes des deux photons pendant une prise de données suffisamment longue pour obtenir avec une bonne précision les probabilités $P_{+1,+1}$, $P_{+1,-1}$, $P_{-1,+1}$, $P_{-1,-1}$, puis en déduire le coefficient de corrélation $E(\mathbf{a},\mathbf{b})$ (voir la légende de la figure 5.1). Ensuite, on recommence la même procédure pour les trois autres jeux d'orientations $(\mathbf{a},\mathbf{b'})$, $(\mathbf{a'},\mathbf{b})$ et $(\mathbf{a'},\mathbf{b'})$. On obtient en tout quatre coefficients de corrélation, que l'on va combiner pour obtenir la « quantité de Bell-CHSH » expérimentale $[S_{BCHSH}(\mathbf{a},\, \mathbf{a'},\, \mathbf{b},\, \mathbf{b'})]_{EXP}$. C'est cette quantité que l'on va comparer à 2 pour trancher.

Dans une expérience idéale, la mécanique quantique prédit que $S_{BCHSH}(\mathbf{a},\, \mathbf{a'},\, \mathbf{b},\, \mathbf{b'})$ atteint la valeur $2\sqrt{2}$ pour les angles ci-dessus. Mais en fait, dans une expérience réelle, la valeur prévue par la mécanique quantique sera plus petite que cette valeur idéale. En effet, d'après les calculs quantiques, les écarts à l'expérience idéale que l'on peut raisonnablement envisager aboutissent systématiquement à une diminution des corrélations, et si l'effet parasite est suffisamment fort, la quantité $[S_{BCHSH}(\mathbf{a},\, \mathbf{a'},\, \mathbf{b},\, \mathbf{b'})]_{MQ}$ peut devenir inférieure à 2 ! Cela signifie qu'on pourrait obtenir un résultat expérimental en accord avec les inégalités de Bell sans que cela mette la mécanique quantique en défaut. Il faut donc que les imperfections soient suffisamment faibles pour que la mécanique quantique prévoie encore une quantité $S_{BCHSH}(\mathbf{a}, \mathbf{a'}, \mathbf{b}, \mathbf{b'})$ significativement supérieure à 2. Par exemple, il faut que les polariseurs aient une transmission dans la voie +1 suffisamment proche de 100 % pour des photons polarisés suivant leur axe, et suffisamment proche de 0 % pour des photons polarisés perpendiculairement à leur axe[1]. Mais que veut dire « significativement supérieure à 2 » du point de vue de l'expérimentateur ? Réponse : il faut que l'incertitude expérimentale sur la valeur de S soit significativement plus petite que la différence entre S et 2. En adoptant les critères habituels de la physique expérimentale, on considérera que le résultat est convaincant si la différence entre S et 2 est supérieure ou égale à cinq fois l'incertitude sur S, calculée par les méthodes standards de statistique.

Malgré le pas important fait vers une expérience réaliste avec l'établissement des inégalités BCHSH, il n'est pas encore possible en 1970 de mettre en œuvre une procédure expérimentale aussi directe que celle que je viens de décrire. Un test significatif des inégalités de Bell requiert des hypothèses supplémentaires, que je vais maintenant discuter.

5.4. Détecteurs imparfaits et polariseurs à une voie : l'hypothèse de l'échantillonnage non biaisé

Je vais vous présenter ici deux problèmes expérimentaux de natures assez différentes, identifiés par l'article CHSH. Ils obligent à faire une hypothèse supplémentaire si on veut que

---

1. Il existe une autre cause conduisant à la réduction de la valeur de $[S_{BCHSH}(\mathbf{a}, \mathbf{a'}, \mathbf{b}, \mathbf{b'})]_{MQ}$ calculée par la mécanique quantique : c'est l'ouverture des faisceaux entrant dans les lentilles captant les photons v_1 et v_2. Ici encore on peut effectuer un calcul précis, qui permet de déterminer la valeur maximale de ces ouvertures ne réduisant pas $[S_{BCHSH}(\mathbf{a}, \mathbf{a'}, \mathbf{b}, \mathbf{b'})]_{MQ}$ en dessous d'une valeur qui serait difficile à distinguer de 2. L'article CHSH discute également ce point.

les résultats expérimentaux constituent un test significatif des inégalités de Bell : il s'agit de l'hypothèse « de l'échantillonnage non biaisé ».

Le premier problème est que le rendement quantique des photomultiplicateurs est très inférieur à 100 %. À l'époque, les meilleurs d'entre eux ont un rendement de quelques dizaines de pour cent, c'est-à-dire qu'ils ne détectent qu'un photon sur 2 ou sur 3, voire moins. Cela veut dire qu'on n'effectue les mesures que sur un échantillon limité extrait de l'ensemble des paires qui sont entrées dans les deux polariseurs. Dans ces conditions, pour que les mesures effectuées soient significatives, il faut admettre que les paires détectées sont représentatives de l'ensemble des paires qui tombent sur les polariseurs. C'est l'hypothèse de l'échantillonnage non biaisé : l'échantillon que nous détectons représente fidèlement, sans biais, l'ensemble des paires que l'on aurait détectées avec des photomultiplicateurs parfaits[1].

L'hypothèse de l'échantillonnage non biaisé va se révéler indispensable pour tenir compte d'un autre problème : le fait que les polariseurs considérés par CHSH ne comportent qu'une seule voie de sortie. Plus précisément, ce sont des polariseurs dont seule la voie de sortie +1 est accessible : on peut donc détecter les photons dont la polarisation est trouvée parallèle à la direction d'analyse du polariseur. En revanche, les photons qui seraient sortis par la voie −1, correspondant à une polarisation perpendiculaire à la direction d'analyse du polariseur, sont perdus. C'est le cas des polariseurs dits « à pile de glaces » (voir le complément C5.1 en fin de chapitre) utilisés par Freedman et Clauser.

Alors, comment tester les inégalités de Bell en se passant des résultats de mesure sur la voie −1 ? Pour un théoricien, l'idée est simple : si un photon entre dans un polariseur mais qu'on ne détecte rien, c'est qu'il est allé dans la voie −1. Mais pour un

---

1. Ce n'est pas ainsi que les auteurs de l'article CHSH présentent cette hypothèse supplémentaire. En fait il en existe plusieurs versions, mais il me semble que l'on peut toutes les ramener à l'hypothèse selon laquelle la mesure réalisée est représentative de ce que l'on aurait obtenu avec l'ensemble des paires dont les deux photons tombent sur les polariseurs.

expérimentateur, la non-détection peut tout autant correspondre à un photon qui est allé dans la voie +1 mais qui a été perdu, ce qui est fréquent puisque le photodétecteur a un rendement nettement inférieur à 1. Pour surmonter cette difficulté, l'article CHSH exploite l'idée que si l'on compare une mesure sans polariseur à une mesure avec polariseur à une voie, la différence correspond au résultat –1. En effet, en l'absence de polariseur, on détecte tous les photons, ceux qui auraient donné +1 comme ceux qui auraient donné –1. On peut alors exprimer les coefficients de corrélation $E(\mathbf{a},\mathbf{b})$ en fonction de trois taux de comptage en coïncidence mesurés dans trois situations différentes : avec les deux polariseurs en place, avec le polariseur I en place et le polariseur II enlevé, et avec le polariseur II en place et le polariseur I enlevé. Alors, en admettant l'hypothèse de l'échantillonnage non biaisé, on peut adapter les inégalités BCHSH pour qu'elles prennent en compte ces trois taux seulement. Ce sont ces nouvelles inégalités, que je n'écrirai pas ici, qui seront testées par la plupart des expériences, à commencer par les cinq premières.

Avec l'article CHSH, on dispose donc de tous les éléments qui permettent de se lancer dans un premier test : un schéma expérimental réaliste et des inégalités applicables aux situations réelles où rien n'est parfait. Certes, il faut accepter l'hypothèse de l'échantillonnage non biaisé pour que les résultats expérimentaux soient significatifs vis-à-vis du test des théories locales à paramètres supplémentaires. Mais cette hypothèse est raisonnable, et la physique expérimentale progresse par des améliorations successives de schémas expérimentaux dont le premier, même s'il n'est pas parfait, stimule l'émergence progressive de schémas de plus en plus sophistiqués et proches du schéma idéal. C'est ce qui va se passer avec les tests des inégalités de Bell. Voyons donc maintenant les expériences pionnières, qui ont été un remarquable point de départ pour les expériences des générations suivantes, comme les miennes. Pour commencer, découvrons la situation extraordinaire créée par le match entre l'équipe de Berkeley et celle de Harvard.

5.5. *Berkeley contre Harvard*

Deux des auteurs de l'article CHSH vont se lancer dans l'aventure expérimentale. C'est d'abord John Clauser, recruté à Berkeley par Charles Townes[1] pour des études d'astrophysique, mais qui parvient à convaincre ce dernier de le laisser passer la moitié de son temps sur l'expérience de test des inégalités de Bell. Il propose alors à un étudiant, Stuart Freedman, de faire sa thèse de doctorat sur ce sujet. La première expérience conçue pour tester les inégalités de Bell est donc celle de Clauser et Freedman, menée à Berkeley en 1972[2]. C'est un tour de force, une magnifique expérience qui met en œuvre très exactement le schéma proposé dans l'article CHSH. Comme souvent en science, cette expérience s'appuie sur un travail préexistant, en l'occurrence la thèse de Kocher, déjà citée. Sous la direction d'Eugene Commins, Kocher a construit une source de paires de photons corrélés et réalisé en 1967 une première observation de corrélation de polarisation compatible avec l'existence d'un état intriqué[3]. Il a identifié le fait que son expérience est une réalisation expérimentale de la situation EPRB, et il cite aussi bien l'article EPR que ceux de Bohm et Aharonov. Il sait que les photons visibles ont l'avantage de pouvoir être soumis à une authentique mesure de polarisation. Pourtant, il ne parle pas dans sa thèse du théorème de Bell, alors qu'il cite les articles de Bell parmi ses références bibliographiques. A-t-il compris que sa mesure de polarisation, qui utilise de simples filtres polaroïds, ne permet pas de tester les inégalités de Bell ? Aurait-il jugé plus prudent de ne pas aborder une question qui sentait le soufre à cette époque ?

---

1. Townes, un des pionniers de la physique des masers et des lasers, travail pour lequel il a reçu le prix Nobel en 1964, a consacré la seconde partie de sa carrière à l'astrophysique expérimentale, notamment à la recherche de trous noirs.
2. Voir Clauser et Freedman (1972).
3. Voir Kocher et Commins (1967).

Clauser, lui, n'a pas cette timidité. Selon ses propres déclarations, il est persuadé que la mécanique quantique a tort et il veut être celui qui montrera que les inégalités de Bell ne sont pas violées. Il connaît l'expérience de Kocher, qui a été réalisée dans le laboratoire voisin du sien et qu'il a citée dans l'article CHSH. Il va récupérer la source de photons intriqués de Kocher. Fort bien conçue compte tenu des moyens de l'époque, cette source est construite autour d'un jet atomique de calcium, c'est-à-dire des atomes de calcium sortant d'un four et se déplaçant librement suivant l'axe d'une enceinte à vide cylindrique. Ainsi, les atomes n'entrent en collision ni entre eux, ni avec les parois de l'enceinte, ni avec un gaz résiduel dont la pression est d'un milliardième d'atmosphère. On peut donc penser qu'ils sont très bien décrits par la théorie qui les considère comme parfaitement isolés de toute collision perturbatrice. C'est pour cette raison que je ferai le même choix pour mes expériences.

Dans la source de Kocher comme dans celle de Clauser, les atomes sont excités vers des niveaux d'énergie élevés à l'aide d'une lampe émettant du rayonnement ultraviolet. Nous avons déjà expliqué que l'énergie d'un atome ne peut prendre que certaines valeurs précises : on dit que les niveaux d'énergie sont quantifiés. Vous savez aussi que l'atome passe d'un niveau à l'autre soit en absorbant un photon lorsque l'énergie finale est plus élevée que l'énergie initiale, soit en émettant un photon quand l'énergie finale est inférieure à l'énergie initiale. Le but est ici de porter les atomes dans le niveau noté e sur la figure 5.3 et d'exploiter le fait que l'atome ne peut pas se désexciter directement vers l'état fondamental f en émettant un seul photon. En fait, il va se désexciter en émettant la paire de photons intriqués dont on a besoin, comme vous l'avez vu plus haut dans ce chapitre. Il n'y a pas de solution, à l'époque, pour exciter directement le niveau e, et la source de Kocher, reprise par Clauser, va reposer sur une excitation indirecte du niveau e (voir la figure 5.5). L'atome est porté vers un niveau excité e' qui, lui, peut se désexciter vers le niveau e qui nous intéresse. En fait, il y a de nombreux niveaux e', que l'on peut exciter avec de la lumière

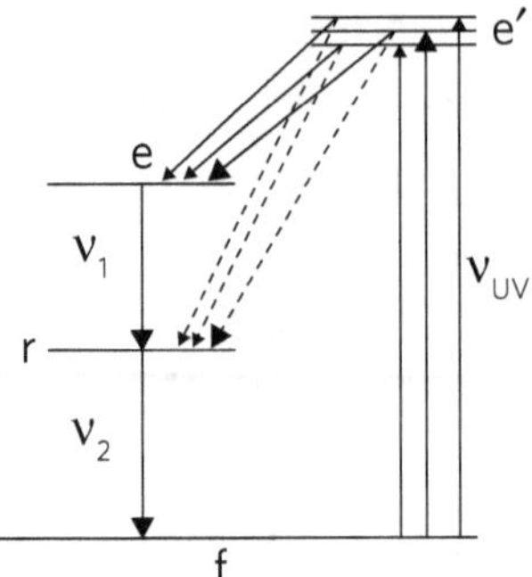

Figure 5.5. Excitation de la cascade atomique utilisée dans l'expérience de Clauser et Freedman. Pour porter l'atome dans le niveau e, à partir duquel il émettra les deux photons intriqués v_1 et v_2 (voir à nouveau la figure 5.3), Clauser et Freedman excitent l'atome vers des niveaux e' d'énergie élevée, avec une lampe émettant des radiations ultraviolettes (UV). Depuis e', une fraction des atomes se désexcite vers e, ce qui est recherché, mais d'autres se désexcitent vers r, et dans ce cas on a des photons v_2 sans leur partenaire v_1.

ultraviolette et qui peuvent chacun se désexciter vers e, puis produire la paire de photons intriqués dont on a besoin. Mais, me direz-vous, la désexcitation des niveaux e' vers e produit elle aussi des photons. Vont-ils créer des signaux parasites ? Oui, mais il existe un moyen efficace de les éliminer en utilisant des filtres qui laissent passer uniquement les photons d'une fréquence différente. Ainsi, un filtre ne laissant passer que la lumière à la longueur d'onde de 555 nanomètres du premier photon de la cascade est placé sur la voie du polariseur I, tandis qu'un filtre pour la lumière à 423 nanomètres du deuxième photon de la cascade est placé sur la voie du polariseur II. Ces filtres sont des merveilles de technologie de l'époque, commandés pour l'expérience de Kocher et Commins, et bien sûr utilisés aussi par Clauser et Freedman[1].

Malgré son indéniable qualité, la source de Kocher souffre d'un problème sérieux : de nombreuses voies de désexcitation à

---

1. J'aurai moi-même la chance de pouvoir utiliser ces filtres, qui me seront gracieusement envoyés de Berkeley par le Dr Howard Shugart après la fin des expériences de Clauser.

partir de e' aboutissent sur l'état r sans passer par l'état e, produisant un photon v_2 qui n'est pas accompagné d'un jumeau intriqué v_1 (voir la figure 5.5). D'après la thèse de Kocher, il y a dix fois plus de photons v_2 que de photons v_1, ce qui dégrade considérablement la précision des résultats. Mais surtout, lorsqu'il s'agit de mesurer la corrélation de polarisation, l'expérience de Kocher a une faiblesse majeure que j'ai déjà indiquée : les polariseurs utilisés sont de simples filtres polaroïds et leurs propriétés optiques sont insuffisantes pour permettre un test des inégalités de Bell. C'est pourquoi Clauser va développer des polariseurs à une voie bien meilleurs : des polariseurs « à pile de glaces », constitués de multiples plaques de verre, dont j'explique le fonctionnement dans le complément en fin de chapitre. Ces polariseurs, déjà connus au XIXe siècle, ont d'excellentes performances : ils laissent passer presque 100 % de la « bonne » polarisation, celle qui est suivant leur axe d'analyse, et absorbent presque totalement la polarisation orthogonale. C'est exactement ce dont on a besoin pour que le test des inégalités de Bell soit significatif. Cependant, outre le fait qu'ils ne fournissent pas le résultat –1, ces polariseurs ont un inconvénient important : leur longueur est grande par rapport à la taille transverse des faisceaux. Pour des raisons fondamentales d'optique instrumentale sur lesquelles je reviendrai dans le chapitre suivant, les faisceaux de Clauser ont un diamètre de plusieurs dizaines de centimètres, ce qui implique des polariseurs de plusieurs mètres de long, avec une masse importante. Or il faut être capable de les faire tourner autour de leur axe de façon précise, sans jeu, en contrôlant parfaitement leur alignement avec le faisceau. Les ateliers de Berkeley seront capables de répondre à cette exigence et de réaliser une mécanique de bonne qualité. Ces polariseurs à pile de glaces, comme celui que l'on peut voir sur la figure 5.6, constituent certainement un des éléments clefs à la base du succès de l'expérience de Clauser et Freedman.

Grâce à ces polariseurs bien conçus, Clauser et Freedman peuvent étudier les corrélations entre les paires de photons en fonction de toutes les orientations possibles de chacun des

Figure 5.6. John Clauser devant l'un de ses polariseurs à pile de glaces. *(University of California Graphic Arts/Lawrence Berkeley Laboratory.)*

polariseurs. Ainsi, une mesure pour une certaine orientation relative entre les polariseurs, par exemple 22,5°, est réalisée avec plusieurs orientations du premier polariseur, le second étant à chaque fois orienté à 22,5° du premier. C'est une très bonne procédure expérimentale car, s'il y a de légers défauts dans le montage qui favorisent certaines directions par rapport à d'autres, ceux-ci disparaissent lorsqu'on fait ainsi tourner tout l'ensemble et que l'on prend la moyenne des résultats.

Les photons transmis par les polariseurs, qui correspondent à la voie +1, atteignent les détecteurs qui sont eux-mêmes reliés à un système électronique. Celui-ci permet de compter les photons et de savoir si deux photons sont arrivés simultanément, ce qui indique qu'ils appartiennent très certainement à la même paire. On peut ainsi obtenir des mesures de corrélation de polarisation. Après analyse de leurs données, Clauser et Freedman calculent la valeur expérimentale de la combinaison de mesures à confronter aux inégalités de Bell adaptées à leur expérience.

Ils trouvent alors une nette violation, par 6 écarts-types[1]. De plus, leurs résultats s'accordent parfaitement avec les prévisions quantiques – au grand dam de Clauser lui-même qui, comme il l'a souvent raconté, espérait l'inverse !

La même année, une autre expérience de test des inégalités de Bell est réalisée à Harvard par Richard Holt, sous la direction de Francis Pipkin[2]. Le principe est similaire, mais le montage expérimental est très différent. D'abord, Holt et Pipkin utilisent une cascade radiative dans l'atome de mercure et non pas de calcium. Les atomes ne sont plus dans un jet atomique, mais dans une ampoule de verre que l'on a préalablement évacuée, et ils sont excités par bombardement électronique et non par absorption de photons ultraviolets. Les polariseurs ne sont pas des polariseurs à pile de glaces, mais des polariseurs traditionnels employant des cristaux biréfringents, dont on utilise une seule voie de sortie. Les supports mécaniques permettent seulement de les mettre en place dans l'une des deux positions correspondant aux orientations relatives de 22,5° ou 67,5° ; on ne peut pas faire tourner les deux polariseurs tout en gardant le même angle relatif des directions d'analyse. Bien sûr, on peut aussi les retirer du faisceau, pour suivre la procédure de l'article CHSH. Holt et Pipkin font alors des mesures dans les orientations permettant de tester les inégalités BCHSH. Verdict : leurs résultats respectent ces inégalités. Ils sont à 3 écarts-types en dessous de la limite fixée par ces inégalités, et sont donc en désaccord net

---

1. L'écart-type permet de caractériser l'incertitude estimée sur le résultat d'une mesure, résultant de l'agrégation d'un nombre suffisamment grand de données pour lesquelles on fait l'hypothèse que les fluctuations sont aléatoires et indépendantes d'une mesure à l'autre. On montre alors que la distribution des résultats est une loi de Gauss dont la demi-largeur « standard » est caractérisée par l'écart-type. En physique expérimentale, on considère que la valeur vraie est très probablement dans un intervalle de plus ou moins 3 écarts-types. Une différence de 5 écarts-types paraît donc fournir un résultat incontestable, mais en physique expérimentale on a des exemples où des mesures ultérieures ont montré que ce n'était pas le cas, car il y avait des effets systématiques passés inaperçus. Pour en savoir plus, voir le complément C6.1 du chapitre 6.

2. Voir la thèse de Holt (1973), présentée au département de physique de l'université Harvard. Les résultats n'ont jamais été publiés dans un article consacré spécifiquement à cette expérience, mais ils ont été présentés par Pipkin dans un article de revue publié six ans plus tard, en 1978. Voir Pipkin (1979).

avec la prédiction quantique ainsi qu'avec les résultats de Clauser et Freedman.

Devant ces résultats, Holt et Pipkin réagissent en bons physiciens : ils communiquent les détails expérimentaux aux experts capables de détecter un éventuel défaut de leur expérience, notamment Clauser, mais personne ne trouve de problème flagrant. Ils vont alors conclure qu'il faut qu'un autre groupe, dans un autre laboratoire, utilisant du matériel différent, répète cette expérience. C'est Clauser lui-même qui relève le défi en 1975[1]. Il reprend le même schéma atomique dans le mercure que celui de Holt et Pipkin, mais il utilise son propre système de polariseurs à pile de glaces. Après plus de quatre cents heures d'accumulation de données, il trouve un résultat en accord avec les prédictions quantiques et une violation des inégalités de Bell par 4 écarts-types, en contradiction avec les résultats de Holt et Pipkin. Dans ce match Berkeley contre Harvard, la mécanique quantique prend l'avantage, avec deux expériences en sa faveur contre une qui la contredit.

5.6. *L'irruption du laser*

En 1976, une nouvelle expérience va permettre de tester les inégalités de Bell avec une bien meilleure source de photons intriqués en polarisation. À cette époque, on sait que les deux expériences de Clauser donnent des résultats contradictoires avec celle de Holt et Pipkin. Même si les résultats de Clauser semblent plus convaincants que ceux de Holt et Pipkin, il est souhaitable de réaliser une nouvelle expérience. C'est ce que vont faire Edward Fry et Randall Thompson[2] à Texas A&M University, à College

---

1. Voir Clauser (1976).
2. Voir Fry et Thompson (1976).

Station, une petite ville du Texas que l'on croirait sortie d'un décor de western. À la création de l'université, A&M voulait dire Agricultural and Mechanical, mais les sujets ont évolué et Fry a obtenu des crédits pour son expérience. A-t-il entretenu la confusion entre *mechanical* et *quantum mechanical* ?

Quoi qu'il en soit, il profite d'une innovation majeure qui améliore considérablement le montage expérimental : le laser, qui fournit une lumière aux propriétés remarquables. Le laser a été inventé en 1960 ; mais pendant de nombreuses années, ces instruments ne pouvaient émettre de la lumière qu'à des fréquences bien précises. Or aucune d'entre elles ne permettait d'exciter les atomes de la source de Clauser et Freedman ou de celle de Holt et Pipkin. Mais au début des années 1970, on voit apparaître de nouveaux lasers dits « accordables », dont on peut faire varier la longueur d'onde de façon significative. Fry a eu la chance de bénéficier du développement de ces lasers. L'utilisation d'un tel appareil, très rare à l'époque, a d'énormes avantages. D'abord, comme l'énergie des photons laser est très bien déterminée, on peut exciter les atomes exclusivement dans le niveau qu'on veut. De plus, le faisceau laser peut être concentré sur un tout petit volume, ce qui permet d'avoir une source de paires de photons toute petite. Or, en optique, plus la source est petite, plus le montage qui suit est simple – j'y reviendrai à propos de mes expériences. Dans ces conditions, Fry et Thompson mènent une expérience plus convaincante que les précédentes, et obtiennent des résultats qui violent sans ambiguïté les inégalités de Bell et confirment les prédictions de la mécanique quantique. Certes la violation des inégalités de Bell est du même ordre de grandeur que celles obtenues par Clauser, de 5 écarts-types, mais la taille des instruments d'optique utilisés est plus faible et les durées d'acquisition des données sont beaucoup plus courtes que dans les expériences précédentes. C'est pour cela que l'on considère cette expérience comme plus convaincante.

5.7. Fin du premier round

À ce stade, la majorité des expériences destinées à tester les inégalités de Bell dans les années 1970 trouvent une violation de ces inégalités en accord avec les prédictions de la mécanique quantique[1]. Seulement, elles nécessitent un certain nombre d'hypothèses supplémentaires liées aux techniques imparfaites de l'époque. De plus, aucune d'entre elles n'a mis en œuvre le schéma suggéré par Bell, dans lequel on change l'orientation des polariseurs après que les photons ont quitté la source. De ce fait, elles reposent toutes sur la condition de localité de Bell, que j'ai présentée dans le chapitre précédent. C'est à ce moment que j'entre en scène, avec la volonté de réaliser une expérience plus fidèle au schéma de Bell. Mais avant de mener une telle expérience, loin d'être simple sur le plan technique, je vais commencer par m'attacher à développer une source de paires de photons intriqués incommensurablement plus efficace que les sources précédentes. Ce sera la clef du succès, comme je l'explique dans le chapitre suivant.

---

1. Il faut ajouter aux expériences décrites dans ce chapitre celle de Mohamed Lamehi-Rachti et Wolfgang Mittig, réalisée dans les laboratoires du CEA à Saclay (Lamehi-Rachti et Mittig, 1976). Cette expérience utilise non pas des photons mais des protons, des noyaux d'hydrogène produits dans un accélérateur. Elle souffre de l'absence de vrais polariseurs pour les protons, comme l'expérience de Wu et Shaknov souffrait de l'absence de vrais polariseurs pour les photons gamma. Elle ne permet donc pas de tester les inégalités de Bell, mais elle donne un résultat en accord avec les calculs quantiques. Notons aussi qu'il y a eu plusieurs expériences analogues à celle de Wu et Shaknov, mais qu'elles souffrent toutes du même problème, à savoir l'absence de polariseurs.

L'essentiel

Le théorème de Bell ouvre la possibilité de trancher expérimentalement le débat entre Bohr et Einstein sur l'interprétation du formalisme quantique ; mais le passage de la théorie à l'expérience n'est pas immédiat. Il faut à la fois trouver des particules pour lesquelles on peut faire des mesures sur des observables dichotomiques et établir une nouvelle forme des inégalités de Bell tenant compte des imperfections du montage. C'est sur ce problème que vont se pencher John Clauser, Michael Horne, Abner Shimony et Richard Holt. Dans leur article dit « CHSH » publié en 1969, ils montrent que des paires de photons corrélés en polarisation sont de bons candidats pour tester les inégalités de Bell et proposent une méthode pour les produire.

Ces inégalités de Bell modifiées, appelées « BCHSH », constituent donc un critère pour départager en laboratoire la position de Bohr de celle d'Einstein. En particulier, une violation de ces inégalités dans une expérience réelle viendrait conforter la mécanique quantique, à condition d'admettre que l'efficacité limitée des détecteurs de photons n'entraîne pas de biais dans les mesures. Cette hypothèse dite « de l'échantillonnage non biaisé » est également indispensable pour exploiter les résultats des premières expériences qui utilisent des polariseurs à une seule voie de sortie.

Deux équipes vont se lancer dans l'aventure : l'une à Harvard avec Holt et Pipkin, l'autre à Berkeley avec Clauser et Freedman. Surprise : les résultats, publiés en 1972, sont contradictoires ! Clauser et Freedman trouvent une violation des inégalités de BCHSH, en excellent accord avec le résultat du calcul quantique, tandis que Holt et Pipkin obtiennent des résultats qui respectent les inégalités de BCHSH, conformément aux théories locales à paramètres supplémentaires et en désaccord avec les calculs quantiques.

Deux nouvelles expériences, dont les résultats sont publiés en 1976, vont faire pencher la balance en faveur de la violation des inégalités de Bell et donc de la mécanique quantique :

celle de Clauser, toujours à Berkeley, et celle de Fry et Thompson à Texas A&M University. Néanmoins, aucune de ces expériences ne peut s'affranchir de l'hypothèse de localité de Bell, selon laquelle le choix d'une direction d'analyse pour un polariseur n'affecte pas la mesure par l'autre polariseur. Or, en 1964, Bell lui-même a indiqué que l'on pourrait se passer de cette hypothèse de localité en la faisant découler du principe de causalité relativiste d'Einstein. Pour cela, il faudrait mettre en place une expérience dans laquelle les orientations des polariseurs seraient modifiées pendant que les photons se propagent entre la source et les polariseurs. C'est dans une telle expérience que je vais me lancer, à partir de 1975.

Principe d'un polariseur
à pile de glaces

Les polariseurs à pile de glaces sont des instruments reposant sur des technologies datant de plus d'un siècle. Si j'ai décidé de les présenter ici, c'est que les premières expériences ayant permis d'observer la violation des inégalités de Bell ont été menées à bien grâce à de tels polariseurs. C'est aussi l'occasion de mettre en valeur une technologie dont le principe est particulièrement élégant et d'honorer quelques remarquables pionniers de l'optique classique.

Depuis Augustin Fresnel, on sait que la lumière est une onde transverse, c'est-à-dire constituée d'une grandeur qui vibre perpendiculairement à la direction de propagation de l'onde. Fresnel imaginait un milieu élastique, l'éther, et la grandeur vibrante était le déplacement transversal des particules d'éther. Avec Maxwell, en 1865, on découvre la véritable nature de la lumière : c'est une onde électromagnétique, et la grandeur vibrante de Fresnel est le vecteur champ électrique qui oscille perpendiculairement à la direction de propagation.

Ce modèle permet de rendre compte de nombreuses observations, traduites en lois plus ou moins empiriques par David Brewster, Étienne Louis Malus et d'autres, et démontrées de façon rigoureuse par Fresnel et Maxwell. La polarisation de la lumière est un vecteur perpendiculaire à la direction de propagation : on peut donc le considérer comme la somme de deux composantes orthogonales dans le plan orthogonal à cette direction de propagation.

Intéressons-nous ici à la réflexion oblique de la lumière sur une surface de verre. Une partie de la lumière est réfléchie, mais Brewster a observé que les fractions réfléchies ne sont pas égales pour les deux composantes de polarisation. Ces deux composantes sont définies par rapport au plan d'incidence, qui contient le rayon incident et la normale à l'interface. C'est le plan de la figure 5.7. Brewster a découvert qu'il existe un angle d'incidence, appelé aujourd'hui « angle de Brewster », pour lequel la composante dans le plan d'incidence, celui de la figure 5.7, n'est pas réfléchie du tout, à la différence de la

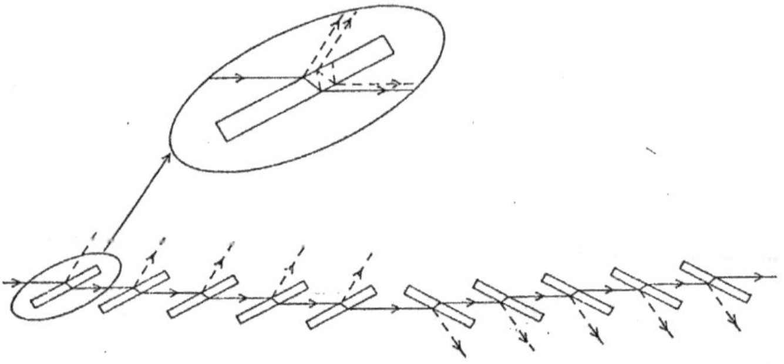

Figure 5.7. Schéma d'un polariseur à pile de glaces. Le fait d'utiliser autant de lames inclinées dans un sens que dans l'autre permet d'annuler le décalage latéral du faisceau en sortie du polariseur. *(Schéma extrait d'Aspect (1983), p. 262.)*

composante perpendiculaire au plan d'incidence, qui est partiellement réfléchie. Si on considère maintenant un empilement de lames de verre à l'angle de Brewster, une fraction de la composante perpendiculaire est éliminée à chaque lame, tandis que la polarisation dans le plan d'incidence est parfaitement transmise. Le calcul montre qu'avec le montage de la figure comportant dix lames, donc vingt interfaces, on a en principe un polariseur quasiment parfait, qui bloque la polarisation perpendiculaire au plan d'incidence et qui laisse passer 100 % de la polarisation dans le plan d'incidence. C'est un polariseur à une voie.

En pratique, les performances sont un peu dégradées lorsque le polariseur est utilisé dans l'expérience, dans la mesure où les rayons du faisceau incident ne sont pas exactement parallèles entre eux ; ils n'arrivent donc pas tous sur les lames à l'angle de Brewster. Ainsi, les polariseurs à pile de glaces réalisés par les ateliers de l'Institut d'Optique pour ma thèse ont une transmission résiduelle de 3 % pour la composante perpendiculaire au plan d'incidence, qui devrait être complètement éliminée, et 97 % pour la composante parallèle au plan d'incidence, qui devrait être complètement transmise. Les performances des polariseurs de Freedman et Clauser (voir la figure 5.8) sont du même ordre, 3,8 et 96 %. Ces performances sont supérieures à celles d'autres types de polariseurs disponibles à l'époque. Par exemple, les deux polariseurs de Holt ne transmettent respectivement que 88 et 92 % de la « bonne » polarisation des photons v_1 et v_2. En revanche ils bloquent complètement les polarisations orthogonales à la direction d'analyse. Dans les deux cas, les performances étaient suffisantes pour faire un test valable des inégalités de Bell.

Figure 5.8. Polariseur à pile de glaces utilisé par Clauser et Freedman pour leur expérience de 1972. La face latérale a été ôtée afin de montrer les lames de verre à l'angle de Brewster. Comparer avec la figure 6.7, qui montre les polariseurs à pile de glaces construits à l'Institut d'Optique pour ma thèse.

2. Les fondations (1975). Alain Aspect vide les seaux de sable dans les tonneaux qui serviront de socle à la source de photons intriqués. *(Photothèque Institut d'Optique.)*

4. Le cœur de l'expérience. On distingue l'enceinte à vide contenant le jet atomique (au milieu), avec de part et d'autre les fenêtres d'entrée des lasers d'excitation, ainsi que les voies de sortie des photons intriqués (protégées par les gros tuyaux en plastique). *(Photothèque Institut d'Optique.)*

5. Au tableau. Le schéma de l'expérience. *(Archive personnelle.)*

6. Les polarisations. Alain Aspect en pleine explication. *(Archive personnelle.)*

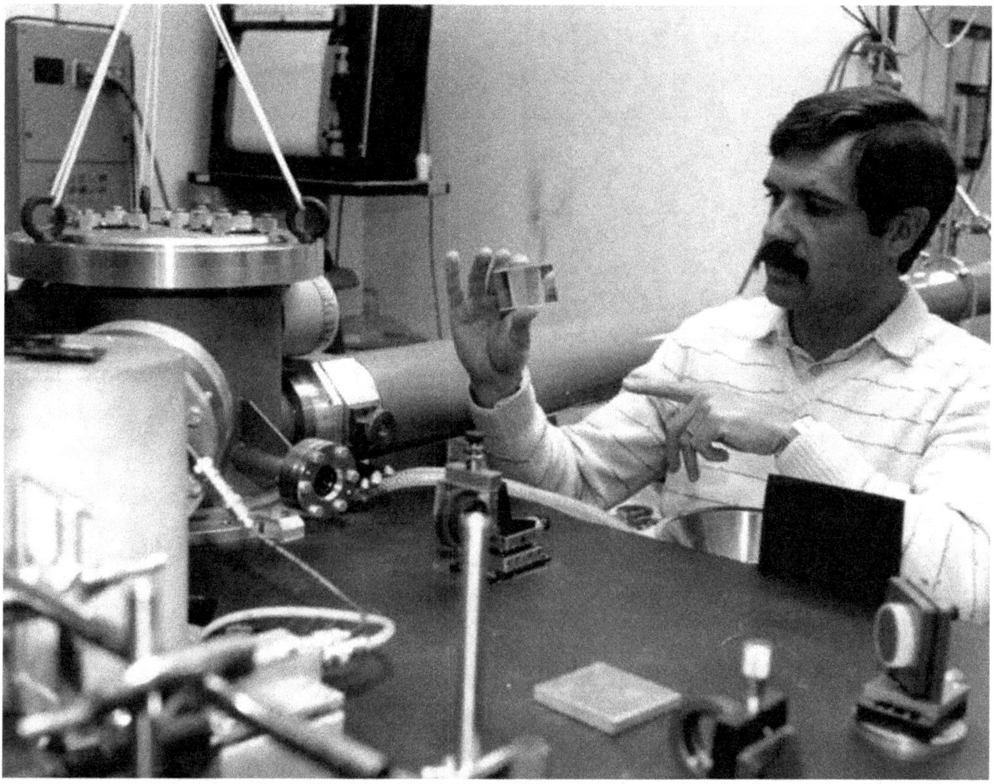

7. Le cube polariseur. C'est
l'élément clef de la deuxième
expérience (décembre 1981).
(Archive personnelle.)

**8. Le commutateur acousto-
optique.** Cet aiguillage optique
est l'élément clef de la troisième expérience (1982).
(Photothèque Institut d'Optique.)

9. Les voies de sortie de l'aiguillage optique. *(Photothèque Institut d'Optique.)*

10. L'électronique des années 1970. Artisanale, mais efficace. *(Photothèque Institut d'Optique.)*

11. Le café du matin. Philippe Grangier et Alain Aspect préparent leur journée (vers 1981). *(Archive personnelle.)*

12. La soutenance de thèse, le 1ᵉʳ février 1983. Le candidat, Alain Aspect, échange avec John Bell (*de face*) et Christian Imbert (*de profil*). On devine Claude Cohen-Tannoudji, également membre du jury, tout à droite. L'amphithéâtre du bâtiment 503 du campus d'Orsay de l'université Paris-Saclay porte aujourd'hui le nom d'Alain Aspect. *(Archive personnelle.)*

13. Les atomes froids dans le groupe de Claude Cohen-Tannoudji (1988). *Au premier plan,* Claude Cohen-Tannoudji et Alain Aspect. *Au second plan,* en polo bleu, on voit Jean Dalibard. *(Archive personnelle.)*

14. Le prix Nobel de physique 1997 pour le refroidissement d'atomes par laser. *De gauche à droite :* Bill Phillips (lauréat), Alain Aspect, Jean Dalibard et Christophe Salomon (les trois mousquetaires) et Claude Cohen-Tannoudji (lauréat). *(Archive personnelle.)*

15. Prêts pour la cérémonie officielle du prix Nobel 2022. Alain Aspect en compagnie de Jean Dalibard et Philippe Grangier. *(Archive personnelle.)*

16. Le moment émouvant. Le roi de Suède remet le prix Nobel à Alain Aspect le 10 décembre 2022, date anniversaire de la mort d'Alfred Nobel. *(© Nobel Prize Outreach. Photo : Clément Morin.)*

17. Retour à la source : le trio d'origine, cinquante ans plus tard, à l'Académie des sciences. Alain Aspect, insigne Nobel à la boutonnière, entouré de ses deux ingénieurs, André Villing (*à gauche*, électronique et informatique) et Gérard Roger (*à droite*, optique et mécanique). *À l'arrière-plan*, Philippe Grangier et Jean-François Roch, avec qui ont été réalisées de belles expériences d'interférences à un seul photon, dans le schéma « à choix retardé de Wheeler ». *(Archive personnelle.)*

CHAPITRE 6

Institut d'Optique, acte I : des débuts prometteurs

À la recherche d'un sujet de thèse d'État, je découvre en 1974 dans un petit article de John Bell le raisonnement d'Einstein et ses collaborateurs (EPR) concluant qu'il faut compléter la mécanique quantique – un raisonnement qui me convainc complètement, mais que Niels Bohr conteste. Et surtout, c'est dans cet article que l'on trouve ce que l'on appelle aujourd'hui le théorème de Bell, qui montre que l'on peut trancher le débat entre Einstein et Bohr par une expérience. À la lecture de cet article, je ressens un véritable coup de foudre et je décide que ma thèse portera sur ce sujet. Une visite à John Bell au CERN, à Genève, me convainc de mettre mon projet à exécution, malgré une atmosphère générale peu favorable. Un jeune professeur de l'Institut d'Optique, Christian Imbert, m'accueille dans son groupe, mais je dois monter mon expérience à partir de zéro, dans un institut où personne ne maîtrise les techniques dont j'ai besoin. Grâce à l'aide que je recevrai de divers laboratoires et des services techniques de l'Institut d'Optique, je parviens à construire en cinq ans une source de paires de photons intriqués aux performances inédites et un système de détection de photons optiques en coïncidence sans équivalent en France. Mon équipe, constituée avec deux ingénieurs, puis renforcée par deux étudiants qui débutent en recherche expérimentale, réussit en 1981 à effectuer deux tests des inégalités de Bell, d'abord dans une configuration analogue aux précédentes, puis en suivant un schéma expérimental nouveau. En plus de perfectionner les expériences précédentes et d'apporter de nouveaux résultats de haut niveau, ces deux expériences montrent le potentiel de notre dispositif en vue de l'expérience ultime projetée, celle avec polariseurs variables, qui sera présentée au chapitre 7.

De retour du Cameroun en 1974, après trois ans passés à Yaoundé en tant qu'enseignant volontaire du service national, je prends un poste de maître-assistant à l'ENSET, l'École normale supérieure de l'enseignement technique (devenue en 1985 l'ENS de Cachan puis en 2014 l'ENS Paris-Saclay[1]) et je commence à chercher un sujet pour ma thèse d'État. Je « fais le tour des popotes », comme on dit, en visitant plusieurs laboratoires de l'université d'Orsay (devenue ensuite l'université Paris-Sud, puis la composante universitaire de l'université Paris-Saclay). J'espère trouver un sujet à la frontière entre mes deux sujets de prédilection, l'optique et la mécanique quantique. L'optique classique me passionne depuis le lycée et a peu de secrets pour moi, alors que la mécanique quantique est un savoir tout frais. Je l'ai étudiée au Cameroun dans le livre de Claude Cohen-Tannoudji, Bernard Diu et Franck Laloë, qui venait juste d'être publié et qui allait devenir au fil des années un best-seller mondial[2].

J'apprends alors que Christian Imbert, un jeune professeur de l'Institut d'Optique, vient de créer un tout nouveau groupe de recherche intitulé « Expériences fondamentales en optique ». Ingénieur opticien, il a passé une thèse d'État sur un effet fondamental lié à la réflexion totale de la lumière. On me dit qu'il a encouragé des expériences d'interférences lumineuses à très basse intensité[3], considérées à l'époque comme répondant à la question : un photon interfère-t-il avec lui-même[4] ? Je lui demande donc un rendez-vous pour savoir s'il aurait une proposition de thèse dans cette veine. Il me reçoit dans son bureau, à l'Institut

---

1. Elle a depuis 2021 déménagé sur le plateau de Saclay et a rejoint mon autre maison, l'Institut d'Optique, au sein de l'université Paris-Saclay.

2. Voir Cohen-Tannoudji, Diu et Laloë (2018). Ce livre, traduit en plusieurs langues, est une référence pour les physiciens utilisant la mécanique quantique.

3. Voir Bozec, Cagnet et Roger (1969).

4. Près de dix ans plus tard, grâce aux cours de Claude Cohen-Tannoudji au Collège de France, je me rendrai compte que ces expériences ne répondaient en fait pas vraiment à la question. C'est pourquoi je proposerai à Philippe Grangier d'utiliser la source de photons intriqués décrite dans ce chapitre pour réaliser une véritable expérience d'interférences à un seul photon. Cette expérience, que Philippe mènera avec brio pendant sa thèse, est aujourd'hui un classique décrit dans de nombreux cours d'optique quantique. Voir par exemple le MOOC en ligne : « Quantum optics 1 : Single photons », par Michel Brune et moi-même. Cette expérience sera présentée au chapitre 7.

d'Optique, le bâtiment 503 du campus d'Orsay. Je connais bien les lieux puisque j'y ai déjà effectué entre 1969 et 1971 une thèse de troisième cycle en holographie, un sujet emblématique de l'optique ondulatoire classique.

6.1. Un coup de foudre pour un projet de longue haleine

Lors de notre entretien, Imbert me remet une de ces boîtes vertes d'archivage contenant un certain nombre de documents où, me dit-il, je dénicherai peut-être un sujet intéressant. Je rentre donc chez moi et j'ouvre immédiatement cette fameuse boîte verte. Assez naturellement, je commence par le document le plus court : il s'agit de l'article d'un certain John Stewart Bell, basé au CERN à Genève. Je me souviens de ce moment comme si c'était hier. Je suis sidéré, bouleversé par cette lecture. Par un raisonnement d'une clarté extrême, Bell montre qu'il existe un critère expérimental pour départager les visions opposées de Bohr et d'Einstein sur l'interprétation du formalisme quantique, c'est-à-dire de l'ensemble des règles mathématiques permettant de décrire les situations expérimentales. Bohr et Einstein, ces deux géants de la physique ! Je suis enthousiasmé par ce résultat de Bell, et je me demande comment je pourrais apporter ma pierre à l'édifice. J'entreprends donc l'étude des autres articles et des deux mémoires de thèse présents dans le dossier, et je découvre que deux expériences destinées à trancher le débat ont déjà produit des résultats. Il s'agit de celle de Clauser et Freedman ainsi que de celle de Holt et Pipkin, que j'ai décrites au chapitre précédent. Surprise : elles fournissent des résultats contradictoires, ce qui peut donner envie de monter une nouvelle expérience pour apporter de nouveaux éléments en faveur de l'une ou de l'autre.

Seulement, je suis bien conscient qu'à l'Institut d'Optique, temple de l'optique classique, il n'y a pas l'expertise nécessaire pour développer rapidement un tel projet, qui nécessite la maîtrise des jets atomiques et du comptage de photons – pour ne citer que deux techniques indispensables. Moi-même, je ne sais rien des méthodes et des appareillages nécessaires, et j'ai conscience qu'il me faudra du temps pour les apprendre et les mettre en œuvre. Il paraît donc peu judicieux de monter une expérience similaire aux précédentes afin de trancher entre les résultats contradictoires. Des chercheurs possédant les compétences et le matériel nécessaires le feront certainement avant moi. Il faut donc que je trouve une idée suffisamment forte et nouvelle pour justifier un effort expérimental inédit qui, probablement, va me demander de nombreuses années de travail. Je vais trouver l'inspiration à la fin de l'article de Bell, que je lis et relis pendant les jours qui suivent, tout en m'imprégnant des articles d'Einstein, Podolsky et Rosen, de la réponse de Bohr, ainsi que des thèses de Freedman et de Holt décrivant leurs propres expériences. Mais quelle est cette idée ?

Rappelez-vous ce que j'ai expliqué au chapitre 4 : afin de décrire les corrélations EPR en suivant le point de vue d'Einstein, on introduit des paramètres supplémentaires attachés à chaque paire de photons intriqués. On aboutit alors aux inégalités de Bell, c'est-à-dire à un conflit entre le point de vue d'Einstein et les prédictions quantiques. Or la démonstration de ces inégalités repose sur la « condition de localité de Bell », à savoir que le résultat d'une mesure par l'un des polariseurs ne doit pas dépendre de l'orientation de l'autre polariseur, à l'autre extrémité de l'expérience. Selon cette même condition de localité, le choix aléatoire des paramètres supplémentaires de chaque paire de photons au moment de son émission ne doit pas dépendre de l'orientation des polariseurs qui font la mesure. Cette condition paraît raisonnable mais, en fait, qu'est-ce qui la justifie ?

Un élément de réponse est que l'on ne connaît pas d'interaction qui créerait une dépendance entre l'orientation d'un polariseur et le résultat d'une mesure faite par l'autre polariseur.

De même, on ne connaît pas d'interaction permettant aux polariseurs d'affecter l'émission des paires intriquées. Néanmoins, sur le plan théorique, rien ne permet d'exclure l'existence d'une telle interaction, puisqu'on se trouve dans un domaine nouveau, un territoire encore presque vierge aux frontières de la connaissance. Toutes les possibilités doivent donc être examinées, en particulier celle d'une interaction inconnue – à condition que celle-ci ne viole pas de loi fondamentale de la physique, et notamment qu'elle ne se propage pas plus vite que la lumière. L'enjeu est de taille car, si une telle interaction existe, alors les résultats des expériences menées dans les années 1970 ne permettent plus de conclure au rejet de la vision réaliste locale du monde d'Einstein. Pourquoi ? Parce que toutes ces expériences reposent sur la même procédure : on choisit un jeu d'orientations pour les polariseurs et on fait une série de mesures portant sur un nombre de paires de photons suffisamment grand pour obtenir un résultat précis lorsqu'on moyenne les données récoltées. On passe alors à un autre jeu d'orientations et on recommence. Dans ces expériences, les polariseurs sont statiques : autrement dit, pendant chaque série de mesures, leur orientation ne change pas. Cela leur laisse *a priori* tout le loisir de s'influencer mutuellement et/ou d'influencer la source de photons ! La condition de localité de Bell peut donc être contestée dans ces expériences, auquel cas la démonstration des inégalités de Bell ne tient plus. Il devient dès lors impossible d'utiliser les résultats des expériences pour trancher le débat entre Bohr et Einstein.

Anticipant cette objection, Bell fait remarquer à la fin de son article de 1964 qu'il est possible de faire reposer la condition de localité sur une base théorique solide : il suffit pour cela de changer rapidement l'orientation de chaque polariseur pendant que les photons sont « en vol », c'est-à-dire en train de se propager entre la source et les polariseurs. Cela change tout parce que, dans ce schéma, la condition de localité de Bell n'est plus une simple hypothèse : elle devient une *conséquence* de la relativité d'Einstein, ou plus précisément du principe de causalité relativiste. En effet, dans cette situation, l'information sur l'orientation d'un polariseur n'a *pas le temps* d'atteindre l'autre polariseur et d'influencer sa mesure avant que celle-ci n'ait lieu. Elle ne pourrait le faire que si elle se propageait plus rapidement que la lumière, ce qui est exclu par le principe de causalité relativiste. De la même façon, l'émission des photons ne peut pas être influencée par les orientations des polariseurs, car celles-ci seront choisies après le moment où les photons sont émis[1].

Cette remarque de Bell me frappe, et j'en saisis immédiatement la portée. Transformer l'hypothèse de localité de Bell en une conséquence de la relativité d'Einstein viendra conforter l'idée que ce qui est en jeu dans le test des inégalités de Bell est l'ensemble des éléments qui constituent la vision du monde d'Einstein[2]. Cela mérite sans aucun doute une nouvelle expérience ! Tel est donc l'objectif que je me fixe pour ma thèse : faire un nouveau test des inégalités de Bell en changeant l'orientation des polariseurs suffisamment vite pour que la condition de localité de Bell ne soit plus une hypothèse, mais une conséquence directe du principe de causalité relativiste. Encore faut-il imaginer un dispositif crédible pour modifier aussi vite, en quelques nanosecondes, l'orientation d'un polariseur. Après quelques semaines, il me semble avoir trouvé une méthode pour résoudre ce problème.

6.2. *La visite à Genève*

Je retourne donc voir Christian Imbert à l'Institut d'Optique pour lui présenter mon projet. Accepterait-il de me prendre en thèse pour monter une telle expérience ? Je n'ai pas besoin de

---

1. Nous y reviendrons au chapitre 7.
2. Quand on lit attentivement l'article d'Einstein, Podolsky et Rosen, on s'aperçoit que leur raisonnement s'appuie sur l'indépendance des comportements des appareils de mesure, justifiée par leur séparation. Et il ne fait aucun doute que lorsque Einstein parle de séparation, il a en tête ce que l'on appelle en relativité une « séparation du genre espace », telle qu'aucun signal ne peut être échangé entre deux événements ainsi séparés, car celui-ci devrait aller plus vite que la lumière.

salaire, puisque j'ai déjà un poste d'enseignant-chercheur à l'ENS de Cachan. Certes, de longues années seront sans doute nécessaires, mais il est fréquent à l'époque que les thèses d'État durent longtemps, surtout lorsqu'elles portent sur un sujet nouveau, généralement confié à un chercheur titulaire d'un poste, comme moi. Imbert se montre tout à fait intéressé par ce que je lui explique, mais me dit qu'il n'est pas assez compétent pour juger de la pertinence de mon idée. Il me propose alors de m'offrir le voyage à Genève pour que je puisse recueillir l'avis de John Bell lui-même. C'est ainsi que je le rencontre pour la première fois au printemps 1975, dans son bureau du CERN à Genève. Comme je le raconte dans l'introduction de ce livre, il est le premier à me prévenir que travailler sur ce sujet est risqué pour ma carrière et que je me heurterai à l'ironie, voire à l'hostilité de la majorité des physiciens en place. Mais j'ai la chance d'avoir un poste stable et je le lui dis ; il accepte alors de parler du fond de ma proposition. Il porte un jugement positif sur l'idée de faire varier rapidement l'orientation des polariseurs, dans la continuité de son article de 1964. Pour lui, c'est effectivement une expérience importante à mener ; mais il ne se prononce pas sur la validité de la méthode que j'imagine pour réaliser les changements rapides d'orientation des polariseurs. En revanche, il me recommande de publier un article pour expliquer mon projet. Il termine par un dernier conseil : il ne faut pas passer une fraction trop importante de son temps à réfléchir aux fondements de la mécanique quantique, car on y risque sa santé mentale. Lui-même considère ses travaux sur ce sujet comme une sorte de violon d'Ingres, son activité principale étant consacrée à des calculs tout à fait orthodoxes sur les particules élémentaires – ce qui est le cœur de métier des physiciens du CERN.

À cette époque où je manque d'interlocuteurs capables de réagir à ma proposition, la discussion avec Bell est déterminante, car je suis désormais certain de la pertinence de mon projet. Je dois ici mentionner une autre rencontre marquante, avant ma visite au CERN : celle avec Bernard d'Espagnat, un théoricien d'envergure alors professeur à Orsay. Après des travaux sur les particules, il s'est tourné vers les questions relatives aux fondements de la physique quantique, jusqu'à devenir spécialiste de ce domaine auquel il a consacré un ouvrage de référence, que j'ai lu. C'est auprès de lui que je trouve un expert qui peut m'éclairer sur les questions de fondements, mais aussi valider mes calculs quantiques. Nombreux sont les physiciens qui auraient pu m'accompagner dans ma réflexion ; mais la plupart pensent que ces recherches ne sont qu'une perte de temps et seraient réticents à m'encourager dans une voie qu'ils jugent sans intérêt. Bernard d'Espagnat, au contraire, est toujours disponible pour me recevoir dans son bureau et répondre à mes questions. C'est lui qui relit et critique les manuscrits des articles où je présente mon projet, et que je soumets pour publication dans des revues internationales comme John Bell me l'a conseillé[1]. Cela rassure Christian Imbert de savoir qu'un théoricien français du calibre de d'Espagnat soutient ma démarche et valide mon projet. Quant à moi, je ne peux plus en douter : j'ai bel et bien trouvé mon sujet de thèse.

Je me fixe assez rapidement un programme de recherche. Je commencerai par reproduire les expériences de mes prédécesseurs sur le modèle de celle de Clauser et Freedman de 1972. Cela me permettra de mettre au point le cœur de l'expérience, à savoir la source de photons intriqués, et de faire mon propre test des inégalités de Bell. Il m'apparaît évident que, si je ne retrouve pas *a minima* leurs résultats, je ne pourrai pas aller plus loin. Il faut procéder étape par étape, et à l'Institut d'Optique je ne peux en sauter aucune car ce type de recherche est totalement nouveau.

---

1. Voir Aspect (1975 ; 1976).

6.3. *Au commencement était le vide*

Il faut donc apprendre toutes les techniques dont j'aurai besoin pour mener à bien mon projet. Il s'agit d'abord de construire une source de photons intriqués, afin de réaliser une première expérience destinée à tester une nouvelle fois les inégalités de Bell avec un montage qui ressemble à celui de Clauser et Freedman, lui-même semblable à celui de Holt et Pipkin et à celui de Fry et Thompson. Il faut tout élaborer à partir de rien.

Christian Imbert m'attribue trois pièces en enfilade, au second sous-sol de l'Institut d'Optique. J'installerai la source dans la pièce du milieu et, quand je voudrai éloigner mes polariseurs, il suffira d'ouvrir les portes de communication avec les deux autres pièces pour pouvoir les placer à 6 mètres de la source de chaque côté. Mais pour l'instant, il faut une table optique sur laquelle positionner les éléments du montage. On ne badine pas avec l'optique de précision, et je vais être aidé par Gérard Roger, un excellent technicien opticien qui deviendra plus tard ingénieur en suivant les cours du soir du CNAM (Conservatoire national des arts et métiers). Imbert l'affecte à temps partiel à mon expérience, afin que je puisse bénéficier du savoir-faire de l'Institut d'Optique. Par exemple, j'apprends à utiliser une technique éprouvée consistant à déplacer délicatement les divers éléments du montage à petits coups de maillet sur une table optique plane, avant de les fixer avec de la cire. De plus, cette table optique ne doit pas ressentir les vibrations du plancher de la pièce. Aujourd'hui, on peut se procurer des tables montées sur coussin d'air, qui se retrouvent ainsi parfaitement découplées du plancher. Je ne sais pas s'il en existait en ces années 1970, mais de toute façon je n'aurais pas pu me les offrir, car je devais conserver mes maigres crédits pour des dépenses incontournables.

Gérard Roger a alors l'idée d'utiliser une technique déjà employée à l'Institut d'Optique consistant à placer notre table optique sur du sable contenu dans des cylindres métalliques d'environ 50 centimètres de diamètre ouverts aux deux extrémités et posés sur le sol. Au niveau de l'ouverture supérieure, une plaque métallique de diamètre inférieur à celui du cylindre reçoit le pied de la table optique. La plaque ne touche alors que le sable, pas les côtés du tube. De cette façon, les vibrations du sol ne sont pas transmises, car le sable les absorbe : la plaque sur laquelle repose la table optique est donc parfaitement isolée. Je m'inquiète que l'ensemble, « bâti sur du sable », ne se déplace lentement, mais ma crainte s'avérera infondée : une fois tassé, le sable constitue un support extrêmement stable. La structure restera en place pendant des décennies sans jamais montrer de défaut, longtemps après mon départ de ce laboratoire dont héritera Philippe Grangier en 1987. Quand on n'a pas suffisamment de crédits, il faut savoir trouver des expédients peu onéreux, qui se révèlent parfois être d'excellentes solutions.

Je ne décrirai pas ici toutes les astuces qui nous ont permis de construire à moindres frais le cœur de l'expérience. Mais tout ne peut pas être bricolé. Grâce à un crédit déniché par Christian Imbert, je peux commander une enceinte étanche, des pompes à vide, des jauges de mesure de pression et diverses vannes et raccords, afin de construire l'enceinte où le vide sera suffisant pour le jet atomique que je veux construire. Comme je ne connais rien aux techniques du vide, j'inaugure la méthode que je suivrai toujours : je rends visite à des collègues qui maîtrisent le savoir-faire dont j'ai besoin et je recueille leurs conseils. Cela me donne l'occasion de leur parler de mon projet, qui les intrigue, parfois les intéresse. Dans tous les cas les chercheurs sont heureux de partager leurs connaissances, et parfois ils me prêtent du matériel dont ils n'ont plus l'usage. Ce matériel va me permettre de construire un jet atomique, dont beaucoup d'éléments sont fabriqués par les ateliers de mécanique et d'optique de l'Institut d'Optique, sur des plans préparés par le bureau d'études. Je découvre jour après jour les expertises de ces professionnels, tourneurs, fraiseurs, dessinateurs, polisseurs de verre. Leurs techniques m'intéressent beaucoup, je le leur manifeste, et ils mettent en œuvre avec enthousiasme leurs savoir-faire les plus sophistiqués, qu'ils sont fiers de me montrer.

Il me faudra plus d'un an pour finaliser la conception du jet atomique, réalisé à l'intérieur d'une enceinte dans laquelle on fait un vide suffisamment poussé pour que les atomes s'y déplacent sans entrer en collision avec le gaz résiduel. Cette enceinte est un cylindre d'axe vertical (voir la figure 6.1). Le long de cet axe, des atomes de calcium se propagent vers le haut,

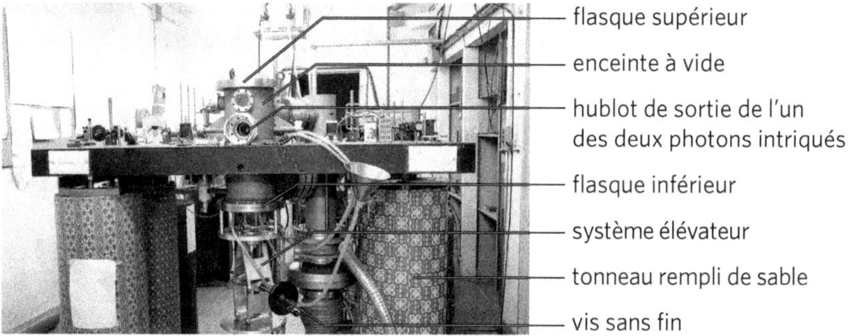

Figure 6.1. Enceinte à vide pour la source de paires de photons intriqués. Les photons sont émis par excitation laser d'atomes de calcium se propageant librement à l'intérieur d'une enceinte à vide, qui est un cylindre d'acier inoxydable d'axe vertical fermé aux deux bouts par deux flasques boulonnés. Le système de pompage permettant de faire le vide dans l'enceinte comprend une pompe primaire et une pompe secondaire. En fonctionnement standard, la pression résiduelle, d'un milliardième de la pression atmosphérique, est suffisamment faible pour que les atomes du jet ne soient pas perturbés par des collisions avec le gaz résiduel. Le flasque inférieur porte le four et tous les passages électriques et de circulation d'eau. Lorsqu'il est déboulonné et que la pression à l'intérieur de l'enceinte est revenue à la pression atmosphérique, il peut être dégagé vers le bas grâce à l'élévateur dont on voit bien la vis sans fin, au premier plan. Les cylindres, dont la décoration a été assurée par Gérard Roger, sont les tonneaux remplis de sable sur lesquels est posée la table métallique. Cette table, à laquelle est accrochée la pompe, porte aussi les optiques de focalisation des lasers effectuant l'excitation à deux photons. On voit de notre côté un hublot par lequel sort l'un des deux photons intriqués, l'autre partant vers l'arrière. De part et d'autre, les deux tubes fins portent des hublots inclinés à l'angle de Brewster (voir le complément C5.1 du chapitre 5) permettant le passage des deux faisceaux laser excitant les atomes. *(Photothèque Institut d'Optique.)*

à une vitesse de quelques centaines de mètres par seconde. C'est ce que l'on nomme un jet atomique, obtenu ici en plaçant des morceaux de calcium métallique dans une petite enceinte de quelques centimètres cubes, placée dans la partie inférieure de l'enceinte et chauffée à 800 °C. Le calcium passe alors de l'état solide à l'état gazeux, on dit qu'il se sublime, en donnant une vapeur d'atomes de calcium. Un petit trou permet aux atomes de s'échapper vers le haut, et une série de diaphragmes bloquent ceux qui ne se déplacent pas suivant l'axe. Pour concevoir ce jet, j'ai dû apprendre plusieurs techniques de l'ingénieur : techniques du vide, bien sûr, mais aussi techniques thermiques, car on ne met pas impunément un composant à 800 °C dans une enceinte à vide. Pour la mécanique, je me repose entièrement sur le bureau d'études et les ateliers de l'Institut d'Optique. Parmi les nombreux dispositifs remarquables qu'ils conçoivent et réalisent, je veux citer un système élévateur qui permet de soutenir et de dégager vers le bas le couvercle inférieur de l'enceinte à vide, un flasque qui porte le four et tous les passages électriques, ainsi que le circuit d'eau de refroidissement de l'écran qui entoure le four pour préserver le reste de l'enceinte. Cet élévateur provoque des commentaires ironiques compte tenu de sa sophistication (« A-t-on vraiment besoin d'un système aussi luxueux ? »). Il va en fait se révéler être d'une commodité exceptionnelle et un atout incomparable en permettant le rechargement du four en une heure, lorsque le calcium est épuisé[1].

Au printemps 1976, la construction du jet atomique étant programmée, il est temps de passer à la partie optique du montage. Mais avant d'attaquer cette partie, je vais participer à un symposium d'une semaine qui jouera un rôle crucial dans cette aventure : celui organisé à Erice en Sicile par Bell et d'Espagnat, sur le thème des expériences portant sur les fondements de la physique quantique (voir la figure 6.2).

---

1. Nous profiterons en particulier de cette possibilité la nuit où nous obtiendrons les premiers résultats de la troisième expérience, la plus importante. À 23 heures le four est vide, le jet atomique s'est éteint. Deux heures plus tard, l'expérience est à nouveau opérationnelle, et nous pouvons reprendre notre test des inégalités de Bell.

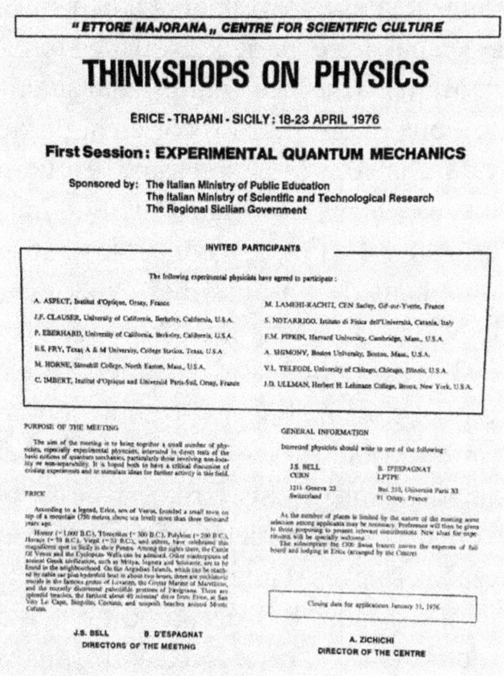

Figure 6.2. Affiche du colloque d'Erice sur les expériences en rapport avec les fondements de la physique quantique. *(Archives personnelles Alain Aspect.)*

6.4. *Échappée à Erice*

Erice est un de ces merveilleux lieux de conférences scientifiques dont les collègues italiens ont la garde et qu'ils partagent avec les scientifiques de tous les pays. Au cœur d'un magnifique village médiéval sicilien, des bâtiments anciens, par exemple des petites églises, ont été transformés en salles de conférences. Les participants logent dans d'anciennes cellules de moines munies du confort moderne et peuvent échanger en petit groupe dans les salles du monastère. Le directeur de l'époque, Antonino Zichichi, est physicien au CERN, comme John Bell, ce qui a sûrement facilité l'organisation de ce symposium.

Les physiciens invités appartiennent à la petite communauté de ceux intéressés par les expériences sur les fondements de la mécanique quantique. Une des figures marquantes est Abner Shimony, philosophe et physicien théoricien, un des auteurs de l'article CHSH dont je vous ai déjà parlé. C'est lui qui, lors d'un séjour à l'université d'Orsay, a fourni à Christian Imbert le dossier dans lequel j'ai trouvé l'article de Bell et les autres documents que j'ai cités plus haut. Il y a aussi des expérimentateurs dont Clauser, Pipkin et Fry, qui présentent leurs résultats de test des inégalités de Bell. C'est là que je les rencontre pour la première fois, de même qu'Anton Zeilinger, présent pour parler de ses expériences d'interférométrie avec des neutrons. Il ne passera aux photons que des années plus tard, mais c'est probablement à Erice qu'il en réalise le potentiel. Christian Imbert a été invité pour parler des expériences d'interférences à très bas niveau de lumière dont l'auteur, Patrick Bozec, a quitté la recherche pour une carrière industrielle. À cette occasion, Imbert va pouvoir observer la réaction positive des scientifiques devant la présentation de mon projet.

À la différence de la majorité des physiciens, qui pensent que ce sujet est sans intérêt, tous les participants trouvent les questions sur les fondements de la physique quantique dignes d'être soulevées. Tous... sauf un ! Les organisateurs ont en effet eu la bonne idée d'inviter un « avocat du diable », Valentine Telegdi, dont le rôle est de critiquer la pertinence du contenu des présentations. C'est un physicien américain d'origine hongroise, de grande réputation, qui prétend ne pas être intéressé par les discussions sur l'interprétation de la physique quantique. J'ai avec lui des conversations très enrichissantes sur l'intérêt de l'expérience que je projette. À ma question : « Vous ne me laisseriez pas faire mon expérience dans votre laboratoire, n'est-ce pas ? », il répond dans un français parfait : « Je ne proposerais jamais un tel sujet à un étudiant, mais si vous veniez me le présenter avec l'enthousiasme que vous montrez, je vous ferais certainement une place dans mon laboratoire ! » Cet échange avec lui m'a encouragé à ne pas rester confiné dans le cercle restreint des physiciens intéressés par les fondements et à ne pas hésiter à expliquer mon projet à quiconque veut bien m'écouter.

Encore plus cruciale : ma rencontre avec Franck Laloë, l'un des auteurs de la « bible quantique », le « Cohen-Tannoudji, Diu, Laloë », dans lequel j'ai appris les bases de la mécanique quantique pendant mes années au Cameroun. Mais que fait-il là, lui que je pense être un pur représentant de l'orthodoxie de Copenhague ? Il m'apprend qu'il est très intéressé par les discussions sur les fondements de la physique quantique[1], et il se réjouit que je me sois lancé dans un programme expérimental sur le sujet. Cette rencontre est essentielle pour moi. Grâce à elle, je vais désormais avoir dans le milieu de la physique atomique et de l'optique quantique parisienne un interlocuteur privilégié qui est une référence de haut niveau. Je pourrai m'adresser à lui quand j'aurai besoin d'aide sur la physique standard, mais aussi pour parler de points subtils sur les théories à paramètres supplémentaires, les inégalités de Bell ou encore le raisonnement EPR. C'est aussi grâce à Franck que je serai mis en contact avec Claude Cohen-Tannoudji en 1979, ce qui aura une influence importante sur la suite de ma carrière. En effet, quelques années après nos premiers échanges, Claude m'invitera en 1985 à le rejoindre au laboratoire de physique de l'ENS de Paris pour démarrer un programme de recherche sur le refroidissement d'atomes par laser, avec Jean Dalibard puis Christophe Salomon. Cela me donnera l'occasion de connaître une première fois les fastes des cérémonies Nobel, quand les « trois mousquetaires », Jean, Christophe et moi, accompagnerons Claude à Stockholm en 1997 pour la remise de son prix[2].

Erice sera l'occasion d'une autre rencontre déterminante pour mon expérience : celle avec Edward Fry, qui présente alors ses tout récents résultats de violation des inégalités de Bell. Je le

---

1. Cet intérêt ne s'est pas démenti au cours des années, puisqu'il a publié un livre de référence sur le sujet. Voir Laloë (2011).

2. Le prix Nobel de physique 1997 a été remis à Steven Chu, Claude Cohen-Tannoudji et Bill Phillips « pour le développement de méthodes pour refroidir et piéger des atomes avec la lumière laser ».

questionne sur les points clefs de son expérience, dans laquelle le signal est beaucoup plus intense que dans celle de Clauser. Le plus important selon lui est l'utilisation d'un laser, et il m'exhorte à trouver un schéma d'excitation des atomes qui ait recours à cet instrument. Stimulé par ce conseil, je penserai bientôt au schéma à deux lasers qui me permettra de construire une source de paires de photons intriqués d'une efficacité encore bien plus grande que la sienne.

6.5. *Deux lasers sinon rien*

Après cette stimulante semaine à Erice, cette plongée dans un monde d'échanges enrichissants avec des collègues aux profils et aux personnalités variés, me voici « de retour sur terre », face aux défis que présente la réalisation de mon expérience. Si tout va bien, je disposerai dans quelques mois d'atomes de calcium se propageant librement dans le vide. Il faudra alors les exciter dans le niveau supérieur de la cascade radiative. Comme nous l'avons vu au chapitre précédent, les atomes constituent une source idéale pour fournir des paires de photons intriqués, à condition qu'on puisse les exciter vers un niveau particulier, celui noté e sur la figure 6.3. À partir de ce niveau, chaque atome se désexcite spontanément en émettant « en cascade » les deux photons intriqués v_1 et v_2[1] dont nous avons besoin. La nature effectue le travail pour nous ! Mais le passage à la pratique pose d'innombrables difficultés. À vrai dire, la construction et la mise au point de cette source de paires de photons me prendront près de cinq ans, mais elle sera la clef du succès des expériences qui suivront. Comment m'y suis-je pris ?

---

1. Remarquez que j'utilise la même notation, v_1 et v_2, pour nommer les photons aussi bien que leurs fréquences.

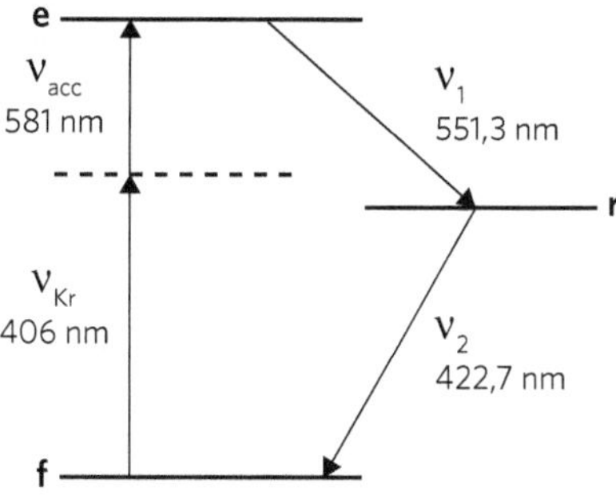

Figure 6.3. Excitation à deux photons de la cascade radiative du calcium émettant des photons intriqués. La transition directe de l'état f vers l'état e ou celle de l'état e vers l'état f sont impossibles par absorption ou émission d'un seul photon, pour des raisons fondamentales découlant de considérations de symétrie. Un atome porté dans l'état excité e ne pourra se désexciter qu'en émettant la paire de photons intriqués dont on a besoin (voir à nouveau la figure 5.3). Mais on ne peut pas porter l'atome dans l'état e par le processus simple et efficace d'absorption d'un seul photon. En revanche, on peut passer de l'état f à l'état e par une transition à deux photons du domaine visible tels que la somme de leurs énergies vaut exactement la différence entre les énergies de l'état e et l'état f ($h\nu_1 + h\nu_2 = E_e - E_f$). C'est ainsi que l'on procède, en ajoutant un photon $h\nu_K$ émis par un laser à krypton ionisé à un photon $h\nu_{acc}$ émis par un laser accordable à une fréquence choisie pour remplir exactement la condition $h\nu_K + h\nu_{acc} = E_e - E_f$, où E_e et E_f sont les énergies de l'atome dans les états e et f. C'est l'utilisation de ce processus, qui venait juste d'être mis en évidence à Paris par Bernard Cagnac et son équipe, qui nous a permis de mettre au point une source de paires de photons intriqués aux performances inédites, restées inégalées pendant plus de dix ans.

Obsédé par le conseil de Fry, « il faut utiliser un laser », je me heurte à l'impossibilité d'exciter le niveau e directement à partir du niveau fondamental. Le faire directement, que ce soit avec une lampe émettant de la lumière ultraviolette ou un laser, est impossible : la transition directe du niveau f vers ce niveau e est en effet interdite par une « règle de sélection » qui régit l'absorption et l'émission d'un photon entre niveaux atomiques. Une solution apparaît néanmoins lorsque j'entends parler d'un résultat récent obtenu par une équipe parisienne, formée de Bernard Cagnac et de ses deux jeunes collaborateurs, Gilbert Grynberg et François Biraben. Comme Claude Cohen-Tannoudji, Bernard Cagnac est une figure historique de l'école de physique créée à l'École normale supérieure de Paris par Alfred Kastler et Jean Brossel[1]. Il a montré avec son équipe qu'en concentrant deux faisceaux laser sur un atome, on peut ajouter les énergies des deux photons pour « monter » dans un niveau élevé. C'est le phénomène d'absorption à deux photons. Je comprends alors que si on utilise deux photons au lieu d'un, la règle de sélection n'interdit plus de passer directement du niveau fondamental f au niveau e. Eurêka ! J'ai trouvé un moyen d'exciter uniquement le niveau supérieur de la cascade, qui ne pourra se désexciter qu'en réémettant les deux photons intriqués dont j'ai besoin.

Dans l'expérience de 1973 de l'équipe de Cagnac, ainsi que dans celles réalisées un an plus tard à Harvard et au MIT, on utilise deux photons identiques dont l'énergie est exactement égale à la moitié de l'énergie nécessaire pour faire passer l'atome de l'état fondamental à l'état excité. Le processus demande une intensité lumineuse que seul un laser peut fournir, mais il faut disposer d'un laser dont on puisse régler la fréquence avec précision à la valeur voulue. Ce type de laser vient d'apparaître : on l'appelle « laser accordable », et quelques chercheurs en ont développé un prototype dans leur laboratoire. Mais dans mon cas, aucun ne fournira la fréquence nécessaire pour un schéma à deux photons égaux. J'ai alors l'idée d'utiliser deux photons inégaux, de fréquences différentes, émis respectivement par un laser à krypton ionisé et par un laser accordable à colorant (voir à nouveau la figure 6.3).

Vais-je devoir, comme François Biraben, construire mon propre laser accordable ? Cela ne me fait pas peur, car je pourrai

---

1. Alfred Kastler et Jean Brossel, chercheurs au laboratoire de physique de l'École normale supérieure de Paris, ont découvert et démontré expérimentalement un effet, le pompage optique, qui est un des concepts ayant conduit à l'invention du laser. Alfred Kastler recevra le prix Nobel 1966 pour cette découverte. Le laboratoire qu'ils ont fondé s'appelle aujourd'hui le laboratoire Kastler-Brossel (LKB).

m'appuyer sur les compétences en optique et en mécanique de précision des ateliers et du bureau d'études de l'Institut d'Optique ; mais en fait, j'apprends qu'une version commerciale d'un tel laser vient d'être mise sur le marché. Je soumets alors une demande de crédit pour l'acheter, afin d'avoir plus de temps à consacrer aux nombreux autres problèmes à résoudre pour faire avancer le projet. Miracle, quelques mois plus tard, je reçois la bonne nouvelle : le crédit m'est accordé. J'apprendrai beaucoup plus tard, bien après la fin de ma thèse, que l'organisme de financement avait demandé à Alfred Kastler d'expertiser ma demande et que son avis avait été favorable. Cela confirme son ouverture d'esprit légendaire, car on était encore à une époque où mon sujet sentait le soufre.

6.6. *Que la lumière soit*

Lorsque je rentre d'Erice, la société qui doit réaliser mon enceinte à vide n'a pas encore commencé le travail. Je ne m'en plains pas, car j'ai le temps d'apporter aux plans de l'enceinte à vide une modification permettant l'excitation par deux lasers, et non par une lampe à ultraviolet comme je l'avais prévu avant de partir à Erice.

Me voici à pied d'œuvre. Il va falloir concentrer deux faisceaux laser sur le jet atomique, sur un diamètre nettement inférieur à 0,1 millimètre, et les faire se recouvrir parfaitement. *A priori*, cela ne semble pas très difficile à réaliser si l'on peut accéder à l'intérieur de l'enceinte, ce qui est le cas lorsqu'elle est ouverte : il suffit alors de faire passer les lasers par un petit trou positionné à l'endroit où passera le jet, puis d'enlever ce trou une fois qu'on est sûr que les deux lasers se chevauchent. Mais en pratique, ce n'est pas si simple, car dès le moment où l'on fait le vide dans l'enceinte celle-ci subit des forces énormes, de plusieurs tonnes[1]. De ce fait, elle se déforme quand on met en marche les pompes, et l'alignement des lasers est perdu. Il faudra donc procéder par essais et erreurs, en partant d'une situation avec l'enceinte ouverte où les lasers ne sont pas exactement alignés, mais sont disposés de telle façon que l'alignement devienne parfait une fois que l'on fait le vide. Heureusement la déformation est toujours la même et, une fois le réglage correct obtenu, il se révèle parfaitement reproductible.

Il ne suffit pas que les lasers se chevauchent au niveau du jet atomique. Le plus difficile est de régler leurs fréquences de façon que leur somme ait une valeur donnée, précise à quelques mégahertz (MHz) près, soit quelques millions de hertz. Vous pourriez penser que c'est facile... mais en fait ça ne l'est pas du tout, car la fréquence de chaque laser est très grande devant ces quelques mégahertz, de l'ordre de plusieurs centaines de millions de mégahertz (quelque 10^{14} Hz). Contrôler la fréquence des lasers avec une précision de quelque 10^6 Hz implique donc une précision relative meilleure qu'une partie sur 100 millions (10^6 Hz / 10^{14} Hz). Cela est équivalent à régler la hauteur de la tour Eiffel à mieux qu'un centième de millimètre près ! La fréquence du laser à krypton étant fixe et bien connue, on peut calculer celle que l'on doit choisir pour le laser accordable. Le problème est que l'on ne dispose *a priori* d'aucune référence pour régler la fréquence de ce laser accordable, aucun étalon en quelque sorte. C'est comme si un musicien devait accorder son *la* sans diapason. Aujourd'hui, on dispose d'appareils de mesure qui permettent de déterminer avec précision la fréquence d'un laser ; mais rien de tel n'existe à l'époque. Il faut pourtant bien trouver un moyen de déterminer la fréquence à quelques dizaines de mégahertz près, après quoi on pourra modifier lentement cette fréquence jusqu'à la faire coïncider avec celle qui donnera la transition à deux photons. On le constatera par l'apparition de lumière aux fréquences v_1 et v_2. Seulement, je n'ai pas

---

1. La pression atmosphérique exerce une pression de 1 kg/cm^2 sur les parois extérieures de l'enceinte.

d'instrument pour connaître la fréquence de mon laser, ce qui rend difficile l'approche de la bonne valeur.

C'est grâce à des collègues du laboratoire voisin, le laboratoire Aimé-Cotton, que je vais trouver une solution. En utilisant des techniques spectroscopiques complexes, ces chercheurs ont mesuré avec précision la fréquence de centaines de milliers de raies d'absorption de la molécule d'iode, et ils ont répertorié ces raies dans un atlas dont ils m'ont fait cadeau. La fréquence dont j'ai besoin est quelque part dans cet atlas. Le spectre d'absorption montre l'intensité transmise à travers une cellule contenant une vapeur de molécules d'iode, et cette intensité décroît brutalement lorsque la fréquence est celle d'une raie d'absorption. L'idée consiste alors à balayer la fréquence de mon laser accordable sur une plage de 30 000 MHz et de mesurer l'absorption de cette lumière par des molécules d'iode contenues dans une cellule. J'obtiens ainsi une série de pics à des positions variées sur l'échelle des fréquences. Cette séquence sur 30 000 MHz est suffisamment caractéristique pour se repérer dans l'atlas. En particulier, dans une petite zone autour de la fréquence recherchée, ces pics forment une séquence facilement reconnaissable, une sorte de peigne aux dents disposées de façon unique et irrégulière (voir la figure 6.4). C'est en quelque sorte une empreinte digitale de la zone de fréquences où opère mon laser : si je reconnais la séquence dans le spectre que j'enregistre, je connaîtrai la fréquence de chacune des dents de mon petit peigne et je pourrai ainsi savoir si je me trouve dans la zone de fréquences qui m'intéresse ou si je dois au contraire me déplacer dans le spectre. La recherche de la bonne zone de l'atlas se fait « à l'œil », en reportant la séquence obtenue – le morceau de peigne détecté – sur un papier-calque transparent que l'on fait glisser ligne après ligne sur les pages de l'atlas, jusqu'à observer une coïncidence parfaite des séquences de dents. Je suis alors certain d'avoir trouvé la bonne zone de fréquences, puisque celle-ci est unique. C'est comme pour les empreintes digitales, il n'y en a a pas deux identiques.

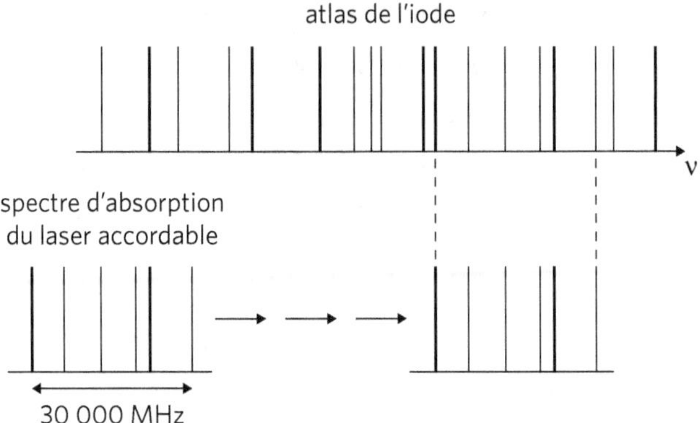

Figure 6.4. Se repérer dans l'atlas des fréquences des raies d'absorption de l'iode pour déterminer la fréquence du laser accordable. On balaie la fréquence du laser accordable de sorte à obtenir un spectre d'absorption sur une plage de 30 000 mégahertz. On cherche ensuite la zone de l'atlas où on retrouve la même séquence, ce qui permet de connaître la valeur des fréquences explorées par le balayage. Si on n'est pas dans la zone où se trouve la fréquence dont on a besoin, on modifie la plage de réglage du laser accordable et on recommence.

Nous voici armés pour exciter cette fameuse cascade. Comment saurons-nous que nous avons atteint notre but ? Tout simplement en observant les photons réémis, l'un dans le violet à 423 nanomètres, l'autre dans le vert à 551 nanomètres. Ceux-ci sont collectés par des lentilles de grande ouverture numérique[1], placées face à face à 5 centimètres de la zone émettrice dans la direction perpendiculaire aux faisceaux laser et à l'axe du jet (voir la figure 6.5). Ces lentilles ont pour effet de capturer un maximum de photons tout en transformant les faisceaux divergents issus de la source en faisceaux collimatés, aux rayons quasiment parallèles. Les faisceaux ainsi obtenus en sortie des lentilles passent ensuite à travers les hublots qui assurent l'étanchéité du vide, avant de poursuivre leur route vers les systèmes de détection situés jusqu'à 6 mètres de distance. Comme ma source est très

---

1. Ces lentilles très ouvertes ont été « empruntées » au centre du CEA à Saclay, dans le service où Anne L'Huillier et Pierre Agostini feront deux décennies plus tard les travaux qui leur vaudront le prix Nobel 2023.

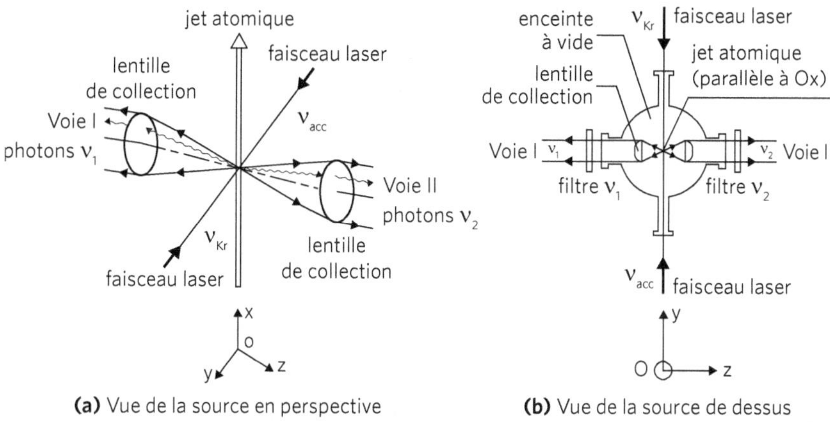

(a) Vue de la source en perspective   **(b)** Vue de la source de dessus

Figure 6.5. Le cœur de la source. Les deux lasers, exactement face à face et focalisés sur moins d'un dixième de millimètre, se superposent dans le jet atomique. Si les atomes sont correctement excités, ils émettent les photons de la cascade dans toutes les directions de l'espace, et on en collecte une faible partie grâce aux deux lentilles de très grande ouverture. En plaçant des filtres derrière les lentilles, on obtient un faisceau de photons ν_1 d'un côté et un faisceau de photons ν_2 de l'autre. On n'observe qu'une petite fraction des paires émises, celles pour lesquelles les deux photons partent vers les lentilles de la voie les concernant. Mais leur nombre est suffisant pour pouvoir faire des mesures précises en quelques minutes seulement.

petite, les faisceaux qui émergent des lentilles sont de petite taille et très bien collimatés, à la différence des faisceaux de Clauser qui étaient énormes et divergeaient beaucoup. Cette spécificité de mon expérience, la petite taille de la source, peut vous paraître anecdotique, mais elle est à mon avis un point crucial de notre succès. Comme quoi, une bonne connaissance des lois de l'optique géométrique est indispensable pour faire de l'optique quantique !

Mais comment s'assurer que nous avons bien des paires de photons émis « en cascade » ? Dans chaque voie de détection on trouve aussi bien des photons ν_1 que des photons ν_2, sans compter de très nombreux photons parasites issus des lasers et diffusés par diverses pièces métalliques. Nous allons donc placer deux filtres de fréquence différents, un derrière chaque lentille : l'un à 551 nanomètres ne laissant passer que les photons ν_1 dans la voie I, et l'autre à 423 nanomètres ne laissant passer que les photons ν_2 dans la voie II. Ces filtres interférentiels sont le *nec plus ultra* de la technologie de l'époque. Sur ma demande – comme suggéré par Clauser lors de notre rencontre à Erice –, ils m'ont été gracieusement envoyés par le professeur Howard Shugart de Berkeley, qui les avait récupérés après que Clauser et Freedman eurent quitté l'université.

En définitive, il aura fallu que « beaucoup de planètes s'alignent » pour observer de la lumière aux fréquences ν_1 et ν_2 respectivement dans les voies I et II, signe que le laser accordable est exactement réglé à la fréquence voulue. Je ne me lasse pas de faire varier cette fréquence pour constater qu'il suffit d'un désaccord de quelques mégahertz pour que l'émission cesse. Cela signifie que nous avons atteint une précision remarquable, cent fois meilleure que les standards de l'époque. Pour nous, c'est la preuve que nous sommes entrés dans le club fermé de la spectroscopie de haute résolution, à tel point que nous pourrions mesurer la somme des fréquences ν_1 et ν_2 avec une précision améliorée par rapport aux données de l'époque. Mais notre but n'est pas de faire des mesures spectroscopiques : c'est de produire des paires de photons intriqués en polarisation. Nous y sommes presque, mais il faut encore mettre en place un système sophistiqué de comptage de photons en coïncidence.

6.7. *Les paires de photons, enfin !*

Observer de la lumière respectivement à 551 nanomètres et 423 nanomètres dans les voies I et II montre clairement que l'on a réussi à exciter les atomes dans le niveau e que nous visons, à partir duquel des photons à ces deux longueurs d'onde sont émis. Mais ceux-ci ont-ils vraiment été émis par paires, suivant le schéma de la cascade atomique présenté plus haut dans la figure 6.3 ? Et ces paires sont-elles suffisamment séparées dans le temps pour que nous puissions reconnaître deux photons appartenant à la même paire ? La réponse est oui, grâce à un système de comptage de photons résolu en temps qui permet de connaître l'instant de détection de chaque photon avec une précision de 1 nanoseconde (ns), c'est-à-dire un milliardième de seconde. Or les deux photons v_1 et v_2 émis en cascade par le même atome sont séparés par un intervalle de temps tout petit, qui a un caractère aléatoire mais qui n'excède pas une dizaine de nanosecondes (voir le complément C6.2 de ce chapitre). De ce fait, si on observe deux détections séparées par un intervalle de temps inférieur à 20 nanosecondes, on pourra considérer que ces deux photons sont émis par le même atome. On appelle une telle double détection rapprochée une « détection conjointe », ou encore une « détection en coïncidence », voire une « coïncidence ». L'apparition de telles coïncidences au moment où l'on détecte des photons v_1 et v_2 est l'indice incontestable qu'on est capable d'identifier des photons appartenant à la même paire, émise par le même atome.

L'observation de ces coïncidences demande un système électronique sophistiqué, capable de réagir à la nanoseconde. Un tel appareillage est à la pointe des possibilités de la fin des années 1970. Il a été mis au point pour les programmes de recherche en physique des particules, qui ont une ampleur sans commune mesure avec le genre de physique que nous faisons, et il est hors de question que nous fabriquions nous-mêmes de tels instruments. C'est grâce à des collègues du centre de Saclay du CEA (Commissariat à l'énergie atomique) que je vais pouvoir profiter de cette technique géniale. Je reviendrai plus loin dans ce chapitre sur cette aide essentielle dont j'ai eu la chance de bénéficier. Mais pour l'instant, je veux partager avec vous mon émerveillement devant cette technique développée à partir de la fin de la Seconde Guerre mondiale. Elle permet en effet d'entrer dans le monde des événements quantiques individuels et d'effectuer des observations d'une précision incroyable.

Comme expliqué dans le complément C6.2, une propriété extraordinaire de la technique des coïncidences est de permettre de se débarrasser des signaux parasites. Tous les événements détectés sont pertinents, il n'y a pas de bruit de fond. La seule incertitude sur la précision des mesures est due à la fluctuation statistique des signaux détectés. Il s'agit de l'incertitude liée au caractère aléatoire d'une part des instants d'émission – et donc de détection – des photons, et d'autre part du phénomène de détection lui-même, qui ne conduit à un signal électrique que pour une fraction des photons qui tombent sur les détecteurs. On dispose des outils mathématiques de la théorie statistique pour prendre en compte ce caractère aléatoire et caractériser la précision de nos résultats de mesure. Cette précision s'améliore avec le nombre d'événements détectés, qui augmente évidemment avec la durée de la prise de données. C'est une des conséquences de la loi des grands nombres qui affirme que, plus on collecte de données, plus on atténue l'effet des fluctuations statistiques. Je ne résiste pas à l'envie de vous citer un seul nombre, pour vous faire comprendre mon excitation devant les résultats de cette technique. Nous observons typiquement 100 coïncidences par seconde. C'est bien peu, me direz-vous, alors que le moindre faisceau lumineux propage des milliards de milliards de photons par seconde. En fait, cela veut dire qu'en 100 secondes nous aurons détecté 10 000 coïncidences, ce qui correspond à une précision de 1 %[1]. Pour atteindre un tel niveau de précision, Clauser et Freedman devaient accumuler des données pendant plusieurs heures. Or il est difficile d'éviter pendant une telle durée les instabilités, voire les pannes d'une expérience qui est à la limite de la technologie. C'est bien plus facile en moins de deux minutes ! La qualité de nos signaux va ainsi nous permettre d'aller beaucoup plus loin que nos prédécesseurs dans les tests des inégalités de Bell.

---

1. L'écart-type qui caractérise l'incertitude est égal à la racine carrée du nombre d'événements. Il vaut donc ici 100, c'est-à-dire 1 % du nombre de photons comptés, à savoir 10 000. Pour plus de détails, voir le complément C6.1 de ce chapitre.

6.8. Des moyens limités, mais un environnement exceptionnel

Au moment où il devient opérationnel, vers la fin des années 1970, le montage que je viens de décrire, qui permet d'émettre des paires de photons intriqués, est unique au monde. On peut se demander comment le jeune physicien sans expérience que j'étais en 1975, disposant de très peu de moyens financiers, a pu arriver à un tel résultat. La réponse est que j'ai bénéficié d'un environnement exceptionnel, d'abord à l'Institut d'Optique, puis dans des laboratoires voisins, où j'ai pu emprunter beaucoup de matériel et recevoir de précieux conseils.

J'ai déjà expliqué que j'ai trouvé à l'Institut d'Optique un directeur de thèse, Christian Imbert, qui a eu l'intuition que le sujet des inégalités de Bell méritait que l'on s'y intéresse. Il m'a fait confiance, et ne s'est jamais laissé influencer par les critiques adressées à mon projet qui le visaient indirectement et contre lesquelles il m'a toujours protégé. J'ai aussi trouvé à l'Institut d'Optique un technicien remarquable qui deviendra plus tard ingénieur, Gérard Roger, et des ateliers et un bureau d'études d'une compétence exceptionnelle, tant dans le domaine de l'optique que de la mécanique de précision. Ce sont eux qui ont conçu et réalisé toute la partie d'optique traditionnelle, si importante, de mon expérience : les systèmes de focalisation des lasers d'excitation de la cascade atomique, les systèmes de transport de faisceaux depuis la source jusqu'aux détecteurs situés à 6 mètres de part et d'autre, etc. C'est aussi le bureau d'études qui a conçu une table métallique utilisant la technique dite « de casserolage » pour éviter les déformations qui auraient pu se produire sous l'effet du poids de l'enceinte à vide et de tout son environnement de tubes et de pompes.

Au début de 1978, à partir du moment où nous observons les premières paires, je vais également bénéficier d'une aide technique essentielle apportée par André Villing dans le domaine de l'électronique. Lorsqu'il arrive pour la première fois dans notre laboratoire, André est élève stagiaire en troisième année de son école d'ingénieur, l'ENSEA (l'École nationale supérieure de l'électronique et de ses applications), alors située à Clichy. J'ai envoyé à cette école une proposition de stage par l'intermédiaire de collègues enseignants à la fois à l'ENSEA et à l'ENS de Cachan, qui ont des liens privilégiés puisque l'ENS de Cachan est historiquement liée à l'enseignement technique. Il s'agit d'un projet totalement différent de ceux habituellement proposés à son école, mais André est un esprit curieux qui aime s'attaquer à des sujets nouveaux. Il a donc été intrigué par le problème que je posais, à savoir : réaliser un asservissement sur le deuxième laser, le laser accordable, dont on doit régler la fréquence pour que les atomes soient correctement excités. En pratique, ce réglage doit être retouché en permanence car il y a des dérives des lasers, que ce soit parce que la pression atmosphérique change ou parce que la température de la pièce varie. C'est pourquoi je demande à André s'il est capable de réaliser un système électronique d'asservissement qui contrôle en permanence la fréquence du laser accordable afin d'optimiser le rendement de la source. Il va brillamment mettre en place cet asservissement, qui ne ressemble à rien de ce qui existe déjà parce qu'on travaille avec des signaux peu habituels. Il doit donc se familiariser avec des concepts totalement nouveaux pour lui comme pour moi. Il est d'autant plus efficace qu'avant d'être ingénieur, il a été technicien : il sait donc manier en virtuose son fer à souder pour réaliser les circuits qu'il conçoit. Il est aussi bon dans la théorie que dans la pratique de l'électronique et fait preuve d'un opportunisme lui permettant de réagir efficacement aux imprévus. Nous nous entendons comme larrons en foire pour exploiter les appareils qu'il conçoit au-delà de la fonction qui avait justifié leur construction. Nous détournons ainsi le système permettant au laser accordable de retrouver automatiquement le bon réglage après un saut brutal de fréquence, phénomène connu sous le nom de « saut de mode », qui se produit de temps en temps. Pour réaliser le réglage initial du laser, *a priori* long et fastidieux, nous trompons le système en lui « faisant croire » qu'il était bien réglé et qu'il y a eu un saut de mode. Le système lance alors sa procédure de recherche et il trouve tout seul le signal, à notre place.

Toujours dans le domaine de l'électronique, une autre partie essentielle de l'expérience est le système de comptage de photons en coïncidence. C'est une technologie très particulière, et je vais avoir l'immense chance de développer des relations privilégiées avec les ingénieurs et techniciens du laboratoire d'électronique du département de physique de basse énergie du CEA, qui ont en charge la conception et le développement des systèmes de comptage de photons autour d'expériences de physique nucléaire ou des particules. Les discriminateurs, qui mettent en forme les impulsions électriques produites par les photomultiplicateurs, les circuits de coïncidences, les convertisseurs temps-amplitude qui génèrent des signaux proportionnels à l'intervalle de temps entre deux détections : tous ces appareils électroniques, qui doivent travailler à l'échelle de la nanoseconde, n'ont aucun secret pour eux. Ils en fabriquent par dizaines pour les expériences sur les accélérateurs de particules, et comme ils sont gentils, ils me « prêtent » quelques exemplaires de ce matériel – « prêtent » entre guillemets, parce que je ne les rapporte jamais... mais ils ne se plaignent pas de moi. Au contraire, ils aiment bien me confier leurs appareils car, comme leurs modes d'emploi sont inexistants, je dois les étudier en détail pour comprendre leur fonction exacte. Il m'arrive alors de revenir vers eux pour leur suggérer des améliorations dont la réalisation demande parfois des tours de force qui font leur fierté. Grâce à eux, j'ai disposé pour mes expériences d'un système de comptage et de corrélation de photons absolument fantastique, tout cela gratuitement. Le responsable du service d'électronique, Jean-Pierre Passérieux, dont la générosité est aussi grande que la compétence, me recommande à l'époque de ne pas mentionner auprès de sa hiérarchie cet aspect gratuit de notre « collaboration » ; je pense qu'aujourd'hui il y a prescription, et je suis heureux de pouvoir remercier le CEA pour cette aide sans prix, c'est le cas de le dire[1].

Il est plaisant de constater que, face à tous mes besoins, la plupart de ceux à qui je demande de l'aide n'hésitent pas à m'en fournir, qu'ils soient à l'ENS de Paris ou de Cachan, au CEA, au laboratoire Aimé-Cotton ou au laboratoire de l'horloge atomique – ce qui m'amène à en tirer une leçon intéressante. Lorsque je me rends dans un laboratoire dans l'espoir que quelqu'un m'enseigne une technique dont j'ai besoin, on commence bien sûr par me demander pourquoi je veux apprendre cette technique. Dès que je réponds que c'est dans la perspective d'une expérience destinée à tester les inégalités de Bell, mes interlocuteurs comprennent que je ne suis pas un concurrent direct, et ils n'hésitent pas à me révéler tout leur savoir-faire dans la technique en question et à me fournir des informations qui ne figurent généralement pas dans la littérature scientifique. C'est aussi l'occasion pour eux d'apprendre ce que sont les inégalités de Bell et les expériences destinées à les tester, et de découvrir que c'est un sujet intéressant. En définitive, j'ai affaire le plus souvent à des réactions positives de collègues disposés à m'aider, ce qui fait aussi de ma thèse une belle aventure humaine.

Au-delà des laboratoires publics, je reçois également un accueil positif dans des sociétés commerciales de technologie de pointe. Je peux ainsi profiter de photomultiplicateurs exceptionnels grâce à certains membres du laboratoire de recherche de la société RTC, la Radiotechnique-Compelec, devenue par la suite Philips. Dans ce laboratoire situé à Suresnes, en région parisienne, je trouve un accueil chaleureux. Certes, j'ai fait un bon de commande pour acheter deux photomultiplicateurs ; mais les ingénieurs ont à cœur de sélectionner pour moi les meilleurs. C'est ainsi que je me retrouve avec des photomultiplicateurs sans équivalent au monde. D'où l'intérêt d'avoir des fournisseurs de haute technologie dans un environnement proche, et pas à l'autre bout de la planète.

---

1. Je bénéficierai d'une autre aide technique précieuse du CEA, dont un des souffleurs de verre viendra intervenir sur le tube de mon laser à krypton défaillant pour y brancher une bouteille de gaz krypton qui « ranimera » mon laser et lui permettra de fonctionner pendant de longs mois, jusqu'à la conclusion de la troisième expérience dont je parlerai au chapitre suivant.

6.9. *Premier test des inégalités de Bell :*
la confirmation

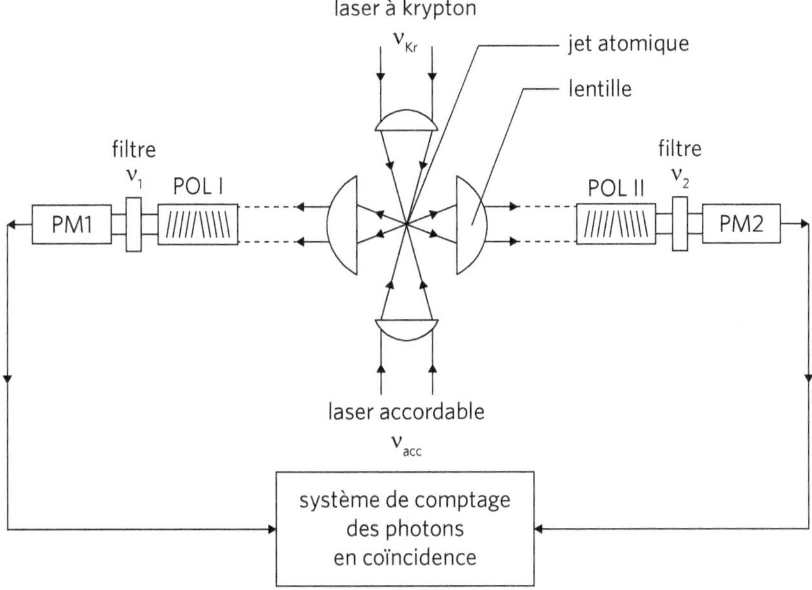

Figure 6.6. Schéma de la première expérience. Les atomes de calcium, excités par le laser à krypton et le laser accordable, émettent en cascade des paires de photons ν_1 et ν_2. Ceux-ci sont collectés par des lentilles avant d'être mesurés par les polariseurs I et II. Des filtres, placés où l'on veut sur chaque voie, sont disposés afin de ne mesurer que des photons ν_1 dans la voie I et que des photons ν_2 dans la voie II. Les photons sont enfin détectés par les photomultiplicateurs, qui sont tous deux reliés au système de comptage de photons en coïncidence.

Nous sommes en 1980. Après plusieurs années de mise en place, l'expérience est prête : nous allons enfin pouvoir procéder à notre premier test des inégalités de Bell (voir la figure 6.6). Il s'agit de mesurer les corrélations de polarisation aux angles où on s'attend à une violation maximale, et de comparer la combinaison des résultats obtenus à la limite donnée par les inégalités de Bell adaptées à la situation expérimentale. Si les inégalités de Bell sont violées, comme le prévoit le calcul quantique, alors il faudra renoncer à la vision réaliste locale du monde défendue par Einstein. Si on trouve au contraire des résultats en accord avec les inégalités de Bell, en désaccord avec le formalisme quantique, alors on aura identifié une limite de validité de la mécanique quantique.

Pour ce test des inégalités de Bell, qui est une étape essentielle, j'ai formellement interdit à mes collaborateurs de lancer les mesures finales tant qu'on n'aura pas vérifié séparément chaque élément de l'expérience. Je ne veux surtout pas me retrouver dans une situation où l'on constate que les inégalités de Bell ne sont pas violées, en apparente contradiction avec les prédictions de la mécanique quantique, avant de découvrir des imperfections du montage passées inaperçues qui permettraient d'expliquer ce résultat dans un cadre quantique. Bref, que l'on viole ou non les inégalités de Bell, je veux que notre résultat soit tout de suite d'une fiabilité irréprochable permettant une conclusion nette, d'où mon insistance pour tout bien vérifier avant de passer à l'action. Philippe Grangier, alors jeune étudiant, a manifestement été impressionné par cette interdiction, qu'il raconte aujourd'hui encore à qui veut l'entendre.

Maintenant que le montage expérimental est complètement au point, nous entrons dans le cœur de la physique : il est donc temps de recruter un physicien de formation. C'est pourquoi je propose à Philippe Grangier de nous rejoindre pour un stage dans le cadre de son DEA (diplôme d'études approfondies). Il se montre d'emblée un collaborateur exceptionnel : il prend possession de l'expérience, dont il comprend parfaitement l'enjeu scientifique et dont il va bientôt maîtriser à la perfection l'ensemble des techniques. Philippe est issu comme moi de ce qui s'appelait encore l'École normale supérieure de l'enseignement technique. Nous y avons acquis de bonnes connaissances des techniques du laboratoire sous l'influence du directeur des études de physique, Gérard Fortunato, un excellent opticien qui nous a transmis ses immenses compétences. Nous avons aussi reçu tous deux une très solide formation de physique de base à l'université d'Orsay. Dix ans après moi, Philippe a aussi eu la chance – que je n'ai pas eue – de bénéficier d'une excellente formation en physique quantique, et ses connaissances vont se révéler précieuses.

C'est donc une équipe de trois – Philippe Grangier, Gérard Roger et moi-même – qui va se lancer dans les mesures. Après tant d'années de préparation, je suis très impatient de connaître enfin les résultats de cette expérience. Verdict ? Nous obtenons d'emblée des résultats qui violent les inégalités de Bell, comme ceux obtenus par Clauser et Freedman neuf ans plus tôt. Comme eux, nous avons utilisé des polariseurs à pile de glaces (voir la figure 6.7), qui n'ont qu'une seule voie de sortie. Mais notre source de paires de photons intriqués est beaucoup plus performante, ce qui nous permet d'obtenir en quelques minutes des

Figure 6.7. Polariseur à pile de glaces utilisé à l'Institut d'Optique. Les lames de verre inclinées ont une dimension de 10 × 5 centimètres. Le système mesure 80 centimètres de long. Une mécanique soignée permet d'une part de faire tourner le polariseur sur son axe, et d'autre part de le basculer hors du faisceau et de le remettre toujours à la même position. On utilise ici des lames de verre parfaitement polies, car un premier essai avec des lames minces a montré un déplacement transversal du faisceau du fait de leur mauvaise planéité. Pour plus de détails sur les polariseurs à pile de glaces, voir le complément C5.1 à la fin du chapitre 5. *(Photothèque Institut d'Optique.)*

résultats d'une précision équivalente à celle qu'ils atteignaient en accumulant des données pendant plusieurs heures. Nos mesures se trouvent en excellent accord avec les prédictions quantiques et violent les inégalités de Bell par 5 écarts-types, ce qui est un résultat très convaincant, comme je l'explique dans le complément C6.1 de ce chapitre.

Avec le recul, on pourrait penser qu'obtenir le même résultat que Clauser et Freedman neuf ans après eux n'a qu'un intérêt limité. Pour nous, c'est pourtant un résultat majeur. Il montre que notre nouvelle source de paires de photons intriqués en polarisation est particulièrement efficace, et ne souffre manifestement d'aucun problème qui serait passé inaperçu, ce qui est toujours possible lorsque l'on passe du principe à la réalisation expérimentale. Plus généralement, il prouve que nous maîtrisons parfaitement toutes les techniques que nous ne connaissions pas au lancement du projet. L'article[1] que nous soumettons à la fin mars 1981 est accepté sans coup férir par l'une des revues de physique les plus prestigieuses et les plus sélectives, *Physical Review Letters*, qui ne publie généralement que des résultats originaux. J'interprète cette acceptation comme une reconnaissance de l'intérêt du sujet. Le vent tourne !

En fait, notre expérience représente plus qu'une simple répétition des précédentes, au-delà des améliorations techniques substantielles que nous avons apportées. Nous présentons en effet dans notre article un résultat nouveau : la démonstration que les corrélations observées demeurent toujours aussi fortes (et donc que l'intrication entre les photons reste inchangée) quel que soit l'éloignement entre la source et les polariseurs, jusqu'à 6 mètres de chaque côté. Cette observation a pour objet de tester une hypothèse connue sous le nom d'« hypothèse de Furry », en référence au physicien qui l'a envisagée[2]. Cette hypothèse revient

---

1. Voir Aspect, Grangier et Roger (1981).
2. Voir Furry (1936). Le nom « hypothèse de Furry » peut laisser croire que Furry défendait cette hypothèse, mais en réalité il ne l'avait envisagée que par souci de rigueur scientifique

à supposer que le phénomène d'intrication n'appartient qu'au monde microscopique, et qu'il disparaît à l'échelle macroscopique. À l'échelle microscopique, on sait depuis les années 1920 que l'on doit invoquer l'intrication des deux électrons de l'atome d'hélium pour décrire correctement ses propriétés spectroscopiques. Or ces deux électrons ne sont distants que de quelques nanomètres, tout au plus ! On n'a jamais observé l'intrication à plus grande échelle, alors que c'est à des distances macroscopiques qu'elle est vraiment surprenante si on suit le raisonnement EPR. Il est donc légitime d'envisager un processus inconnu faisant disparaître l'intrication à l'échelle macroscopique. Mais quelle serait cette échelle ? Dans le cas des paires de photons, la seule distance macroscopique que l'on puisse invoquer est ce que l'on appelle la longueur de cohérence des photons. Il s'agit de la longueur que l'on associe à chaque photon en tenant compte de la durée de vie du niveau atomique à partir duquel il a été émis, qui est aussi la durée du paquet d'onde le décrivant. Elle est égale au produit de cette durée par la vitesse de la lumière. Dans le cas de notre deuxième photon, elle vaut 1,5 mètre, d'où l'intérêt de s'éloigner jusqu'à 6 mètres. Le résultat de notre expérience est parfaitement clair : le degré de violation des inégalités de Bell, qui traduit le degré d'intrication, reste strictement le même quelle que soit la distance entre la source et les polariseurs : l'hypothèse de Furry est donc invalidée. Ce résultat n'est pas négligeable car, pour une majorité de physiciens, cette hypothèse était tentante puisqu'elle aurait permis de comprendre pourquoi les phénomènes quantiques ne s'observent pas à l'échelle macroscopique.

Pour nous, le succès de notre expérience a un autre intérêt majeur. Il montre que notre source se prêtera bien à l'expérience cruciale avec des polariseurs variables que j'imagine depuis le début. Qu'on me permette de redire que le point clef est la très petite taille de la source de paires de photons intriqués, qui

---

tout en étant convaincu qu'elle n'était pas une solution satisfaisante au problème d'Einstein, Podolsky et Rosen.

permet d'avoir des faisceaux dont le diamètre ne dépasse pas quelques centimètres lorsqu'on se trouve à 6 mètres de la source. Nous avons donc pu utiliser des polariseurs à pile de glaces de dimensions beaucoup plus modestes que ceux de Clauser et Freedman, comme on le voit en comparant la photo de la figure 6.7 à celles des figures 5.6 et 5.8. Les lois de l'optique classique sont incontournables, mais si on les respecte on n'a pas de mauvaise surprise.

La rédaction de notre article a été faite avec un très grand soin par Philippe et moi. Cependant, je décide que la liste des auteurs comprendra aussi Gérard Roger, alors même qu'il n'est pas très fréquent à l'époque d'y intégrer des techniciens. J'ai en effet conscience que la remarquable fiabilité de l'expérience doit beaucoup aux solutions techniques qu'il a mises au point avec le bureau d'études de l'Institut d'Optique, tant dans le domaine optique qu'en mécanique de précision. Avec le recul, je regrette profondément de ne pas avoir fait de même avec notre électronicien, André Villing, dont les diverses réalisations, et en particulier le système d'asservissement des lasers de la source, ont elles aussi constitué un élément majeur de la stabilité de la source. La (mauvaise) raison de cet oubli est sans doute que les électroniques d'André fonctionnaient sans sa présence, et qu'il n'était donc généralement pas avec nous lors des prises de données, au contraire de Gérard Roger qui était souvent présent sur l'expérience avec Philippe et moi lors des mesures.

Il est tentant de prolonger par des mesures plus précises ce succès non négligeable pour un groupe français d'expérimentateurs inconnus, mais je ne souhaite pas y passer du temps, car il est clair qu'il ne s'agit que d'une étape intermédiaire sur le chemin de l'expérience que je projette depuis le début, celle dans laquelle on changera la direction d'analyse des polariseurs pendant la propagation des photons. Malheureusement, la société à laquelle j'ai commandé les aiguillages acousto-optiques, qui seront au cœur de l'expérience avec les polariseurs variables, n'arrive pas à les réaliser. En attendant, nous allons nous atteler à une nouvelle expérience intermédiaire, totalement originale et marquant une étape intéressante vers le schéma idéal des théoriciens : un test des inégalités de Bell avec des polariseurs non plus à une, mais à *deux* voies de sortie.

Comme j'ai pu d'emblée apprécier les très grandes qualités de Philippe, aussi bien dans le domaine théorique qu'expérimental, je lui propose de rester faire sous ma direction une thèse de troisième cycle, dont la durée est de deux ans. Le sujet le passionne, et c'est ainsi qu'il va prendre de plus en plus de responsabilités pour notre deuxième expérience.

6.10. Deuxième test des inégalités de Bell : un résultat époustouflant avec des polariseurs à deux voies

Notre première expérience – comme les quatre autres menées dans les années 1970 – comporte un inconvénient de taille : elle utilise des polariseurs à une voie. Si un photon est polarisé suivant la direction d'analyse du polariseur, il est transmis avec une probabilité proche de 100 %, mais s'il est polarisé perpendiculairement à cette direction, il est définitivement perdu. Autrement dit, au lieu de pouvoir observer les deux résultats de mesure de polarisation possibles, on n'a accès qu'à l'un des deux, ici le résultat +1. Or le coefficient de corrélation de polarisation que l'on cherche à déterminer met en jeu les résultats +1 *et* les résultats –1. Il est vrai que, comme nos prédécesseurs, nous avons obtenu un résultat significatif même avec des polariseurs à une seule voie, en utilisant la méthode indirecte proposée dans l'article CHSH[1]. Pour rappel, si on enlève le polariseur situé devant l'un des deux détecteurs, on détecte la somme des résultats +1 et des résultats –1. Si on soustrait de la valeur obtenue le nombre de

---

1. Voir le chapitre 5, section 5.3.

résultats +1 avec le polariseur en place, on obtient le nombre que l'on aurait trouvé si on avait pu observer les résultats −1. Ainsi, au lieu des quatre taux de détections conjointes $N_{++}(\mathbf{a},\mathbf{b})$, $N_{+-}(\mathbf{a},\mathbf{b})$, $N_{-+}(\mathbf{a},\mathbf{b})$ et $N_{--}(\mathbf{a},\mathbf{b})$ dont on aurait eu en principe besoin pour tester les inégalités de Bell, on a pu se contenter des taux $N_{++}(\mathbf{a},\mathbf{b})$, $N_{++}(\mathbf{a},\infty)$, $N_{++}(\infty,\mathbf{b})$ et $N_{++}(\infty,\infty)$, où le symbole ∞ veut dire que le polariseur correspondant a été enlevé.

Le problème de ce schéma est que l'on s'éloigne de l'expérience de pensée idéale, ce qui oblige à admettre certaines hypothèses supplémentaires. Sur le plan expérimental, il faut supposer que le montage reste parfaitement stable quand on passe d'une mesure à l'autre. Il faut donc avoir conçu l'expérience en fonction de cet impératif, et avoir vérifié que les taux de détections conjointes dans une situation donnée sont constants au cours du temps. De plus, il faut admettre que le rendement du détecteur, c'est-à-dire la probabilité qu'un photon qui tombe sur lui soit bel et bien détecté, est indépendant du fait que le photon sorte du polariseur ou vienne directement de la source. Si le photodétecteur avait un rendement de 100 %, tout photon serait détecté et la question ne se poserait pas. Mais avec les photomultiplicateurs utilisés dans ces expériences, les rendements ne sont que de quelques dizaines de pour cent, typiquement 20 ou 30 %, et un avocat des théories à paramètres supplémentaires peut facilement imaginer des processus de détection variant suivant l'histoire passée du photon. Il faut donc faire l'hypothèse que la détection d'un photon ne dépend pas du chemin qu'il a emprunté. Cette hypothèse est raisonnable dans la mesure où l'on peut vérifier expérimentalement que le rendement des photomultiplicateurs est constant lorsqu'on modifie la polarisation d'un faisceau lumineux de test. Mais il faut bien reconnaître qu'enlever un polariseur n'est pas équivalent à le faire tourner, d'où l'intérêt indéniable de chercher à se débarrasser de cette hypothèse. Passer à une expérience avec des polariseurs à deux voies permettra donc de se rapprocher du schéma idéal discuté par les théoriciens, dans lequel on considère des appareils de mesure qui donnent aussi bien le résultat +1 que le résultat –1.

Dès que je me suis lancé dans mon projet, en 1975, j'ai eu comme objectif de réaliser des expériences dont le schéma serait le plus proche possible du schéma idéal des théoriciens et qui ferait appel au moins d'hypothèses supplémentaires possible. Lors de notre rencontre à Erice, Franck Laloë m'a vivement encouragé dans ce projet. Et même si mon objectif ultime est de mener une expérience avec des polariseurs variables, je suis convaincu de l'intérêt d'en réaliser une autre avec des polariseurs à deux voies. Une telle expérience constituera en effet un progrès intéressant sur le plan conceptuel, tout en apportant sur le plan expérimental un avantage considérable que j'expliquerai plus loin. Bien avant ma première expérience avec les polariseurs à pile de glaces, je m'étais donc préoccupé de me procurer des polariseurs à deux voies, dont je vais maintenant bientôt pouvoir disposer.

LES POLARISEURS À DEUX VOIES

Pour mener à bien cette deuxième expérience, il faut donc des polariseurs à *deux* voies de sortie, associées à deux polarisations orthogonales, et des détecteurs de photons sur chacune de ces deux voies. En fait, il existe des polariseurs à deux voies depuis plus d'un siècle. Mais ceux-ci utilisent des cristaux biréfringents dont la plupart des échantillons sont de petite taille : il est donc très rare de trouver des cristaux suffisamment grands pour nos faisceaux, sans compter que leur qualité optique est loin d'être parfaite et que leur prix est beaucoup trop élevé pour mes finances. Or, dans les années 1970, on commence à voir apparaître chez les fabricants de composants optiques destinés aux lasers ce qu'on appelle des « cubes séparateurs de polarisation à couches diélectriques ». Ce sont des cubes de verre que l'on coupe en deux suivant une diagonale, avant de déposer sur leurs faces hypoténuses des couches minces de matériaux transparents d'indices de réfraction et d'épaisseurs judicieusement choisis. On peut alors montrer, au prix d'un calcul d'optique ondulatoire classique relativement lourd nécessitant un ordinateur, que l'on peut concevoir un système qui transmet la totalité d'un faisceau polarisé suivant l'axe d'analyse – situé dans le plan d'incidence orthogonal aux faces intérieures des prismes – et qui réfléchit la totalité d'un faisceau polarisé suivant la direction perpendiculaire (voir la figure 6.8). Un tel cube séparateur de polarisation correspond donc bien à un polariseur à deux voies.

Le problème est que les modèles commerciaux ne sont disponibles que pour quelques rares fréquences, qui ne sont pas celles dont j'ai besoin. Il va donc falloir réaliser des polariseurs sur mesure aux fréquences de nos photons, ce qui n'est pas une mince affaire. J'évoque alors ce problème avec mon ami Joseph Braat, qui a fait une thèse à l'Institut d'Optique avant de repartir dans sa Hollande natale pour travailler dans les laboratoires de recherche Philips à Eindhoven. Le département d'optique de ce laboratoire est très développé à cause de la technologie des disques optiques, CD et DVD. Joseph m'explique que ce laboratoire peut tout à fait fabriquer des polariseurs adaptés à mes fréquences. D'une part, il dispose de logiciels performants qui permettent d'identifier les différentes couches à appliquer et de calculer leurs épaisseurs respectives. D'autre part, il possède les évaporateurs capables de produire les meilleures couches minces au monde. Je lui demande alors combien cela va me coûter, ce à quoi il répond qu'il est inutile de faire un devis car je n'aurais de toute façon pas les moyens de payer. Lui et ses collègues feront les calculs gratuitement, et je ne devrai payer qu'une modeste contribution au fonctionnement des systèmes d'évaporation, qui seront utilisés aux heures perdues pour produire mes cubes séparateurs. Je leur dois une fière chandelle ! Cette réalisation est un tour de force. Tenez-vous bien : il faut déposer et superposer méticuleusement 34 couches minces dont l'épaisseur doit être contrôlée au nanomètre près. Un véritable travail d'orfèvre hollandais !

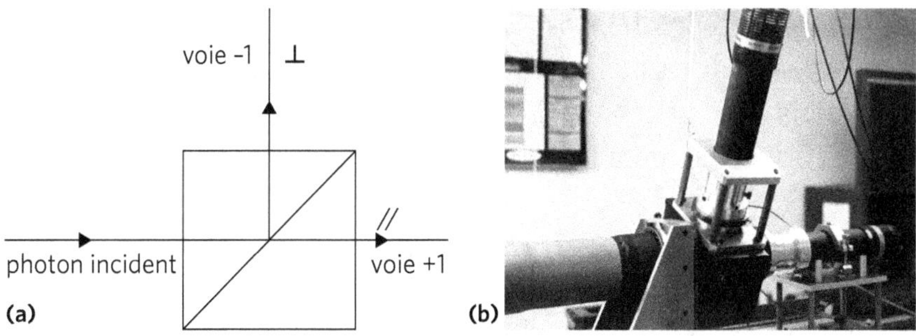

Figure 6.8. Séparateur de polarisation à couches diélectriques. Le cube est constitué de deux prismes assemblés par leurs faces hypoténuses. Sur chacune d'entre elles, on a déposé 17 couches diélectriques d'épaisseurs contrôlées au nanomètre, dans des matériaux judicieusement choisis. Comme dans les polariseurs à pile de glaces, un faisceau de polarisation située dans le plan d'incidence sur la face inclinée, polarisation notée // sur la figure, est totalement transmis. À l'inverse, un faisceau de polarisation perpendiculaire, notée ⊥ sur la figure, est totalement réfléchi dans la voie perpendiculaire au faisceau incident. Pour un photon unique, un tel prisme effectue une mesure de polarisation dont le résultat est une des deux valeurs notées conventionnellement +1 et –1. La photo à droite montre le montage mécanique où est placé le cube, avec les deux photomultiplicateurs dans les voies transmise et réfléchie. L'ensemble peut tourner sur 180° autour de l'axe du faisceau incident, qui arrive dans le tube de gauche. *(Photothèque Institut d'Optique.)*

Philippe Grangier aime raconter les circonstances qui m'ont permis de récupérer les fameux cubes séparateurs. Dans ce but, je me rends à l'aéroport du Bourget avec un gros sac, car on m'a dit qu'ils seraient soigneusement emballés avant d'être remis au pilote de l'avion privé de la compagnie Philips qui fait des allers-retours fréquents entre Paris et Eindhoven. Je m'approche de l'avion qui vient d'atterrir ; quelqu'un en descend et me remet un paquet manifestement précieux que j'enfourne rapidement dans mon sac. D'après Philippe, j'ai eu beaucoup de chance que les douaniers ne m'aient pas soupçonné de faire du trafic de drogue, dont Amsterdam est une plaque tournante connue. Heureusement tout s'est bien passé, et le seul élément un peu illégal de toute l'opération est la bonne bouteille que j'ai envoyée à Eindhoven en guise de remerciement !

Ces cubes polariseurs manifestent immédiatement des performances excellentes. Montés dans des systèmes mécaniques d'une fiabilité sans reproche, conçus par Philippe et le bureau d'études puis réalisés par les ateliers de l'Institut d'Optique, ils remplaceront désormais les polariseurs à pile de glaces pour toutes les expériences à venir, même lorsqu'on n'utilisera qu'une voie de sortie.

UN SYSTÈME À QUADRUPLES COÏNCIDENCES

La figure 6.9 montre le schéma de l'expérience, avec les deux polariseurs I et II dans les orientations **a** et **b**. Chaque polariseur a deux voies de sortie, dans lesquelles se trouvent deux photomultiplicateurs dont les signaux correspondent respectivement aux résultats +1 et –1. Dans cette configuration, le montage contient quatre détecteurs et non plus deux : il faut donc un système de comptage plus complexe que le précédent. Je veux maintenant avoir accès, pendant chaque séquence de mesure, aux quatre nombres de détections conjointes $N_{++}(\mathbf{a},\mathbf{b})$, $N_{+-}(\mathbf{a},\mathbf{b})$, $N_{-+}(\mathbf{a},\mathbf{b})$ et $N_{--}(\mathbf{a},\mathbf{b})$.

Mes bons samaritains du CEA Saclay me fournissent les circuits de coïncidences de base, mais nous en voulons davantage : nous avons en effet pu constater lors de la première expérience tout l'intérêt de disposer des « spectres-temps », c'est-à-dire des histogrammes du type de ceux présentés dans le complément C6.2, qui montrent la distribution des délais entre deux détections. Grâce à eux, on peut contrôler le bon fonctionnement de l'expérience et obtenir de façon fiable le nombre de coïncidences obtenues. Il faut maintenant être capable d'obtenir simultanément, en temps réel, quatre histogrammes de ce type associés aux quatre détections conjointes entre les sorties + et – de chaque côté. Nous allons y parvenir grâce à une carte informatique faite sur mesure et au premier ordinateur que je parviens à acquérir avec les crédits un peu plus substantiels dont je dispose après le succès de la première expérience. C'est André Villing qui mettra au point l'ensemble, à une époque où ce genre de technologie est loin d'être standard. Nous sommes particulièrement motivés pour disposer de ce système, car nous savons que nous en aurons absolument besoin pour la troisième expérience.

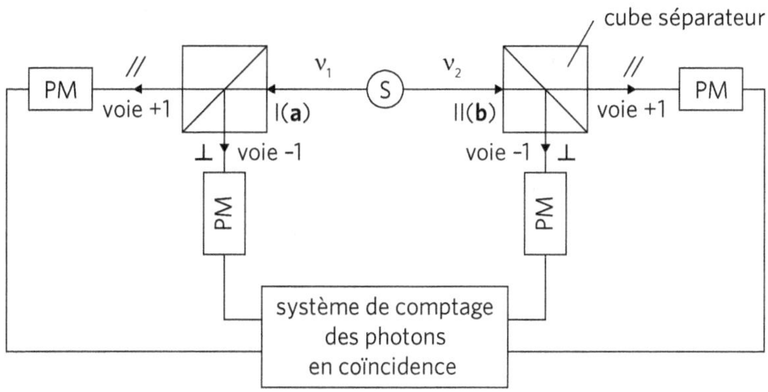

Figure 6.9. Schéma de la deuxième expérience. Cette fois, les photons v_1 et v_2 rencontrent chacun un cube séparateur jouant le rôle de polariseur à deux voies. Les photons dont la polarisation est trouvée parallèle à l'axe d'analyse sont détectés dans la voie +1, et ceux dont la polarisation est trouvée perpendiculaire à l'axe d'analyse sont détectés dans la voie -1. Pour chaque jeu d'orientations (**a**,**b**), on enregistre en une seule prise de données quatre taux de détections conjointes entre les deux photomultiplicateurs de gauche et les deux photomultiplicateurs de droite : $N_{++}(\mathbf{a},\mathbf{b})$, $N_{+-}(\mathbf{a},\mathbf{b})$, $N_{-+}(\mathbf{a},\mathbf{b})$ et $N_{--}(\mathbf{a},\mathbf{b})$. On en déduit le coefficient de corrélation de polarisation $E(\mathbf{a},\mathbf{b})$ sans aucune calibration auxiliaire.

Au terme de ce nouveau développement, nous disposons d'un système fournissant à la fin de chaque séquence de prises de données les quatre nombres de détections conjointes $N_{++}(\mathbf{a},\mathbf{b})$, $N_{+-}(\mathbf{a},\mathbf{b})$, $N_{-+}(\mathbf{a},\mathbf{b})$ et $N_{--}(\mathbf{a},\mathbf{b})$ obtenues entre les voies de sortie des deux polariseurs dans les orientations respectives **a** et **b**. Nous pouvons alors bénéficier de l'avantage essentiel apporté par le nouveau schéma : ces quatre nombres peuvent être combinés pour donner *directement* le coefficient de corrélation qui sera soumis au test des inégalités de Bell. On n'a pas besoin de faire des mesures auxiliaires avec un polariseur effacé, ou les deux, pour obtenir ce coefficient. Le point clef est que la somme de tous les événements détectés permet de faire la calibration nécessaire pour passer des valeurs comptées aux probabilités. Ainsi, la probabilité $P_{++}(\mathbf{a},\mathbf{b})$ d'obtenir une détection conjointe +1 dans la voie I et +1 dans la voie II vaut tout simplement $N_{++}(\mathbf{a},\mathbf{b})$ divisé par la somme de toutes les détections conjointes enregistrées.

Le résultat ne dépend donc plus de la stabilité parfaite de l'expérience entre les mesures avec polariseurs et les mesures sans polariseur.

En plus d'être un avantage expérimental considérable, cela permet aussi de soumettre l'hypothèse de l'échantillonnage non biaisé à un test expérimental redoutable. Rappelons que cette hypothèse consiste à admettre que, lors de chaque mesure, l'ensemble des paires détectées – qui ne correspond qu'à une fraction de l'ensemble des paires, ce que l'on appelle en statistique « un échantillon » – est représentatif de l'ensemble des paires émises. En faisant cette hypothèse, on admet donc que le résultat de mesure obtenu est le même que celui que l'on obtiendrait si les photomultiplicateurs avaient une efficacité de 100 % et si toutes les paires entraient dans les détecteurs. En 1982, il n'existe pas de moyen rigoureux de valider cette hypothèse, car il faudrait une source telle que toutes les paires soient émises vers les détecteurs, et des détecteurs avec un rendement proche de 100 %[1]. Néanmoins, le schéma avec polariseurs à deux voies de sortie permet de réaliser un test qui serait susceptible d'infirmer cette hypothèse. Ce test consiste à se placer dans un régime où la source est aussi stable que possible et à mesurer la somme des quatre taux de détections conjointes pour les diverses orientations des polariseurs. Si cette somme reste constante alors que chacun des taux varie fortement, on peut conclure que la taille de l'échantillon observé demeure constante. Cela ne prouve pas rigoureusement que l'échantillon n'est pas biaisé, mais si on avait observé une variation de la somme, cela aurait été en contradiction avec l'hypothèse. Ce test, que l'on ne pouvait pas réaliser avec les polariseurs à une voie, est particulièrement exigeant. Il n'aurait pas été réussi si la conception, la réalisation et le système mécanique de nos polariseurs à deux voies n'avaient pas fait l'objet de soins extrêmes. Ce succès nous donne donc une grande confiance dans notre montage expérimental, tout en étant en accord avec l'hypothèse de l'échantillonnage non biaisé.

---

1. De telles expériences ont finalement été faites en 2013 ; voir le chapitre 8, section 8.1.

DES RÉSULTATS ÉPOUSTOUFLANTS

Les résultats des mesures sont à la hauteur des efforts que nous avons déployés pour la mise au point des systèmes. Non seulement la précision sur la mesure des coefficients de corrélation est d'emblée sans commune mesure avec celles des expériences précédentes, mais de plus nous pouvons tester les inégalités originales CHSH portant directement sur les coefficients de corrélation[1], ce qui n'avait jamais été fait. Avec des orientations bien choisies pour les polariseurs (voir à nouveau la figure 5.4), nous trouvons : S_{exp} = 2,697 ± 0,015, une valeur supérieure à 2 sans contestation possible. La quantité 0,015 est le fameux écart-type qui caractérise l'amplitude de l'erreur possible sur la mesure. On viole par plus de 40 écarts-types l'inégalité $S \leq 2$ qui s'applique à toute théorie locale à paramètres supplémentaires. Comme expliqué dans le complément C6.1 de ce chapitre, un écart de 5 écarts-types suffit à valider un résultat. Alors 40 écarts-types, ça ne se discute pas !

C'est un résultat sans appel, mais ce qui va m'impressionner au moins autant, c'est la comparaison des valeurs mesurées aux valeurs prédites par les calculs quantiques. Je parle ici de calculs détaillés sur l'expérience réelle, prenant en compte toutes les particularités et les imperfections du montage. La figure 6.10 montre cette comparaison. La courbe continue représente la valeur de S prédite par la mécanique quantique en fonction de la valeur de l'angle entre les deux axes des polariseurs. Chaque petit tiret vertical sur cette courbe est centré sur une valeur mesurée, la longueur de ce tiret valant quatre fois l'écart-type sur cette mesure. On constate que toutes les valeurs obtenues tombent très près de la valeur calculée. Plus précisément, environ deux tiers des points tombent sur la courbe à plus ou moins 1 écart-type, et le reste à plus ou moins 2 écarts-types. C'est exactement la valeur attendue pour une statistique gaussienne (voir à nouveau le complément C6.1

---

1. Voir le chapitre 5, section 5.3.

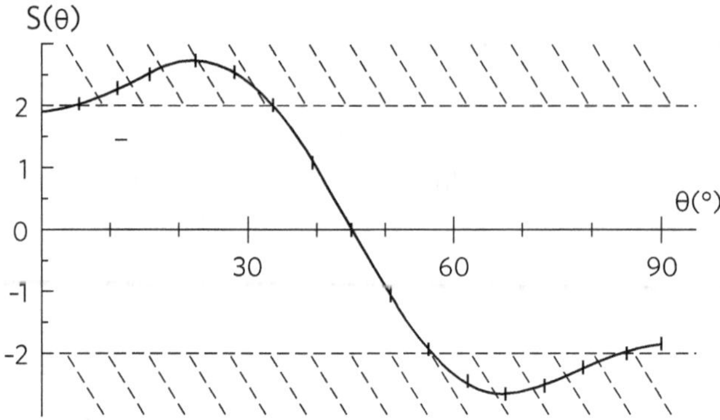

Figure 6.10. Valeur de la quantité S en fonction de l'angle entre les axes d'analyse des polariseurs. La prédiction de la mécanique quantique est représentée par la courbe, comme dans la figure 4.8. Ici, on a indiqué les résultats de mesures sous forme de tirets. On constate que les données expérimentales corroborent parfaitement la mécanique quantique. En particulier, comme prévu par cette théorie, la violation maximale des inégalités de Bell est atteinte pour les valeurs θ = 22,5° et θ = 67,5°. *(D'après Aspect [2002], p. 143.)*

de ce chapitre). Nous sommes tous stupéfaits de constater que les données expérimentales corroborent aussi bien les prédictions de la mécanique quantique.

L'article[1] soumis à *Physical Review Letters* le 31 décembre 1981 sera accepté sans difficulté, quelques mois après le premier. Il ne nous aura fallu que neuf mois pour passer de la première expérience à la seconde. Philippe peut donc présenter les résultats de cette deuxième expérience, pour lesquels il a joué un rôle majeur, dans sa thèse de troisième cycle – ce qui n'était pas garanti lorsqu'il avait commencé. Le jeu en valait néanmoins la chandelle, puisque son mémoire présente les deux premières expériences : un départ remarquable pour une carrière qui sera brillante.

---

1. Voir Aspect, Grangier et Roger (1982).

6.11. Prêts pour des polariseurs variables

Après une première expérience qui nous a permis de valider les efforts de près de sept ans en confirmant les résultats de nos prédécesseurs avec un montage bien meilleur, la deuxième expérience, avec un schéma nouveau, a donné des résultats en accord avec les prédictions quantiques à un niveau inégalé[1]. Sous réserve de la validité de l'hypothèse de l'échantillonnage non biaisé, on peut donc affirmer que l'on doit renoncer à expliquer les corrélations dans les systèmes intriqués en invoquant des théories locales à paramètres supplémentaires respectant la condition de localité de Bell. Mais il reste encore une possibilité de réconcilier ces résultats avec la vision du monde réaliste locale défendue par Einstein : c'est de remettre en cause l'hypothèse de localité de Bell, en supposant que les polariseurs interagissent entre eux, ou qu'ils influencent la façon dont les paires intriquées sont émises. C'est pour éliminer cette possibilité que j'ai décidé en 1975 de me lancer dans ce programme expérimental, en m'appuyant précisément sur un autre point essentiel de la vision d'Einstein : l'impossibilité d'une interaction se propageant plus vite que la lumière. En effet, si on modifie l'orientation des polariseurs entre le moment où les photons ont quitté la source et celui où ils atteignent les polariseurs, on élimine toute possibilité d'interaction entre les polariseurs, sauf à admettre que cette interaction est plus rapide que la lumière. Maintenant que nous disposons d'une source de paires de photons intriqués aux performances sans précédent, il est temps d'aborder cette dernière phase.

---

1. Il faudra attendre une quinzaine d'années pour voir des résultats encore plus précis que les nôtres, après la mise au point d'une source de paires de photons basée sur un principe nouveau, encore plus performante que la nôtre (Kwiat *et al.*, 1995).

L'essentiel

En 1974, à la recherche d'un sujet de thèse, j'ai la chance de découvrir l'article de John Bell présentant de façon limpide le débat entre Bohr et Einstein à propos de la situation EPR et montrant que l'on peut trancher ce débat en faisant une expérience. La lecture de cet article est pour moi un véritable coup de foudre : je veux absolument travailler sur ce sujet, et j'élabore rapidement l'idée d'une expérience originale, notablement différente des deux premières expériences réalisées en 1972. John Bell me confirme que, si j'arrive à mon but, ce sera un progrès important, car cette expérience mettra en jeu la vision du monde d'Einstein dans sa globalité.

Un jeune professeur de l'Institut d'Optique, Christian Imbert, qui m'a permis de connaître l'article de Bell, accepte de parrainer mon entreprise malgré l'opinion majoritaire chez les physiciens que le sujet est sans intérêt. Il me faudra près de cinq ans pour construire une source de paires de photons intriqués d'une efficacité sans précédent, en mettant en œuvre des techniques que ni moi ni les collègues de l'Institut d'Optique ne connaissons et que je vais apprendre dans divers laboratoires du plateau de Saclay et de l'université d'Orsay ou de Paris. Je rapporte ces techniques à l'Institut d'Optique, où je les mets en œuvre avec l'aide des services techniques généraux de l'Institut d'Optique, ainsi que d'un technicien opticien et d'un ingénieur électronicien, Gérard Roger et André Villing, affectés à mon expérience. Des méthodes relativement standards me permettent de construire un jet atomique, puis je passe à des techniques peu répandues dans les laboratoires d'optique et de physique atomique français : le comptage de photons en coïncidence. J'aurai la chance de les apprendre auprès du service d'électronique du centre de physique nucléaire du CEA à Saclay, qui développe des dizaines de systèmes pour les placer auprès d'un accélérateur et dont les ingénieurs me « prêtent » gentiment les quelques appareils dont j'ai besoin. Un symposium à Erice, organisé en 1976 par Bell et d'Espagnat, me permet de présenter mon projet aux quelques acteurs du sujet, théoriciens et expérimentateurs, et de profiter des conseils de ces derniers. Je m'inspire en particulier de John Clauser pour le choix des transitions atomiques qui produisent les paires de photons, et d'Ed Fry qui présente les résultats d'une toute nouvelle expérience où l'excitation des atomes utilise un laser, ce qui conduit à une source beaucoup plus efficace que celle de Clauser. Cela me pousse à chercher une excitation par laser de ma source, basée sur le même atome que Clauser, et je découvre qu'en utilisant non pas un laser mais deux, il est en principe possible de produire de façon quasiment idéale les paires de photons intriqués. Je devrai pour cela adapter à ma situation une technique nouvelle développée au laboratoire de spectroscopie hertzienne de l'ENS à Jussieu par l'équipe de Bernard Cagnac, physicien réputé qui montre un grand intérêt pour mon projet. Après de nombreux tâtonnements, l'idée se révèle bonne, et je peux alors procéder à la mise au point de la source de paires de photons intriqués, tout en faisant construire les polariseurs dont j'aurai besoin.

Un premier type de polariseur utilisant la technique ancienne des « piles de glaces » est construit aux ateliers de l'Institut d'Optique, qui réalisent de véritables chefs-d'œuvre d'optique et de mécanique. Puis un deuxième type de polariseur, utilisant des techniques de pointe, est réalisé spécifiquement pour mon expérience – gracieusement – par le laboratoire de recherche en optique de Philips à Eindhoven. Les premiers polariseurs sont utilisés pour un premier test des inégalités de Bell, qui est une répétition de l'expérience de Clauser et Freedman avec une source beaucoup plus efficace qui rend la prise de données beaucoup plus facile. Nous confirmons leur violation des inégalités de Bell avec un niveau de confiance bien amélioré, même si cela ne se traduit pas quantitativement dans les résultats que nous publions. La deuxième expérience met en œuvre les polariseurs développés pour nous par Philips, ce qui nous permet de réaliser pour la première fois une expérience avec des polariseurs à deux voies. On se rapproche ainsi du schéma théorique idéal, en évitant d'avoir recours à des hypothèses supplémentaires et à des calibrations auxiliaires. Le résultat des mesures est à la hauteur des efforts consentis, en fournissant une violation des inégalités de Bell par plus de 40 écarts-types, dix fois mieux que dans les expériences précédentes. Les mesures directes de chaque coefficient de corrélation concordent parfaitement, à 1 ou 2 écarts-types près, avec le résultat des calculs quantiques prenant en compte les différences entre l'expérience réelle et le schéma théorique idéal. Ce résultat, qui nous permettra de détenir le record des violations des inégalités de Bell pendant quinze ans, impressionne la communauté de plus en plus vaste des physiciens intéressés par ce sujet, qui attendent désormais le résultat de l'expérience avec polariseurs variables.

Fiabilité d'un résultat scientifique, écart-type

L'écart-type caractérise l'incertitude que l'on a sur la mesure d'une grandeur, dont on pense que les résultats sont distribués suivant une courbe en cloche (voir la figure 6.11). Plus précisément, cette courbe décrit la probabilité de trouver une certaine valeur pour la grandeur mesurée. Cette probabilité correspond à la fraction des cas dans lesquels on trouverait cette valeur si on faisait un très grand nombre de mesures. Le maximum de cette courbe indique la valeur la plus probable qui, en l'absence d'erreur systématique, est la valeur « vraie ». La largeur de cette courbe donne l'intervalle dans lequel on a une probabilité élevée de trouver le résultat, et la demi-largeur permet d'évaluer l'incertitude sur une mesure unique. Cette demi-largeur est estimée par une quantité mathématique que l'on appelle l'écart-type.

Il existe de très nombreux types de mesures pour lesquelles la courbe en cloche est une gaussienne[1] (c'est le cas de la figure 6.11). Dans ce cas, le résultat trouvé lors d'une mesure a 66 % de chances de se trouver à plus ou moins 1 écart-type de la valeur vraie, et 95 % de chances de se trouver à plus ou moins 2 écarts-types de la valeur vraie. On en déduit que l'on a 66 % de chances que la valeur vraie soit à plus ou moins 1 écart-type de la valeur trouvée lors d'une mesure unique. Il est donc essentiel de pouvoir évaluer l'écart-type.

Un cas important pour nos mesures est celui où l'on compte des événements dans un intervalle de temps donné, par exemple le nombre de photons détectés en une seconde, ou le nombre de coïncidences détectées en 100 secondes. Si les événements sont distribués aléatoirement indépendamment les uns des autres et que le nombre trouvé est grand devant 1 – ce qui est le cas pour les comptages que je viens de citer –, la théorie statistique montre que les résultats de mesure

---

1. Outre le cas du comptage d'événements indépendants se produisant à un rythme moyen constant, on peut citer celui de la mesure d'une grandeur qui est perturbée par un grand nombre de petits phénomènes parasites indépendants les uns des autres. Le théorème statistique dit « théorème de la limite centrale » permet alors de conclure que les divers résultats obtenus sont distribués suivant une loi gaussienne.

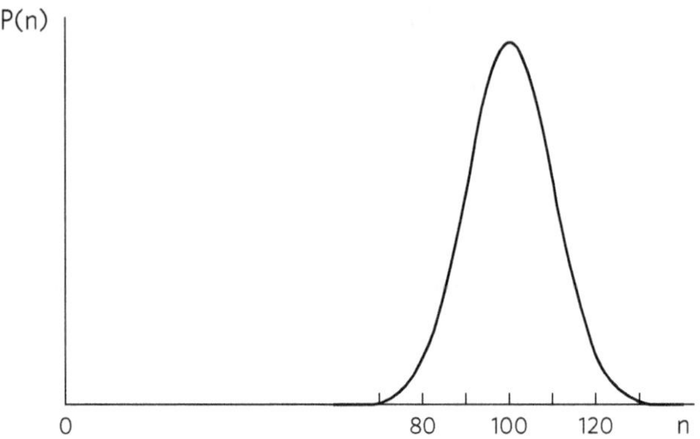

Figure 6.11. Probabilité gaussienne d'une mesure de valeur moyenne 100 et d'écart-type 10. Si on répétait un très grand nombre de fois la mesure d'un nombre de photons et qu'on reportait la fraction des cas obtenus pour chaque résultat de mesure, on obtiendrait la loi de probabilité P(n) ci-dessus, tracée dans le cas où la valeur moyenne est 100. Les marques sur l'axe des abscisses sont distantes de 1 écart-type. La quasi-totalité des valeurs sont comprises dans l'intervalle situé entre plus ou moins 3 écarts-types de la valeur moyenne, c'est-à-dire entre 70 et 130. La probabilité d'obtenir la valeur 100 est d'environ 4 %.

sont distribués suivant une loi de probabilité gaussienne[1] dont l'écart-type est la racine carrée du nombre moyen d'événements comptés. Ainsi, si je trouve 10 détections, l'écart-type vaut à peu près 3, ce qui veut dire que j'ai 95 % de chances que le nombre vrai soit compris entre 4 et 16. Si je trouve 100 détections, l'écart-type vaut 10 et on a 95 % de chances que le nombre vrai soit compris entre 80 et 120. Le rapport entre l'écart-type et la valeur vraie diminue quand le nombre d'événements comptés augmente, et la précision de la mesure s'améliore. J'ai donc intérêt à accumuler le plus grand nombre d'événements possibles.

Quand on cherche à savoir si on a trouvé un résultat en accord avec une prédiction théorique ou avec une valeur de référence, on détermine le nombre d'écarts-types séparant le résultat trouvé de la valeur de référence. Ainsi, si j'ai mesuré la quantité S intervenant dans les inégalités de Bell et que je veux la comparer à la limite S = 2 au-dessus de laquelle je conclurai qu'il faut renoncer au réalisme local d'Einstein, je déterminerai le nombre d'écarts-types séparant la valeur

---

1. Pour les expert(e)s : il s'agit en toute rigueur d'une distribution de Poisson qui, pour un nombre moyen grand devant 1, est très bien approximée par une distribution gaussienne.

mesurée de S et le nombre 2. En physique expérimentale, on considère habituellement qu'une différence de 3 écarts-types est une indication méritant d'être prise en compte, et qu'un écart de 5 écarts-types est convaincant. Ainsi, une différence S – 2 positive par 5 écarts-types est considérée comme une violation convaincante des inégalités de Bell. De façon générale, un résultat de mesure différant par 5 écarts-types d'une valeur à tester mérite de donner lieu à publication.

Il faut néanmoins se souvenir que l'on trouve dans l'histoire de la physique des exemples où un résultat annoncé avec 5 écarts-types a été contredit par la suite, parce qu'un phénomène parasite avait été oublié. Il est donc important, lorsqu'on publie un résultat nouveau, de donner tous les détails de l'expérience afin que d'autres groupes puissent la répéter, généralement avec des variantes. Cette confirmation par les pairs, qui est un élément essentiel de la méthode scientifique, est particulièrement importante dans le cas d'un résultat inattendu. On peut citer l'exemple de la supraconductivité dite « à haute température critique », dont l'observation en 1986 a surpris tout le monde mais a été observée en quelques semaines dans plusieurs laboratoires différents. *A contrario*, l'annonce en 1989 d'un phénomène de fusion thermonucléaire dans une expérience de chimie standard, baptisé « fusion froide », n'a jamais été confirmée par les laboratoires qui ont tenté de reproduire l'expérience, ce qui laisse planer de très gros doutes sur le résultat annoncé. Personnellement, j'avoue avoir été rassuré quand Greg Weihs et Anton Zeilinger ont confirmé, en 1998, les résultats de mon expérience de 1982, car c'était la première fois qu'elle était répétée.

Observation des paires de photons : détections en coïncidence

Si je détecte deux photons derrière les polariseurs I et II, comment puis-je m'assurer que ces photons ont été émis par le même atome, donc qu'ils appartiennent à la même paire ? En d'autres termes, comment ne pas confondre ce cas avec celui où les deux photons ont été émis par des atomes différents, appartenant ainsi à des paires différentes ? La réponse tient à la capacité de déterminer l'instant de détection de chaque photon avec une précision de l'ordre de la nanoseconde. En effet, la durée de vie de la cascade atomique, c'est-à-dire du niveau r (voir la figure 6.3), est de 5 nanosecondes. Cela veut dire que lorsqu'un atome a émis un premier photon v_1, il va émettre le second avec un retard qui n'excédera pas quelques durées de vie, disons 15 nanosecondes. Plus précisément, si on considère un grand nombre de paires, on observera des délais variés entre les instants de détection des deux photons d'une même paire. Le photon v_2 étant toujours émis après le photon v_1, la distribution des délais pour les retards négatifs est nulle ; elle monte ensuite brutalement à sa valeur maximale autour du délai nul, puis décroît exponentiellement avec une constante de temps égale à 5 nanosecondes. La figure 6.12 montre cette distribution, observée expérimentalement avec des temps d'acquisition différents.

Pour obtenir ces histogrammes, on détermine l'intervalle de temps entre les détections de deux photons v_1 et v_2 en utilisant des photomultiplicateurs en régime de comptage de photons. Je vous ai déjà expliqué[1] qu'un tel instrument est capable de détecter un photon unique tombant sur sa photocathode et de produire une impulsion électrique brève qui peut elle-même activer un circuit électronique avec une précision temporelle de l'ordre de la nanoseconde. Ces dispositifs électroniques rapides sont la clef de la détection des paires de photons émises par le même atome, car ils permettent de mesurer l'intervalle de temps entre deux détections dans la voie I et la voie II. Chaque résultat de mesure est trié suivant sa valeur par un ordinateur

---

1. Voir l'encadré E5.1 dans le chapitre 5, section 5.2.

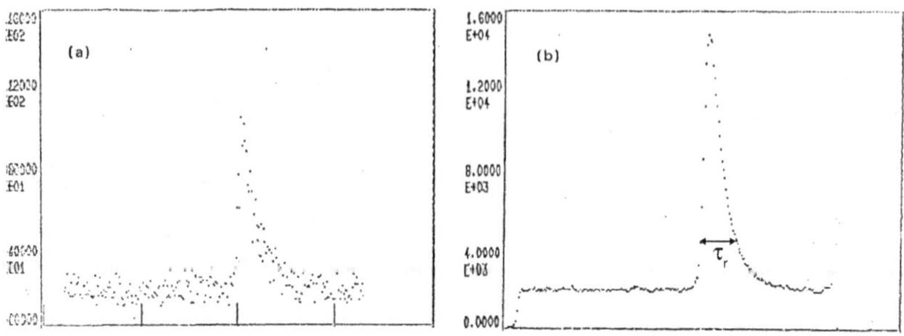

Figure 6.12. Distribution des délais entre les instants de détection des deux photons d'une même cascade, pour deux temps d'acquisition différents. Ce délai varie d'une paire à l'autre, mais si on observe un grand nombre de paires, on constate que l'ensemble des délais est distribué suivant une loi de probabilité qui croît brutalement autour du retard nul, puis qui décroît exponentiellement avec une constante de temps τ_r de 5 nanosecondes. Le photon ν_2 est toujours émis après le photon ν_1. La probabilité qu'il soit émis immédiatement après le photon ν_1 est la plus forte, puis cette probabilité décroît en fonction du délai, jusqu'à devenir très faible après 10 nanosecondes. Un calcul simple basé sur les propriétés des exponentielles décroissantes montre que le délai entre l'émission du photon ν_1 et celle du photon ν_2 est inférieur à 10 nanosecondes dans près de 90 % des cas. La comparaison des deux enregistrements montre l'amélioration du signal lorsqu'on augmente le temps d'acquisition, qui est multiplié par plus de 100 dans le deuxième cas : on constate une fluctuation statistique relative divisée par plus de 10 (la racine carrée de 100). Le fond plat correspond à des photons émis par deux atomes différents, à des instants non corrélés. *(Figures extraites d'Aspect (1983), p. 229.)*

qui construit l'histogramme du nombre de paires détectées avec un intervalle de temps donné. Les figures 6.12(a) et 6.12(b) montrent les résultats obtenus pendant des durées d'accumulation différentes. Chaque canal correspond à un intervalle de temps entre les détections des deux photons compris dans une fenêtre de 0,4 nanoseconde. Par exemple, le canal 1 correspond à des photons détectés avec un intervalle de temps compris entre 0 et 0,4 nanoseconde, le canal 2 à des photons détectés avec un intervalle de temps compris entre 0,4 et 0,8 nanoseconde, etc. On voit que beaucoup de paires sont détectées dans le canal 1, un peu moins dans le canal 2, etc., ce qui forme un pic correspondant à des paires de photons émis par le même atome, en cascade. Il émerge au-dessus d'un fond plat qui correspond à la détection de deux photons émis par deux atomes différents. Sa valeur est la même quel que soit l'intervalle de temps entre les deux photons puisque, dans ce cas, les deux émissions sont indépendantes. Ce fond existe aussi dans la zone du pic : on peut donc le soustraire du pic, et obtenir ainsi le signal associé aux photons de la même paire. Si on veut savoir combien de paires de photons corrélés ont été observées pendant la totalité de l'enregistrement, il suffit de faire la somme de tous les événements restant dans le pic une fois qu'on a soustrait le fond.

Un point extraordinaire de cette technique de comptage de photons résolu en temps est qu'elle est insensible à la plupart des signaux parasites qui auraient pu perturber les mesures. Un simple calcul d'ordre de grandeur va vous en convaincre. Ces signaux parasites se traduisent en définitive par la production par les photomultiplicateurs de « coups d'obscurité », c'est-à-dire d'impulsions électriques arrivant à des instants aléatoires, existant même en l'absence de lumière détectée, avec un taux typique de l'ordre de 1 000 par seconde pour chaque photomultiplicateur. Or ces coups d'obscurité peuvent donner des coïncidences si deux impulsions sont détectées pendant la même fenêtre temporelle. Heureusement, nos fenêtres sont très petites, de l'ordre de la nanoseconde ou moins, comme dans l'exemple de la figure 6.12 où elles valent 0,4 nanoseconde. De ce fait, les coups d'obscurité donneront un taux de coïncidences par canal de moins d'un millième d'événement par seconde[1]. Cela signifie qu'en 100 secondes, ce qui correspond à peu près à la situation de la figure 6.12(b), il y aura beaucoup moins d'une coïncidence parasite par canal. Ainsi, quand on les compare au pic de 15 000 coups par canal, ou même au fond de 2 000 coups par canal, les nombres de coïncidences parasites dues aux coups d'obscurité sont totalement négligeables.

Finalement, la seule incertitude expérimentale est celle liée à la fluctuation statistique du signal mesuré. Je vous ai indiqué dans le complément précédent quelle est la précision statistique sur le nombre de paires détectées dans le canal 1, ou sur le nombre total de paires détectées. Cette précision est plus de dix fois meilleure dans la figure 6.12(b) que dans la figure 6.12(a), car le temps d'acquisition est plus de cent fois plus grand, et le nombre de données aussi. Aujourd'hui encore, je suis fasciné par la précision de ces résultats qui, rappelons-le, portent sur des objets quantiques élémentaires, les photons.

---

1. Pour les expert(e)s : le taux de coïncidences par unité de temps entre coups aléatoires non corrélés est égal au produit des taux de coups multiplié par la durée de la fenêtre temporelle de coïncidences considérée. Dans l'exemple donné ici, il vaut donc $1\,000 \times 1\,000 \times 4 \times 10^{-10} = 4 \times 10^{-4}$ par seconde.

CHAPITRE 7

Institut d'Optique, acte II : la non-localité quantique à l'épreuve de l'expérience

Nous sommes en 1982. Avec mon équipe, j'ai construit une source de paires de photons intriqués aux performances sans précédent, ce qui nous a permis de réaliser un test original des inégalités de Bell avec des polariseurs à deux voies, donnant des résultats impressionnants. Il est temps de passer à mon projet ultime, celui que j'ai annoncé dès 1975 : réaliser un test avec des polariseurs variables, dont l'orientation est modifiée pendant que les photons se déplacent entre la source et les polariseurs. Tourner des objets aussi massifs en quelques nanosecondes est hors de question, et j'ai proposé de plutôt utiliser un commutateur, un aiguillage optique rapide utilisant l'effet acousto-optique dans une configuration inhabituelle. Il n'y a plus qu'à mettre en œuvre l'ensemble, en mobilisant les meilleures techniques optiques classiques au service d'une expérience de pointe d'optique quantique. Le résultat connaîtra un retentissement allant au-delà de mes attentes. Puis la source de paires de photons sera détournée de son objet initial pour nous permettre de réaliser la première source de photons uniques, ce qui conduira en 1985 à une mise en évidence directe de la dualité onde-particule, dans le cadre de la thèse d'État de Philippe Grangier. Vers la fin de la décennie, les premières idées de technologies quantiques basées sur les photons intriqués vont m'amener à revenir sur la signification profonde de l'expérience avec polariseurs variables et au concept de non-localité quantique.

7.1. Tourner les polariseurs

Nous en arrivons au moment crucial : la troisième expérience de l'Institut d'Optique, qui représente l'objectif de ma thèse. Avant d'entrer dans le détail de celle-ci, il me semble utile de la remettre dans son contexte en proposant un court résumé de points mentionnés dans les chapitres précédents.

Tout commence par la découverte de John Bell en 1964 : le débat entre Bohr et Einstein, qui paraît à l'origine de nature purement épistémologique – puisqu'il traite de l'interprétation d'une théorie physique – peut en fait être tranché par une expérience. Bohr avait affirmé en 1935 que le formalisme ne pouvait pas être complété, alors qu'Einstein pensait avoir démontré le contraire. Or Bell comprend qu'adopter le point de vue d'Einstein – il faut compléter le formalisme quantique si on veut sauver la vision réaliste locale du monde – conduit à des prédictions contradictoires avec celles du formalisme quantique tel qu'il est utilisé par l'immense majorité des physiciens.

Pour départager ces deux points de vue, Bell établit un critère sous forme d'inégalités portant sur les corrélations observées sur deux particules intriquées et représentées par une quantité S. Tout modèle mathématique en accord avec le point de vue d'Einstein prédit des résultats de mesure respectant ces inégalités : dans ces modèles, la quantité S ne peut pas être plus grande que 2. Or, pour certaines situations expérimentales, le formalisme quantique prévoit des valeurs de S supérieures à 2. On a en particulier identifié un cas où la quantité S prévue par le formalisme quantique vaut $2\sqrt{2}$, soit un peu plus que 2,8. Une expérience faite dans cette situation est donc une expérience cruciale : si on trouve S supérieure à 2 conformément à la mécanique quantique, alors il faut rejeter la vision du monde défendue par Einstein. Si au contraire on trouve S inférieure à 2, alors on aura mis en évidence une situation où le formalisme quantique standard est pris en défaut.

Les deux résultats possibles apparaissent aussi extraordinaires l'un que l'autre au jeune physicien que je suis. C'est pourquoi je décide de monter une expérience pour trancher le débat.

Le raisonnement de Bell est clair et ne peut être contesté sur le plan théorique ; mais il porte sur une expérience de pensée idéale, et le passage à la pratique ne va pas de soi. C'est pourquoi Clauser, Horne, Shimony et Holt publient en 1969 un article dans lequel ils modifient les inégalités de Bell originelles pour qu'il devienne possible de les tester grâce à une expérience réelle, mettant en scène des photons et leur polarisation. Clauser se lance dans l'aventure à Berkeley avec son doctorant Stuart Freedman et observe en 1972 la première violation expérimentale des inégalités de Bell. La même année, Holt et Pipkin, à Harvard, trouvent un résultat opposé, en contradiction avec la prédiction du formalisme quantique. Les expériences qui s'ensuivent, qu'il s'agisse de celle de Clauser ou celle de Fry en 1976, ou de celles de l'Institut d'Optique en 1981, confirment la violation des inégalités de Bell. Cependant, la démonstration théorique des inégalités de Bell ainsi que les conclusions que l'on peut tirer de leur violation sont conditionnées à l'hypothèse de localité de Bell, selon laquelle les polariseurs ne peuvent interagir ni entre eux, ni avec la source. Si raisonnable soit-elle, on peut contester cette hypothèse, puisqu'il s'agit d'explorer d'éventuelles limites de la théorie. En fait, il est possible de justifier cette hypothèse en la faisant reposer sur une théorie bien établie, à savoir la relativité restreinte d'Einstein, à condition de modifier le schéma expérimental. Sur une idée que j'ai puisée dans l'article de Bell, tout l'enjeu de ma troisième expérience consiste à modifier très rapidement l'orientation des polariseurs juste avant que les photons ne les atteignent. Alors, l'orientation d'un polariseur n'aura pas le temps d'influencer la mesure faite par l'autre polariseur, sauf si cette influence se propage plus vite que la lumière, ce qui est interdit par la relativité restreinte. De même, l'orientation des polariseurs ne pourra pas influencer les propriétés de la paire de photons émise avant que cette orientation n'ait été déterminée. Mais réaliser un tel schéma expérimental est un défi technique auquel personne ne s'est encore confronté, et que je me suis engagé à relever au cours de ma thèse.

Pour bien comprendre l'enjeu de cette expérience, il faut envisager les deux possibilités. Si les résultats sont en accord avec les inégalités de Bell et en désaccord avec les prédictions du formalisme quantique, ce sera un véritable séisme : on aura atteint une limite de la mécanique quantique telle que nous l'utilisons avec succès depuis près d'un siècle. S'ils violent les inégalités de Bell, en accord avec les prévisions quantiques, il faudra renoncer à la vision réaliste locale du monde défendue par Einstein, ce qui sera tout aussi bouleversant pour ceux qui comme moi sont convaincus par le raisonnement EPR. Si on insiste pour se représenter les phénomènes dans notre espace à trois dimensions, il faudra admettre une forme de non-localité quantique, la possibilité d'une sorte d'influence instantanée, ce qui est difficile à accepter.

7.2. Commuter plutôt que tourner

Une valeur numérique témoigne d'emblée de l'ampleur du défi. Pour une distance de 6 mètres entre la source et chaque polariseur, le temps de parcours des photons est de 20 nanosecondes : il faut donc changer l'orientation de chaque polariseur en un temps beaucoup plus bref et avec un intervalle de temps entre deux changements inférieur à 20 nanosecondes. Or l'ensemble formé d'un polariseur et des photomultiplicateurs qui lui sont attachés, appelé « polarimètre », pèse plusieurs dizaines de kilogrammes (voir la photographie de la figure 6.8). Il est évidemment inenvisageable de mettre ce mastodonte en rotation en quelques milliardièmes de seconde. Alors comment faire ?

Une solution apparaît évidente *a priori* à toute personne connaissant un peu l'optique moderne. Il existe des dispositifs dits « électro-optiques » ou « magnéto-optiques » qui offrent la possibilité de modifier l'orientation de la polarisation de la lumière lorsqu'on leur applique une tension électrique bien choisie. C'est ce qu'on appelle des cellules de Kerr, ou cellules de Pockels, couramment utilisées pour contrôler la polarisation des faisceaux laser. Mais je me heurte à un problème insurmontable lié à la taille des faisceaux de photons intriqués, nettement plus grande que celle d'un laser : leur diamètre vaut plusieurs centimètres, dix fois plus que pour un faisceau laser. Pour une cellule de Kerr d'une telle dimension – à supposer que l'on puisse la construire –, la puissance électrique requise pour répéter un basculement rapide toutes les 10 nanosecondes serait déraisonnable, de l'ordre de celle des grands émetteurs radio, tel celui de Radio France ! Bref, il faut oublier.

J'arrive donc à l'idée qu'au lieu de chercher à changer très rapidement l'orientation des polariseurs, ou la polarisation de la lumière avant qu'elle n'atteigne le polarimètre, je pourrais placer dans chaque faisceau un commutateur, c'est-à-dire un système d'aiguillage qui enverrait alternativement le faisceau vers l'un ou l'autre des deux polariseurs avec des orientations différentes mais fixes. En utilisant un tel système sur chacune des deux voies issues de la source (voir la figure 7.1), je pourrais réaliser le rêve

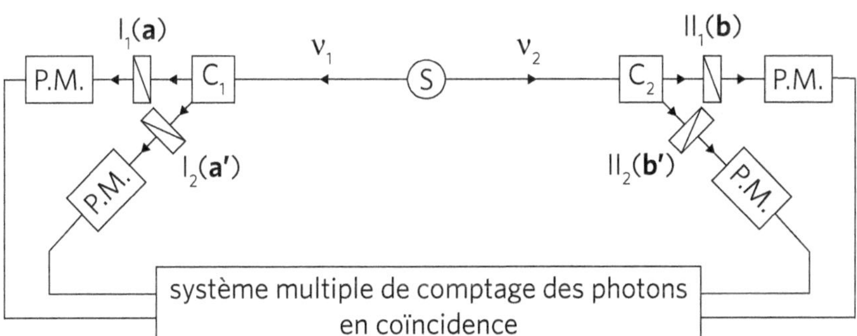

Figure 7.1. Principe de l'expérience avec les commutateurs optiques. Le commutateur C_1 est un aiguillage capable d'envoyer le photon incident soit vers le polariseur I_1 dans l'orientation **a**, soit vers le polariseur I_2 dans l'orientation **a'**. L'ensemble est équivalent à un seul polariseur passant rapidement de l'orientation **a** à l'orientation **a'**. Il en est de même pour l'ensemble C_2, II_1 et II_2. Si l'intervalle entre deux basculements des commutateurs est plus court que le temps de propagation de la lumière entre les deux polariseurs, la condition de localité de Bell n'est plus une hypothèse : c'est une conséquence de la causalité relativiste d'Einstein.

de John Bell : mettre en œuvre une configuration équivalente à celle contenant de chaque côté un seul polariseur dont on ferait basculer l'orientation très rapidement.

7.3. L'idée d'un commutateur acousto-optique

Comment réaliser un tel aiguillage, capable d'envoyer alternativement la lumière soit dans une direction soit dans une autre, à une fréquence supérieure à un changement toutes les 20 nanosecondes ? Après de nombreux tâtonnements, je repense à une expérience faite en classe de mathématiques élémentaires (« math élem. », on dirait aujourd'hui « terminale scientifique ») par mon professeur de physique du lycée d'Agen, M. Hirsch : l'expérience de la corde de Melde (voir le complément C7.1 en fin de chapitre). En me remémorant l'évolution temporelle de cette corde siège d'une onde stationnaire, je comprends que l'on passe très vite de la situation où la corde est spatialement modulée (ondulée) à la situation où elle est rectiligne. Or, au même moment, je travaille dans le cadre de mon enseignement avec les agrégatifs de Cachan sur l'effet acousto-optique : il s'agit de la déviation d'une onde lumineuse par un réseau de diffraction créé par l'onde acoustique. Il y a eu entre les élèves un vif échange sur la comparaison entre le cas d'une onde acoustique progressive et celui d'une onde acoustique stationnaire[1]. J'ai dû arbitrer, et

---

1. Pour les expert(e)s : je ne résiste pas à partager cette discussion avec celles et ceux d'entre vous qui connaissent suffisamment de physique des ondes pour apprécier sa subtilité. Pour une onde stationnaire, la distance entre deux nœuds ou deux ventres étant d'une demi-longueur d'onde, on pourrait en conclure que le réseau de diffraction a une période spatiale deux fois plus petite que celle d'une onde acoustique progressive, dont la période est égale à une longueur d'onde. On aurait donc une déviation deux fois plus grande avec une onde stationnaire. Mais il n'en est rien, car bien que la distance entre nœuds d'une onde stationnaire soit effectivement d'une demi-longueur d'onde, la période est d'une longueur d'onde en ce qui concerne la pression acoustique, qui change de signe au passage d'un

cela m'a obligé à réfléchir à l'effet acousto-optique avec une onde acoustique stationnaire, ce qui n'est pas la situation habituelle. En y repensant, après mon enseignement du jour, je vois soudain dans ma tête un faisceau lumineux qui va se diffracter sur une onde acoustique stationnaire, et je repense à la corde de Melde alternativement ondulée puis plate. Voici l'idée importante : si le faisceau arrive à un moment correspondant à la corde plate, il est transmis sans que sa trajectoire ne soit modifiée, car il n'y a dans ce cas aucune modulation acousto-optique du milieu ; mais s'il arrive un quart de période plus tard, au moment correspondant à la plus grande ondulation de la corde, le faisceau interagit avec l'onde acoustique au plus fort de sa modulation et il est dévié sous l'effet du phénomène de diffraction. Avec une onde acoustique de fréquence 25 mégahertz (ce qui correspond à une période de 40 nanosecondes), on a un phénomène de déviation maximale qui se répète toutes les 20 nanosecondes puisque la corde est ondulée deux fois par période. Le passage d'un chemin de sortie à l'autre se fait donc toutes les 10 nanosecondes, ce qui est très confortable par rapport à la cadence minimale nécessaire pour notre expérience, à savoir un basculement toutes les 20 nanosecondes.

Je me mets alors fébrilement à étudier en détail la théorie de l'effet acousto-optique, craignant de tomber sur une caractéristique du phénomène m'obligeant à abandonner l'idée. Les calculs me rassurent et me permettent de répondre à la première objection à laquelle je pense : la diffraction ne va-t-elle pas perturber la polarisation de la lumière ? La réponse est que l'on peut trouver des configurations qui conservent la polarisation, donc tout va bien de ce côté. Reste à savoir si on peut se mettre dans le régime dit « de Bragg » où la totalité du faisceau incident est envoyée dans un seul faisceau diffracté, ce qui permet de basculer entre deux directions seulement, et pas entre une multitude de directions. Non seulement cela est possible, mais les calculs complexes que je

---

nœud de l'onde stationnaire. Il en est de même pour les variations d'indice de réfraction, qui sont proportionnelles à la pression acoustique. Dans les deux cas, la période du réseau de diffraction vaut une longueur d'onde acoustique, et la déviation est la même. Mais dans un cas le faisceau dévié est modulé, alors que dans l'autre il a une intensité constante.

trouve dans des mémoires de thèse sur le sujet me montrent que le système devrait fonctionner encore mieux qu'espéré initialement. D'abord le basculement peut être total si on choisit convenablement l'amplitude de l'onde acoustique ; autrement dit, le faisceau peut être diffracté dans sa totalité au moment du maximum de l'onde stationnaire. Cela, je m'y attendais, et le voir confirmé par les calculs est rassurant. Mais la théorie me réserve une bonne surprise au bout des équations : alors qu'*a priori* je pensais que la commutation se ferait progressivement, de façon sinusoïdale, avec une phase de transition pendant laquelle il faudrait empêcher la prise des données, le calcul montre que les basculements sont nettement plus brutaux que ce que je pensais. Une visite à un expert de l'acousto-optique, René Torguet, qui travaille au centre de recherche Thomson-CSF voisin, confirme cette analyse.

Cette fois, les dieux de la physique ont décidé de m'aider au lieu de m'opposer des obstacles insurmontables comme dans les méthodes de commutation que j'avais envisagées jusque-là. Je peux donc revenir vers Christian Imbert et lui exposer mon idée. Comme je l'ai déjà raconté, il me propose alors d'aller rencontrer John Bell et, devant la réaction positive de ce dernier, il accepte de me prendre dans son groupe en tant que doctorant. Il m'offre des mètres carrés dans son laboratoire pour y monter mon expérience : trois pièces en enfilade qui, une fois les portes de communication enlevées, permettront de loger une expérience de 13 mètres de long.

7.4. *Le dos au mur*

J'ai raconté au chapitre 6 le long chemin depuis mon entrée dans le groupe Imbert, au début de 1975, jusqu'au montage expérimental avec lequel nous réalisons en 1981 deux tests des inégalités de Bell suffisamment innovants pour que les deux articles les décrivant soient acceptés sans difficulté pour publication dans

Physical Review Letters, la plus prestigieuse des revues consacrées uniquement à la physique. J'ai maintenant une certaine visibilité internationale, et de plus en plus de physiciens comprennent l'intérêt de ce que nous faisons. Dans mes séminaires de plus en plus nombreux, j'ai expliqué que mon but ultime est de mettre en œuvre le changement d'orientation des polariseurs pendant la propagation des photons, et je reçois des lettres me questionnant sur l'avancée de cette troisième expérience.

Nous sommes début 1982, et il ne me manque plus qu'un élément, mais un élément clef : le commutateur acousto-optique, ou plutôt deux commutateurs, un pour chaque voie. Dès le début de ma thèse, en 1975, je les avais commandés à une petite société qui venait juste d'être créée, spécialisée dans les dispositifs acousto-optiques – des composants de plus en plus utilisés dans les technologies optiques de pointe. J'avais précisé mon cahier des charges : un commutateur à onde stationnaire pouvant fonctionner dans le régime de Bragg et ne perturbant pas la polarisation. Les responsables de la société m'avaient affirmé pouvoir y répondre de façon satisfaisante en utilisant la technologie qu'ils maîtrisent, basée sur un cristal dans lequel se propagent des ondes acoustiques produites par des transducteurs piézoélectriques collés sur ses faces latérales. Seulement, début 1982, malgré mes demandes répétées on ne me livre pas les dispositifs, et on finit par m'avouer que les ingénieurs butent sur un problème technique, celui du collage des transducteurs. Ce collage se fait à chaud et, lors du refroidissement, les transducteurs se brisent à chaque fois car ils ont un coefficient de dilatation différent de celui du cristal. Le problème est la taille inhabituelle de mes faisceaux optiques, de plusieurs centimètres de diamètre, alors que leurs modulateurs standards sont destinés à des faisceaux laser de taille millimétrique. Je suis dans une impasse. Que faire ?

Je suis un chercheur. Mon travail consiste à explorer des territoires vierges, et je vais donc essayer de trouver une solution à un problème que les méthodes connues n'arrivent pas à résoudre. Je me plonge dans l'étude des livres d'acousto-optique que je trouve à la bibliothèque de l'Institut d'Optique et, dans le chapitre consacré aux matériaux présentant cet effet, je tombe sur… l'eau, l'eau toute simple, l'eau du robinet. Tous les articles consacrés à l'effet acousto-optique que j'avais trouvés laissaient à penser que celui-ci n'était efficace qu'avec des cristaux spéciaux, ceux qu'utilisait la société à laquelle j'ai passé ma commande. Or je lis dans un livre que les propriétés acousto-optiques de l'eau sont loin d'être négligeables. Alors pourquoi ne pas mettre tout simplement deux émetteurs d'onde acoustique, appelés « transducteurs », face à face dans un récipient contenant de l'eau ? Le problème du collage ne se posera pas et, comme l'eau est un milieu isotrope, la question d'une éventuelle perturbation de la polarisation ne se posera pas non plus aux angles de déviation que j'envisage. L'eau présente *a priori* un inconvénient : celui de l'atténuation des ondes acoustiques, d'autant plus forte que la fréquence est élevée. À 25 mégahertz, fréquence qui me convient puisqu'elle correspond à un basculement toutes les 10 nanosecondes, la longueur caractéristique d'atténuation par un facteur 2 est de 2 centimètres. Cela signifie que les deux ondes acoustiques ont des amplitudes qui décroissent significativement au bout de 2 centimètres lors de leur propagation. Impossible, donc, d'avoir une onde stationnaire parfaite sur une zone étendue.

C'est encore mon expérience d'enseignant qui va me permettre de surmonter la difficulté en trouvant un compromis acceptable. Comme je l'explique souvent à mes étudiants, pour obtenir des franges d'interférences bien contrastées, la condition d'égalité des amplitudes n'est pas très stricte et, en me limitant à 1 centimètre de part et d'autre du point central où les amplitudes sont égales, j'obtiendrai un basculement presque parfait, avec une perte de contraste de 1,5 % seulement. C'est tout à fait tolérable, même si cela entraînera une petite perte de signal. Je m'autoriserai donc une largeur de faisceau de 2 centimètres au niveau du commutateur[1].

---

1. Pour les expert(e)s : l'atténuation dans l'eau des ondes acoustiques présente en fait un intérêt : elle permet de limiter les résonances lorsque l'onde émise par un transducteur atteint le transducteur opposé, situé à 8 centimètres. L'intensité de l'onde a alors été divisée par un facteur 16 (2^4, 2 à la puissance 4, c'est-à-dire $2 \times 2 \times 2 \times 2$), ce qui limite le risque de résonances trop fortes.

7.5. *Un commutateur « fait maison »*

Une nouvelle visite chez René Torguet valide mes conclusions, et avec son aide nous réalisons un premier commutateur « bricolé » qui nous permet de constater un fonctionnement conforme aux attentes. Je lance alors la construction par les ateliers de l'Institut d'Optique d'une version mieux finie, aux normes que Gérard Roger et les ateliers tiennent à respecter. On ne plaisante pas avec le professionnalisme des services de conception et de réalisation de l'Institut, et il n'est pas question de laisser sur le montage un bricolage de physicien[1].

Comme la première version, le nouveau commutateur est constitué d'une cuve de métal, cette fois-ci en acier inoxydable. Il est muni de deux fenêtres verticales face à face permettant de laisser passer le faisceau horizontal des photons. Deux transducteurs piézoélectriques placés l'un au-dessus et l'autre au-dessous de la fenêtre, à 8 centimètres l'un de l'autre, émettent deux ondes acoustiques de même fréquence, se propageant l'une vers le bas et l'autre vers le haut.

Ce modèle plus professionnel vient juste d'être construit par nos ateliers quand arrive au laboratoire un jeune physicien, Jean Dalibard, qui a demandé à remplir ses obligations militaires – en tant que scientifique du contingent – dans mon équipe. À cette époque, le service militaire est obligatoire, mais on peut s'acquitter de son devoir envers la nation en travaillant sans salaire dans un laboratoire dont l'activité est jugée stratégique par l'organisme de recherche de la défense nationale[2]. C'est donc le « soldat

---

1. C'est pourtant ce modèle bricolé que je déposerai, quarante ans plus tard, dans le musée Nobel où chaque lauréat est prié de déposer un objet symbolisant son travail. L'apparence rudimentaire souligne le fait qu'il s'agit d'une invention de chercheur et non d'un appareil « acheté sur étagère ».
2. Cet organisme, qui s'appelle à l'époque la DRET (Direction des recherches et des études techniques), a souvent fait montre d'une clairvoyance remarquable en finançant des recherches de base dont les applications ne sont apparues que des décennies plus tard, par exemple en ce qui concerne le refroidissement d'atomes par laser.

Dalibard », comme j'aime l'appeler en faisant semblant de lui donner des ordres, qui va tenir pour cette troisième expérience le rôle crucial qu'avait joué précédemment Philippe Grangier, obligé, à son grand dam, de me quitter pendant un an pour effectuer le stage en lycée indispensable pour valider l'agrégation dont il a brillamment réussi le concours.

Jean Dalibard est un élève de l'École normale supérieure de Paris. Il a montré un talent si remarquable que dès sa deuxième année, en 1979, il est entré « dans l'orbite de Claude Cohen-Tannoudji » qui, comme le dit Franck Laloë, « attire les meilleurs étudiants comme la lumière attire les papillons ». Claude, que j'ai rencontré grâce à Franck Laloë, est déjà une figure majeure de la physique atomique et optique internationale. Il m'a proposé une collaboration pour une expérience dont il a eu l'idée mais qui nécessite un système de détection de corrélations de photons – système que je suis sans doute le seul à posséder dans la communauté française de physique atomique et optique. J'accepte d'autant plus volontiers sa proposition que, en 1979, ma source de paires de photons est arrêtée pour quelques mois à la suite de la défaillance d'un laser dont j'attends le remplacement. C'est ainsi que Jean Dalibard a commencé à fréquenter mon laboratoire avec Serge Reynaud, qui est en thèse sous la direction de Claude. À cette époque, Claude lui-même venait souvent à Orsay en compagnie de Serge et de Jean. Lors du déjeuner, que nous prenions à la cantine des chercheurs, j'eus l'occasion d'observer la surprise de nombreux collègues à la vue de Claude Cohen-Tannoudji, le « pape » de notre discipline, en compagnie d'« un farfelu qui s'est mis en tête de tester la mécanique quantique ». Notre collaboration sur le sujet qu'il avait proposé a été un succès, et l'écriture de l'article présentant nos résultats m'a marqué pour le reste de ma vie scientifique, par le niveau d'exigence de Claude. C'est grâce à lui que j'ai compris que la publication dans un journal scientifique reste la seule trace pérenne d'une expérience, si raffinée soit-elle. Il faut donc que l'article la décrivant permette non seulement de la comprendre parfaitement mais aussi de l'analyser et éventuellement de la répéter. Il faut également expliquer les motivations du travail et placer sa signification dans une problématique plus vaste.

Que ce soit au laboratoire ou lors de l'écriture de l'article, Jean Dalibard m'a impressionné par ses qualités de physicien, expérimentateur autant que théoricien, par sa hauteur de vue étonnante chez un aussi jeune physicien et par son talent à travailler en équipe. Je n'ose pas lui demander s'il aimerait venir passer du temps sur l'expérience de tests des inégalités de Bell. Pourquoi quelqu'un que les grands laboratoires parisiens vont s'arracher viendrait-il s'enterrer au deuxième sous-sol de l'Institut d'Optique, sur un programme encore considéré par beaucoup comme sans intérêt ? À ma surprise, c'est Jean qui prend l'initiative de me demander si je serais d'accord pour l'accueillir en tant que scientifique du contingent, pendant l'année qu'il devra passer sous ce statut. À ma question : « Pourquoi viendrais-tu travailler dans mon petit laboratoire obscur sur une expérience que beaucoup dénigrent ? », il répond : « Parce que je veux tourner les boutons d'une expérience qui restera dans les livres de physique. » Réponse visionnaire, qui annonce la clairvoyance qu'il montrera plus tard dans le choix de ses propres sujets de recherche.

C'est ainsi que, deux ans plus tard, Jean Dalibard est « mis à ma disposition » pour une année par les autorités militaires. Pour commencer, je lui confie le test des commutateurs acousto-optiques qui viennent juste d'être construits par nos ateliers, et il se met à la tâche avec toute l'efficacité et la compétence que j'ai déjà pu apprécier chez lui. Il en fait une étude complète, à la fois sur le plan théorique et sur le plan expérimental, et me confirme que ces commutateurs fonctionnent aussi bien qu'espéré à la lumière des calculs.

Nous sommes prêts à passer à la dernière étape.

7.6. *L'optique classique au cœur des expériences d'optique quantique*

Pour l'expérience finale, il faut mettre en place sur le chemin de chaque photon intriqué un commutateur acousto-optique, et dans les deux voies de sortie de chacun d'entre eux on dispose deux polariseurs aux orientations bien choisies. Seulement, l'angle entre ces deux voies de sortie étant tout petit, il faut augmenter la séparation entre les deux faisceaux en sortie de chaque commutateur avant de pouvoir placer un polariseur sur chacun d'entre eux. Facile, me direz-vous : il suffit de se placer assez loin derrière chaque commutateur. Mais un calcul rapide montre qu'avec la séparation angulaire de 1° obtenue avec les ondes à 25 mégahertz, il faudrait se placer à plusieurs mètres pour avoir un écart d'une dizaine de centimètres entre les deux faisceaux, ce qui est à peine suffisant pour disposer un polariseur sans intercepter l'autre voie. Comme on est déjà à l'extrémité de la pièce, il n'y a pas la place suffisante, ce qui oblige à renvoyer l'un des deux faisceaux sur le côté en utilisant un miroir dont le bord est au ras de l'autre faisceau. Il faudrait renvoyer le faisceau à 90°, avec un miroir à 45°, mais à un tel angle la polarisation va être totalement perturbée. Quelques tests nous montrent que le problème apparaît pour des angles supérieurs à 15° environ. C'est alors que Gérard Roger se souvient d'une méthode vue dans un autre laboratoire : après deux réflexions successives sur deux miroirs légèrement inclinés, on peut obtenir une déviation égale à quatre fois l'angle d'incidence sur le premier miroir (voir la figure 7.2). Un angle d'incidence de 11,25° permettra donc une déviation de 45°, suffisante pour placer le système de détection. C'est Gérard Roger qui insiste pour choisir cette valeur précise de 45°, la moitié d'un angle droit, car il adore les montages « au carré » qui facilitent la mise en place des divers éléments.

Cela n'est qu'un exemple de la nécessité de connaître les méthodes de l'optique classique pour pouvoir mettre au point des expériences subtiles d'optique quantique. Sans trop entrer dans les détails, sachez que ce qui est représenté par une simple ligne entre la source et le commutateur dans le schéma de la figure 7.2 est en réalité un système de transport de faisceau soigneusement étudié d'une part pour ne pas perdre de photons v_1 et v_2 lors de leur propagation, et d'autre part pour éliminer la lumière parasite due à la diffusion de la lumière des lasers. Lorsque j'ai conçu ce système, j'ai une fois de plus constaté que les techniques optiques les plus raffinées s'appuient généralement sur des lois physiques fondamentales, et pas sur une forme d'empirisme[1].

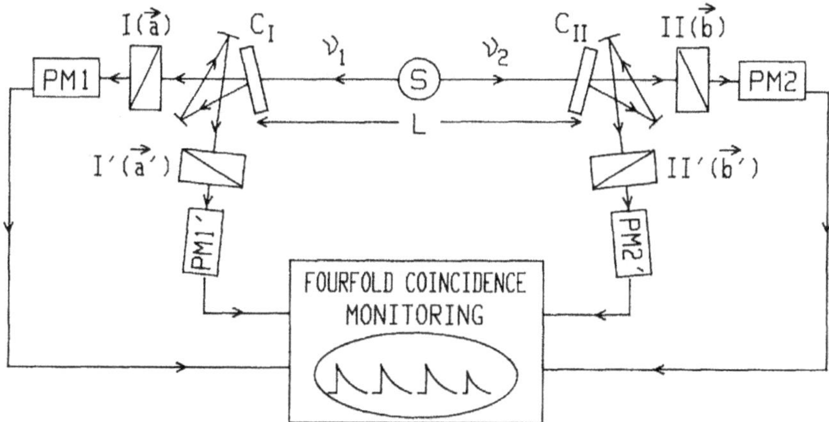

Figure 7.2. Schéma de la troisième expérience. Les paires de photons sont issues de la source S au milieu du montage. Les deux photons v_1 et v_2 atteignent respectivement les commutateurs notés C_I et C_{II}. Le commutateur C_I par exemple envoie le photon v_1 soit vers le polariseur I, qui possède une orientation fixée notée a, soit vers le polariseur I', qui possède une autre orientation (elle aussi fixée) notée a'. La direction suivie par le photon ne dépend absolument pas de sa polarisation ou de n'importe quelle autre de ses propriétés : tout compte fait, le commutateur agit comme un simple système aiguilleur situé à un embranchement. Nous avons exagéré la déviation pour la clarté du dessin, qui devait rester compact pour répondre aux exigences de *Physical Review Letters. (Figure originale extraite d'Aspect, Dalibard et Roger [1982], p. 1805.)*

---

1. Pour les expert(e)s : ceux et celles d'entre vous qui ont trouvé rébarbatives les lois de la photométrie classique auraient peut-être été plus intéressés si on leur avait expliqué, par exemple, que la célèbre « conservation de la luminance » est étroitement liée au second principe de la thermodynamique, un des piliers de la physique.

7.7. *Et à la fin,*
c'est la mécanique quantique qui gagne

Comme pour les expériences précédentes, je n'autorise la prise de données qu'une fois que tous les éléments du montage ont été vérifiés un par un dans la situation finale. Nous devons faire face à un certain nombre de difficultés. Par exemple, il faut s'assurer que les alignements que nous réalisons avec soin ne se dégradent pas sous l'effet de variations de température qui provoquent des dilatations ou des contractions des supports en métal, ainsi que des modifications des propriétés optiques de certains matériaux. Certes, nous nous trouvons au deuxième sous-sol, où la température ambiante est *a priori* constante. En réalité, elle augmente au cours de la journée à cause de la chaleur dégagée par les appareils électroniques. Faut-il installer une climatisation, ce qui va demander des mois et une épuisante course à des crédits supplémentaires ? En fait, nous remarquons qu'en fin d'après-midi la température se stabilise et que le montage n'évolue plus. Le lendemain matin, au moment de l'allumage des appareils, plus rien n'est aligné, mais si on résiste à l'envie de retoucher les réglages, tout se remet en place sans intervention au milieu de l'après-midi. Cela ressemble à un miracle, mais il s'agit simplement du fait que la température de la pièce est revenue à la valeur où elle s'était stabilisée la veille. Nous prenons donc l'habitude de ne commencer nos tests ou nos mesures qu'en fin d'après-midi et de rester tard le soir, la matinée étant consacrée à l'analyse des données de la veille et au travail sur des parties de l'expérience ne dépendant pas des alignements optiques, comme les systèmes électroniques et informatiques.

Ainsi, le jour où nous décidons de faire l'expérience pour de bon, nous ne commençons à tout vérifier qu'à partir de 15 ou 16 heures. Tout va bien, rien n'est tombé en panne : nous pouvons démarrer la procédure. Nous enregistrons des données pendant plusieurs heures, jusqu'à minuit environ. Philippe Grangier n'est plus officiellement au laboratoire mais ce soir-là, comme souvent, il est présent parce qu'il veut connaître le résultat d'une expérience à laquelle il a consacré beaucoup d'efforts. Il note au vol les données qui s'inscrivent sur des compteurs et fait un calcul rapide de la quantité de Bell et de l'écart-type sur cette quantité. Il nous annonce régulièrement le résultat mais, tant qu'on n'a pas assez de données, l'incertitude – le fameux écart-type – est trop grande pour que l'on puisse conclure, et les résultats intermédiaires fluctuent. Enfin, il annonce : « Inégalités de Bell violées par 1 écart-type. » Ça y est, le résultat commence à être assez précis pour que nous ayons une indication, et il semble pencher du côté de la mécanique quantique. Nous savons qu'il faut encore accumuler des données pour avoir un résultat vraiment significatif. J'ai déjà raconté (voir le chapitre 6, section 6.3) que, vers minuit, nous tombons à court de calcium dans le four : l'expérience doit être arrêtée. Grâce à notre superbe système élévateur, que nous appelons couramment l'« ascenseur » (voir à nouveau la figure 6.1), le rechargement du four se fait très rapidement, sans perturbation des alignements, et deux heures plus tard nous pouvons recommencer à prendre des données. Vers 4 heures du matin, les résultats sont convaincants sur le plan statistique : les inégalités de Bell sont bel et bien violées, par plusieurs écarts-types. Je téléphone alors chez moi pour annoncer le résultat à Annie, mon épouse. Elle est tellement contente que cette expérience atteigne enfin son but – cela fait des années qu'on en parle – qu'elle nous rejoint au laboratoire avec le sauternes et le foie gras de rigueur chez les Aspect pour fêter les événements importants. Nous les dégustons dans la pièce même de « la manip », après avoir soigneusement suivi la procédure d'arrêt de l'expérience, afin de pouvoir recommencer le lendemain. En une seule soirée, nous avons réussi à obtenir le résultat d'une expérience à laquelle j'aurai consacré sept ans de ma vie et au service de laquelle Gérard, André, Philippe et Jean auront mis en œuvre toutes leurs qualités. La répétition de l'expérience les jours suivants confirme la violation des inégalités de

Bell, par 5 écarts-types – un résultat convaincant pour l'immense majorité de mes collègues[1].

Comme tout expérimentateur qui est le premier à observer un résultat, je ne peux m'empêcher de craindre d'être passé à côté d'un effet systématique faussant nos données, et j'espère que la publicité donnée à nos résultats suscitera la construction d'expériences analogues, dans d'autres laboratoires, comme le demande la méthode scientifique. En fait, il me faudra attendre seize ans pour que Greg Weihs, doctorant d'Anton Zeilinger à Innsbruck, répète mon expérience, avec des techniques qui ont évidemment beaucoup progressé[2]. Il confirmera mon résultat sans ambiguïté, et je cesserai de me réveiller parfois la nuit avec l'angoisse « d'avoir raté quelque chose ».

On me demande souvent à quel résultat je m'attendais. Tout au long des années de préparation, je n'avais aucun préjugé. Violer les inégalités de Bell, et ainsi réfuter la position d'Einstein, me semblait aussi incroyable que trouver un résultat en désaccord avec la mécanique quantique, cette théorie si fructueuse vérifiée dans un si grand nombre de systèmes. La confirmation des prévisions quantiques dans notre deuxième expérience – bien meilleure que celles de nos prédécesseurs – m'a beaucoup impressionné. Il restait cependant la possibilité de trouver une faille dans la physique quantique dans une expérience qui mettrait en jeu l'ensemble de la vision du monde d'Einstein, celle avec les polariseurs variables. Lors des premières prises de données je scrutais attentivement la zone qui séparait, sur un écran, les données correspondant à des événements pouvant communiquer entre eux à des vitesses inférieures à celle de la lumière de

---

1. En fait, en combinant les données des expériences successives, j'aurais pu annoncer un résultat encore plus impressionnant, mais j'ai préféré me réjouir de la reproductibilité de l'expérience. Je connais en effet toutes ses imperfections, et je suis conscient des risques de se faire abuser par des erreurs systématiques passées inaperçues, malgré toutes les précautions prises. En cas d'erreur systématique, l'amélioration statistique est illusoire. Alors je me fie à mon jugement, basé sur une décennie de travail expérimental en recherche, et aussi en enseignement où je suis chargé, entre autres, de la préparation au montage d'agrégation – une épreuve où on ne plaisante pas avec l'évaluation des incertitudes.
2. Voir le chapitre 8, section 8.1.

celles correspondant à des points séparés au sens de la relativité. Observerait-on un désaccord avec la physique quantique pour ces derniers points ? Eh bien non, aucune discontinuité, aucune anomalie au passage de cette frontière fatidique qui scellait le sort de la vision du monde défendue par Einstein. En bon expérimentateur, j'avais envisagé le résultat opposé, mais il faut s'incliner devant la réponse de la nature aux questions que lui posent les physiciens. Sur le plan pratique, un résultat en désaccord avec la prédiction quantique aurait été beaucoup plus difficile à faire accepter par la communauté des physiciens. J'avais évidemment réfléchi à cette éventualité et préparé une stratégie : communiquer largement mes résultats et ouvrir mon laboratoire à tous ceux qui voulaient venir poser un regard critique sur notre montage. J'aurais invité John Clauser, Stuart Freedman, Dick Holt et Ed Fry à venir répéter l'expérience avec moi. Mais je n'ai pas eu à mettre en œuvre ce plan. J'ai obtenu le résultat qui n'étonnait personne, l'accord avec la mécanique quantique. Il ne me restait donc plus qu'à convaincre le plus de monde possible que même s'il confortait la physique quantique, le phénomène que j'avais mis en évidence était extraordinaire.

7.8. Publication et thèse : une certaine prudence

Nous sommes à la fin du printemps 1982. L'expérience a fourni un résultat de qualité et il faut écrire l'article qui présentera nos résultats, ce que je ferai en collaboration avec Jean Dalibard. Comme pour les deux premières expériences, le manuscrit sera soumis à *Physical Review Letters*. Je n'aurai pas à regretter ce choix, car un quart de siècle plus tard, en 2008, pour son cinquantième anniversaire, la revue sélectionnera mes trois articles comme « les articles de l'année 1981 ». Quand on parcourt aujourd'hui la liste de ces cinquante articles ou groupes d'articles « de l'année », on constate la sagacité de la rédaction de cette revue puisque la majorité d'entre eux ont conduit un ou plusieurs de leurs auteurs au prix Nobel de physique.

Notre article[1] est finalisé lors de l'école d'été des Houches de 1982, près de Chamonix, à laquelle j'assiste en tant qu'élève, ainsi que Jean Dalibard[2]. Je n'ai pas eu la chance de suivre pendant mes études les cours de troisième cycle dont ont profité les plus jeunes, comme Philippe Grangier ou Jean Dalibard. Je me suis donc promis de combler mes lacunes en suivant tous les cours de cette école de haut niveau, consacrés en cet été 1982 aux « nouvelles tendances en physique atomique ». Je peux enfin profiter du cours d'introduction à l'optique quantique de Claude Cohen-Tannoudji, discipline que j'ai apprise de bric et de broc au fur et à mesure des nécessités de ma recherche[3]. Ce cours des Houches est pour moi une étape importante dans ma façon de comprendre cette branche de la physique moderne, dont le développement a été contemporain de ma vie de chercheur[4]. J'affinerai cette compréhension personnelle année après année en préparant mes propres cours à l'École polytechnique, à l'École normale supérieure de Paris et de Cachan et à l'Institut d'Optique[5].

---

1. Voir Aspect, Dalibard et Roger (1982).
2. La nouvelle de mes résultats a circulé parmi les participants, et on me demande de les présenter dans un séminaire du soir impromptu. L'accueil est plutôt bon, mais je ressens encore chez quelques participants un doute sur l'intérêt de ces expériences.
3. Depuis mon retour du Cameroun, j'ai suivi les merveilleux « cours de Claude Cohen-Tannoudji au Collège de France », que nous appelions respectueusement « la messe du mardi matin ». Mais il s'agissait de cours spécialisés, portant chaque année sur un sujet nouveau, et je n'avais jamais eu de présentation de l'optique quantique à partir des premiers principes comme à l'école d'été des Houches de 1982.
4. L'histoire de l'émergence et du développement de l'optique quantique est présentée de façon remarquable dans la thèse d'histoire des sciences de Gautier Depambour. Voir Depambour (2024).
5. Cette vision apparaît dans le livre *Introduction aux lasers et à l'optique quantique* (Ellipses, 1997) coécrit avec Claude Fabre et le regretté Gilbert Grynberg, et dans *Introduction to Lasers and Quantum Optics* (Cambridge University Press) par les mêmes auteurs. Elle apparaît encore plus nettement dans les MOOC d'optique quantique, disponibles en ligne sous les titres : « Quantum optics 1 : Single photons » et « Quantum optics 2 : Two photons and more », et elle sera précisée dans la deuxième édition d'*Introduction to Lasers and Quantum Optics* avec Fabien Bretenaker et Antoine Browaeys comme auteurs supplémentaires.

La fin du séjour aux Houches de plusieurs semaines, où l'on consacre tout son temps à écouter des cours et à les travailler ou à échanger avec des collègues, donne toujours l'impression d'un « retour au monde normal ». Pour moi, la tâche immédiate est de rédiger mon mémoire de thèse. C'est un travail de longue haleine, car j'écris lentement, en multipliant les corrections. J'utilise la méthode ancestrale du crayon à papier et de la gomme, des ciseaux et de la colle. Nous ne sommes pas encore à l'ère des traitements de texte, et je dois remettre un manuscrit complètement finalisé à la secrétaire du groupe Imbert, Nelly Bonavent. Elle dispose d'une « machine à boule » lui permettant de taper les symboles mathématiques, le summum de la modernité, mais sauf problème majeur, je ne pourrai pas corriger le texte issu de sa première frappe qui sera la version quasi définitive ; il faut donc que le manuscrit que je remettrai me donne entière satisfaction. Or pendant la journée je suis occupé à plein temps par la recherche ou l'enseignement, et c'est donc au petit matin que je travaille à mon manuscrit. J'ai commencé à l'écrire dès la fin des deux premières expériences, car l'ensemble constitue déjà un beau travail qui serait suffisant pour soutenir une thèse en cas d'échec de la troisième expérience. Le début est une présentation aussi pédagogique que possible des calculs quantiques et de ceux conduisant aux inégalités de Bell. Cela ne me pose pas de problème majeur car il ne s'agit finalement que d'expliciter ma propre démarche après la lecture de l'article de Bell. En revanche, plus difficiles à écrire sont les parties où je vais devoir m'efforcer de convaincre mes lectrices et lecteurs de la profondeur du théorème de Bell et dégager la signification des résultats expérimentaux.

Dans les articles à *Physical Review Letters*, où la place est strictement limitée, je me suis limité à rapporter les résultats, avec de brèves considérations sur l'intérêt du théorème de Bell et sur les conclusions à tirer des résultats des expériences. Mais dans mon manuscrit de thèse, il faut que je m'engage davantage. Je passerai un temps considérable à rédiger les parties en question. Je reste néanmoins d'une grande réserve, gardant un ton académique le plus neutre possible, à l'image du titre de ma thèse, « Trois tests expérimentaux des inégalités de Bell par mesure de corrélation de polarisation de photons ». Ce n'est que dans le tout dernier paragraphe de la conclusion que je me risque à une citation de Bell évoquant en creux la non-localité quantique, puisque j'y écris : « Comme Bell lui-même, nous préférons donc souligner le côté positif de ces résultats : "Si l'expérience donne le résultat attendu, ce sera la confirmation de ce qui est, à mon avis, à la lumière de la discussion sur la localité, une des prédictions les plus extraordinaires de la théorie quantique[1]." »

7.9. *La soutenance*

Je soutiens ma thèse le 1er février 1983. Le grand amphithéâtre de l'Institut d'Optique est comble et il faut refuser du monde à l'entrée : le sujet est devenu populaire. Le jury est au complet : André Maréchal, directeur général de l'Institut d'Optique et membre de l'Académie des sciences, Christian Imbert, mon directeur de thèse sans qui rien ne serait arrivé, Bernard d'Espagnat, Franck Laloë, Claude Cohen-Tannoudji et John Bell – vous les connaissez tous. Je vois au premier rang du public Alfred Kastler, lauréat du prix Nobel 1966 pour ses travaux pionniers à la frontière entre optique et physique atomique. Il prendra la parole lorsque le président du jury, à l'issue de la séance des questions qui suit ma présentation, prononcera la phrase traditionnelle : « Y a-t-il un docteur ès sciences qui souhaite poser une question ? » Ce sera pour me faire remarquer que les inégalités de Bell sont violées parce que l'on considère les photons comme des particules, mais que si on les envisageait comme des ondes, alors on pourrait rendre compte de cette violation sans faire appel à la mécanique quantique. Je lui réponds alors aussi poliment que

---

1. Voir Aspect (1983), p. 346.

possible que les mesures en comptage de photons produisent des résultats dichotomiques et qu'il me semble que son argument n'est pas convaincant. Il n'a probablement pas suffisamment réfléchi à la question ; je ne lui en veux pas, d'autant moins qu'il a toujours manifesté une curiosité certaine pour mes recherches même à l'époque où la plupart des physiciens s'en désintéressaient. Alfred Kastler faisait partie de ces physiciens qui avaient vécu les formidables succès de la mécanique quantique tout en gardant au fond d'eux des images classiques, et il n'avait pas complètement accepté l'idée que ces images étaient parfois insuffisantes.

7.10. *Après deux photons, un seul*

Après ma soutenance, j'ai le sentiment d'en avoir fini avec les inégalités de Bell. Je pourrais chercher à corriger les imperfections de mes expériences, dont j'ai parfaitement conscience et dont je reparlerai au chapitre suivant. Mais je n'ai pas la motivation nécessaire. Je sais que j'ai fait progresser le sujet et j'ai atteint le but qui m'excitait : tester aussi directement que possible la non-localité quantique entre particules intriquées. Je ne dis pas que le sujet est complètement clos mais, pour moi, il est temps de passer à autre chose. C'est effectivement ce qui va se produire puisque, deux ans plus tard, je me tournerai vers le refroidissement d'atomes par laser. Entre-temps, je vais mener avec Philippe Grangier une expérience qui reste chère à mon cœur et que je présente souvent dans mes exposés de vulgarisation. Il s'agit d'une mise en évidence directe de la dualité onde-corpuscule de la lumière, propriété énoncée par Einstein en 1909[1]. Imaginait-il qu'un jour on la mettrait en évidence directement dans une expérience mettant en jeu un photon – son quantum de lumière – unique ?

---

1. Voir le chapitre 1, section 1.5.

Philippe a dû s'éloigner une année entière pour valider son agrégation, mais il revient au laboratoire pour faire sa thèse d'État dès l'automne 1982 sur un sujet dont j'ai eu l'idée en suivant le cours 1979-1980 de Claude Cohen-Tannoudji au Collège de France. Après avoir expliqué que quasiment toutes les expériences d'optique connues peuvent parfaitement s'interpréter en décrivant la lumière par des ondes électromagnétiques classiques[1], Cohen-Tannoudji présente des situations très rares où il est nécessaire d'utiliser une description quantique de la lumière. Je comprends que c'est le cas des paires de photons émises par ma source : aucun modèle classique ne permet de les décrire, sinon les calculs quantiques ne prédiraient pas une violation des inégalités de Bell. Je réalise alors que cette source va me permettre de produire une autre lumière spécifiquement quantique dont Claude parle aussi dans son cours : des photons individuels, émis un par un.

Mon idée pour isoler un photon unique est la suivante : si la source émet une paire de photons ν_1 et ν_2, la détection du photon ν_1 permet de savoir qu'un photon ν_2 a été émis en moins de 10 à 15 nanosecondes après le photon ν_1. Ce processus va donc nous permettre de construire une source de « photons uniques annoncés[2] », au sens où la détection du photon ν_1 nous permet de cibler un intervalle de temps durant lequel le photon ν_2 est émis[3]. On va alors pouvoir mettre en évidence une propriété des photons uniques qui me fascine, et que j'ai comprise en écoutant le cours de Claude : leur comportement quand ils tombent sur une lame semi-réfléchissante. Ce composant optique est une version élaborée d'une lame de verre, par exemple une vitre, qui réfléchit partiellement un rayon lumineux tout en transmettant le reste. Ce phénomène est parfaitement décrit par le modèle

---

1. C'est pour cela que les physiciens comme Alfred Kastler pouvaient légitimement recourir à des images classiques de la lumière même quand ils exploraient des phénomènes quantiques dans les atomes avec de la lumière issue de sources traditionnelles.
2. « *Heralded single photon source* », en anglais.
3. La probabilité d'avoir un autre photon ν_2 émis par un autre atome de la source pendant ces 15 nanosecondes est négligeable dans le régime que j'envisage.

ondulatoire de la lumière, dans lequel toute onde peut se diviser en deux. Mais ce n'est pas ce que nous dit la théorie quantique pour les photons uniques, qui ne peuvent pas se diviser : un tel photon tombant sur une lame semi-réfléchissante ne peut être détecté que dans une seule des deux voies de sortie, jamais des deux côtés à la fois. Or il se trouve que cette propriété de la lumière n'a jamais été observée expérimentalement car personne n'est parvenu jusqu'alors à émettre des photons un par un.

Avec Philippe, nous réussissons à observer cette propriété d'anticorrélation de part et d'autre de la lame semi-réfléchissante, avec le montage de la figure 7.3(a). Nous caractérisons ainsi le comportement corpusculaire des photons uniques, qui sont détectés d'un côté ou de l'autre, jamais des deux à la fois. Maintenant, nous voulons mettre en évidence leur comportement ondulatoire, et ainsi illustrer la dualité onde-corpuscule. Nous devons donc montrer qu'il est possible d'observer des interférences en recombinant les deux voies de sortie de la lame semi-réfléchissante. Dans le cas d'une onde, de telles interférences s'observent aisément sous la forme d'une alternance de zones sombres et éclairées – les « franges sombres » et les « franges brillantes ». En sera-t-il de même pour des photons uniques ?

Pour le savoir, nous devons envoyer nos photons dans l'interféromètre constitué de la première lame semi-réfléchissante suivie de deux miroirs et d'une deuxième lame réfléchissante (voir la figure 7.3(b)). L'expérience consiste alors à compter le nombre de photons détectés dans les deux voies de sortie possibles en fonction de la différence de longueur entre les deux chemins possibles entre les lames[1]. Cette différence est contrôlée en déplaçant les miroirs M_1 et M_2 avec une précision bien meilleure qu'un micromètre. Il faut ensuite répéter plusieurs fois la mesure consistant à envoyer un photon pour une position donnée des miroirs et à noter dans quelle sortie il est détecté. On obtient ainsi deux nombres, indiquant le nombre de fois où on a détecté

---

1. C'est ce qu'on appelle habituellement en optique des ondes la « différence de marche », notée $[SM_2S']$ – $[SM_1S']$.

le photon dans l'une ou l'autre sortie, puis on recommence l'expérience pour diverses positions des miroirs. On reporte alors les résultats dans des diagrammes tels que ceux de la figure 7.5 qui comptent jusqu'à 50 000 photons. Les modulations observées témoignent du phénomène d'interférences. Pour obtenir ce résultat marquant, il a fallu construire un interféromètre qui est un chef-d'œuvre d'ingénierie, conçu et réalisé par les services techniques de l'Institut d'Optique (voir la figure 7.4). Le défi consistait à nous fournir un système restant stable pendant les longues heures de prise de données. La position et l'orientation des miroirs ne devaient pas varier de façon incontrôlée à l'échelle d'une fraction de micromètre.

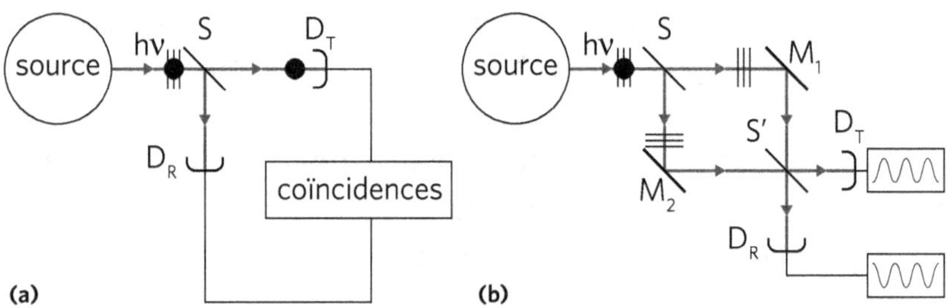

Figure 7.3. Dualité onde-particule pour un seul photon. Dans l'expérience schématisée par la figure (a), le photon unique hv émis par la source est envoyé sur une lame semi-réfléchissante S, qui transmet 50 % de la lumière et en réfléchit 50 %. Le circuit de coïncidences, capable de détecter un déclenchement simultané des deux compteurs de photons D_R et D_T, n'observe aucun événement, ce qui s'interprète en décrivant le photon comme une particule insécable qui est soit transmise, soit réfléchie, mais ne peut être divisée. Dans l'expérience schématisée par la figure (b), le faisceau lumineux partagé en deux par la séparatrice S est recombiné par la séparatrice S', ce qui donne lieu à un phénomène d'interférences : les probabilités de détection en D_R et D_T dépendent (sinusoïdalement) de la différence des chemins $[SM_1S']$ et $[SM_2S']$, que l'on peut faire varier en déplaçant les miroirs M_1 et M_2. Ces interférences ne peuvent s'interpréter qu'en invoquant une onde qui se sépare en deux sur S et qui est recombinée sur S'. Or le phénomène a lieu même avec les photons uniques dont on a observé dans l'expérience (a) qu'ils vont soit d'un côté, soit de l'autre, mais pas des deux côtés à la fois. Ce comportement différent, suivant l'expérience réalisée, est un exemple de la dualité onde-particule. Il peut également s'observer avec des électrons, des neutrons, ou même des objets plus complexes comme des atomes ou des molécules.

Figure 7.4. Interféromètre de Mach-Zehnder utilisé pour l'observation des interférences à un seul photon. Chef-d'œuvre d'ingénierie, cet interféromètre met en œuvre le meilleur des techniques optiques, utilisant des lames de verre polies avec une précision de quelques nanomètres et un dispositif de déplacement mécanique des miroirs contrôlé avec la même précision. *(Photothèque Institut d'Optique.)*

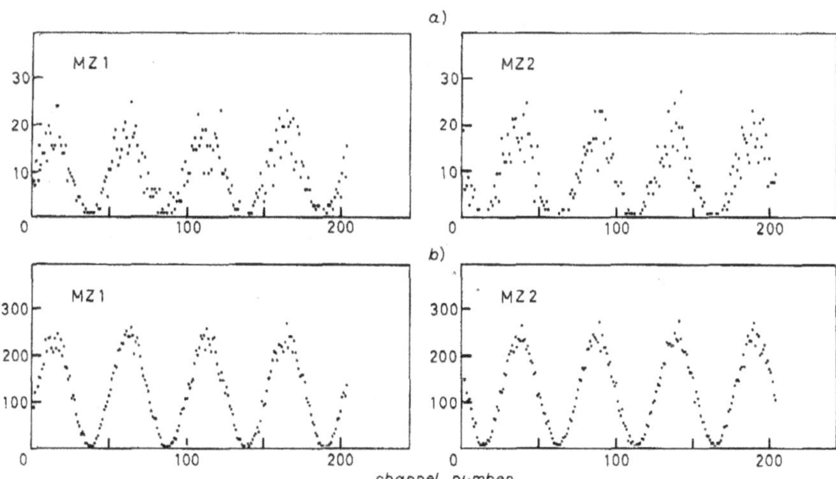

Figure 7.5. Interférences à un seul photon. On représente le nombre de détections en un temps donné, dans chaque voie de sortie, en fonction de la différence entre les chemins optiques $[SM_1S']$ et $[SM_2S']$ (voir la figure 7.3(b)). Colonne de gauche : détecteur D_T ; colonne de droite : détecteur D_R. Le temps d'acquisition des données est dix fois plus long dans la ligne du bas, d'où une dispersion statistique relative environ trois fois plus faible (3 est à peu près la racine carrée de 10). *(Figure extraite de Grangier, Roger et Aspect (1986), p. 178.)*

Grâce à cet interféromètre, nous avons répondu par l'affirmative à une question que les physiciens se posent depuis le tout début du XXe siècle et l'introduction de la notion de quantum de lumière par Einstein : un photon peut-il interférer avec lui-même ? Pour cela, nous avons d'abord mis en évidence le caractère corpusculaire d'un photon unique en le détectant soit d'un côté de la lame semi-réfléchissante, soit de l'autre, jamais des deux à la fois. Puis, dans une deuxième expérience, nous avons recombiné les deux chemins de sortie de cette lame : nous avons alors observé des interférences, ce qui ne peut s'interpréter qu'en admettant que le photon est passé des deux côtés à la fois. Deux comportements antinomiques des photons uniques : voilà encore un phénomène quantique difficile à avaler !

Pour ne pas être totalement décontenancé, il faut avoir recours au principe de complémentarité de Bohr : le comportement d'un système quantique est déterminé par le type de mesure choisi, et on ne peut pas réaliser les deux expériences simultanément car les deux appareillages sont incompatibles. Dans notre expérience, nous avons ainsi touché à l'essence de la dualité onde-corpuscule, généralement envisagée dans une expérience de pensée portant sur une particule matérielle, mais illustrée ici sur le photon. Une fois de plus, la lumière a permis de mettre en évidence l'une des propriétés les plus extraordinaires de la physique quantique, mais il a fallu pour cela inventer une nouvelle source de lumière : une source de photons uniques annoncés.

Notre expérience est aujourd'hui décrite dans de nombreux cours introductifs à l'optique quantique, ou même à la physique quantique, comme illustration de la fameuse dualité onde-particule. Je la décris presque toujours dans mes conférences de présentation de la physique quantique à un public général. Même si le résultat ne faisait guère de doute, l'avoir montré directement a stimulé la réflexion d'un certain nombre de physiciens et ingénieurs et a contribué aux recherches ayant conduit au développement de sources modernes de photons uniques aujourd'hui utilisées dans les technologies quantiques.

7.11. Vers de nouvelles aventures

Nous sommes en 1985, l'expérience sur les photons uniques a été menée à bien par Philippe. Il soutient une fort belle thèse devant un jury qui, comme il se plaît aujourd'hui à le dire, comporte trois futurs lauréats du prix Nobel de physique : Roy Glauber, le père de la théorie moderne de l'optique quantique qui nous permet de décrire nos expériences ; Claude Cohen-Tannoudji, dont Philippe a suivi les cours de troisième cycle ; et moi, qui n'imagine pas du tout qu'un jour j'aurai l'honneur de monter à mon tour sur la scène du grand théâtre de Stockholm pour y recevoir la fameuse médaille.

C'est à cette époque que je reçois un appel téléphonique de Claude qui me propose de venir le rejoindre au laboratoire de physique de l'École normale supérieure de Paris, pour y démarrer avec Jean Dalibard un groupe de recherche sur la manipulation et le refroidissement d'atomes par laser. Claude a senti que ce sujet balbutiant est la promesse de recherches passionnantes et d'applications importantes. Philippe Grangier doit partir aux États-Unis en postdoc, et je me laisse facilement convaincre par les arguments de Claude, d'autant plus qu'il s'agit de travailler au quotidien avec ce monstre sacré de la physique quantique et avec l'étoile montante Jean Dalibard. Nous serons bientôt rejoints par un autre physicien exceptionnel, Christophe Salomon. Il constituera avec Jean et moi le « trio des mousquetaires » au service du roi Claude. Nous serons au cœur de la course aux atomes les plus froids possibles, compétition rude mais loyale qui nous oppose à quelques équipes des États-Unis. En 1997, nous aurons le bonheur d'accompagner à Stockholm Claude Cohen-Tannoudji, qui reçoit avec Bill Phillips et Steven Chu le prix Nobel de physique pour ses expériences pionnières de refroidissement d'atomes par laser.

Mais n'anticipons pas. En 1985, il s'agit de poser les premiers jalons d'une recherche sur un sujet nouveau pour moi, la physique atomique. Je vais m'y plonger entièrement, en profitant de la proximité de Claude et Jean qui répondent avec une compétence et une pédagogie sans égales à mes questions. Afin de me consacrer totalement à ce nouveau sujet, je refuse désormais les invitations à donner des conférences sur les expériences de test des inégalités de Bell. J'oublie presque ce sujet, que je considère comme clos, mais en 1990 je vais être rattrapé par lui, comme on dit que l'on peut être rattrapé par un premier amour. Le tentateur s'appelle Artur Ekert : c'est un tout jeune chercheur d'Oxford, de nationalités polonaise et britannique, qui vient m'expliquer un jour comment « mes » photons intriqués peuvent être utilisés pour une méthode de cryptographie quantique. Je suis interloqué. Des recherches aussi fondamentales, sur une question d'interprétation de la mécanique quantique entre Bohr et Einstein, peuvent-elles vraiment conduire à des applications ? Je retrouve alors un intérêt pour l'expérience de 1982 et j'accepte à nouveau de donner des séminaires sur ce sujet. Cela m'oblige à prendre position plus nettement que je ne l'avais fait dans ma thèse sur les conclusions à tirer de cette expérience en ce qui concerne ma vision du monde (physique), qui doit nécessairement prendre en compte le rejet du réalisme local d'Einstein. C'est ce point de vue personnel que je vous expliquerai au chapitre suivant.

L'essentiel

Nous sommes en 1982, me voici enfin arrivé à la troisième expérience, celle que je projetais depuis le début de cette aventure : un test des inégalités de Bell en changeant l'orientation des polariseurs pendant la propagation des photons depuis la source. Comme il est évidemment impossible de tourner des appareils massifs en quelques milliardièmes de seconde, je vais mettre en œuvre l'idée que j'ai publiée en 1975 : utiliser un aiguillage rapide capable d'envoyer alternativement la lumière vers l'un ou l'autre de deux polariseurs dans des orientations différentes. Mais comment fabriquer un tel commutateur ? L'idée d'utiliser l'interaction entre la lumière et une onde acoustique stationnaire m'est venue en me remémorant une expérience de mon professeur de physique de terminale, l'expérience de la corde de Melde. Seulement, je découvre avec horreur que la société qui devait construire le commutateur n'arrive pas à le fabriquer avec sa technique basée sur des cristaux fragiles qui cassent lors du traitement. Qu'à cela ne tienne, je vais fabriquer moi-même des commutateurs en remplaçant les cristaux par... de l'eau. Le montage final met en œuvre tout le savoir-faire en optique classique de l'Institut d'Optique, et le résultat est sans appel : comme le prévoit le calcul quantique, les inégalités de Bell sont violées de façon incontestable. Il faut donc renoncer à la vision réaliste locale du monde défendue par Einstein. L'article publié dans un journal scientifique présente très sobrement ce résultat. Celui-ci suscite pourtant de grandes marques d'intérêt, qui se manifestent par exemple lors de ma soutenance de thèse où l'on se presse pour pouvoir entrer dans l'amphithéâtre de l'Institut d'Optique. Mais ce n'est pas encore la mise au repos de notre source de paires de photons intriqués, qui est reconvertie en source de photons uniques, une première mondiale. Nous l'utilisons, avec Philippe Grangier, pour une démonstration directe de la dualité onde-corpuscule qui est aujourd'hui citée dans les cours introductifs aux idées quantiques.

En 1985, à l'âge de 38 ans, je souhaite changer de sujet. Je réponds donc positivement à Claude Cohen-Tannoudji qui me propose de le rejoindre dans son laboratoire du Collège de France et de l'ENS de Paris, pour explorer un sujet en émergence : la manipulation et le refroidissement d'atomes par laser. Je décide de me consacrer entièrement à mon nouveau sujet et de ne plus me préoccuper de photons intriqués, mais quelques années plus tard, ils se rappellent à mon souvenir avec l'invention par Artur Ekert d'une méthode de cryptographie quantique qui les utilise. Cela va m'obliger à m'intéresser à nouveau au sujet, ce qui me conduira à aller un peu plus loin dans ma réflexion sur la signification des résultats de notre expérience de 1982. En particulier, je vais accepter de regarder en face le point essentiel de ma troisième expérience, la mise en évidence de la non-localité quantique. Cette notion est au cœur du chapitre suivant.

De la corde de Melde au commutateur acousto-optique

À l'automne 1974, décidé à travailler sur les tests expérimentaux des inégalités découvertes par John Bell, j'ai trouvé dans la conclusion de son article ce que sera ma contribution originale : modifier l'orientation des polariseurs pendant la propagation des photons. Pour une distance entre source et polariseur de 6 mètres, le temps de propagation est de 20 nanosecondes (20 milliardièmes de seconde) ; il faut donc modifier l'orientation du polariseur en quelques nanosecondes, à une cadence supérieure à une fois toutes les 20 nanosecondes. Il n'est évidemment pas question de manipuler un objet massif aussi vite, et l'idée m'est venue d'utiliser un commutateur, un système d'aiguillage capable d'envoyer alternativement les photons soit vers un premier polariseur dans une première orientation, soit vers un second polariseur dans une seconde orientation. L'ensemble sera équivalent à un seul polariseur passant rapidement d'une orientation à l'autre.

J'ai raconté dans le chapitre comment l'idée m'est venue d'utiliser l'interaction acousto-optique entre un faisceau lumineux et une onde acoustique stationnaire, interagissant à l'angle de Bragg, pour réaliser ce commutateur. Vous trouverez dans ce complément quelques détails supplémentaires sur ce composant sans lequel la troisième expérience, celle avec les polariseurs variables, n'aurait pas pu être menée à bien. Je commencerai par vous décrire l'expérience de la corde de Melde, que j'avais vue dix ans plus tôt dans la classe de M. Hirsch au lycée Bernard-Palissy d'Agen. Grâce à la stroboscopie, on pouvait observer au ralenti le mouvement de la corde décrit par une onde stationnaire. C'est le souvenir de cette expérience qui m'a donné la bonne idée, comme je vais vous l'expliquer.

Commençons donc par la notion d'onde stationnaire, illustrée par l'expérience de la corde de Melde. Il s'agit d'une corde tendue entre deux points fixes, comme une corde de guitare, et dont on excite les vibrations perpendiculairement à la direction de la corde. Pour une guitare, l'excitation est produite par un médiator, ou le doigt du guitariste, qui tire la corde et la relâche. Si l'excitation se fait au milieu de la corde, celle-ci se met à vibrer à une fréquence telle que la longueur de la corde soit une demi-longueur d'onde, ce qui fixe la fréquence et donc la hauteur de la note émise. Comme les guitaristes le savent, on peut obtenir une note plus aiguë, à l'octave, en excitant la corde au quart de sa longueur : la corde vibre alors à une fréquence double, sa longueur étant égale à deux demi-longueurs d'onde.

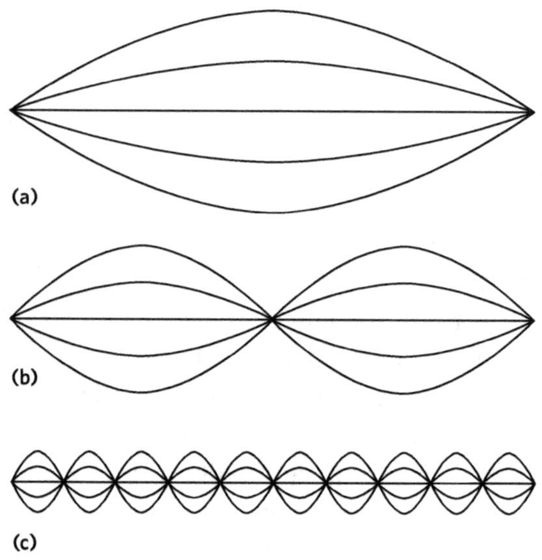

Figure 7.6. Cordes vibrant en onde stationnaire. On a représenté le profil des cordes à des instants successifs, séparés par 1/8 de la période de vibration. Toutes les demi-périodes, la corde est rectiligne, sans aucune ondulation. Figures (a) et (b) : corde de guitare jouant la note fondamentale, ou la première harmonique. Figure (c) : corde de Melde avec 10 fuseaux, la longueur de la corde étant égale à 5 longueurs d'onde.

Dans l'expérience de la corde de Melde, l'excitation est produite par un vibreur attaché à une extrémité de la corde. On peut faire varier la fréquence de ce vibreur jusqu'à ce qu'on observe une situation stable, stationnaire, avec un nombre entier de demi-longueurs d'onde sur la longueur de la corde. L'examen de cette corde avec un stroboscope, c'est-à-dire une lampe émettant des flashs de façon périodique à une fréquence proche de celle du vibreur, révèle une structure dans laquelle tous les points de la corde vibrent de façon synchrone, mais chacun avec une amplitude différente. Aux ventres de vibration, l'amplitude est maximale, tandis qu'aux nœuds de vibration elle est nulle (voir la figure 7.6). Si x est la coordonnée le long de la corde et d(x) le déplacement transverse au point x, on a

$$d(x) = \text{a} \sin(2\pi\, x\,/\,\lambda)\cos(2\pi v t)$$

où v est la fréquence de vibration, a l'amplitude de vibration et λ la longueur d'onde. Comme on le voit sur la figure, et comme le montre cette équation, la corde passe deux fois par période dans une position où l'amplitude de la vibration est nulle en tous ses points. C'est ce qui m'avait frappé lorsque j'avais vu cette expérience. Ce comportement est radicalement différent de celui d'une onde progressive qui se déplace sans se déformer au cours du temps.

L'aiguillage à photons que j'ai imaginé, le commutateur acousto-optique, est basé sur l'interaction entre une onde lumineuse et une onde acoustique stationnaire traversée par le faisceau lumineux. L'onde acoustique correspond à des variations locales de pression, qui entraînent des variations locales de l'indice de réfraction du milieu dans lequel la lumière se propage. La lumière traverse donc une structure périodique, qui constitue un réseau de diffraction pouvant dévier la lumière suivant plusieurs directions. Si on choisit judicieusement l'angle entre l'onde acoustique et la direction de propagation de l'onde incidente, la lumière est diffractée dans une seule direction : c'est la diffraction de Bragg. En jouant sur l'amplitude de l'onde acoustique, on peut obtenir une diffraction totale de la lumière dans une direction différente de sa direction initiale. Dans le cas d'une onde acoustique progressive, on dispose ainsi d'un déflecteur de lumière qui permet de modifier la direction du faisceau émergent en faisant varier la fréquence de l'onde. De tels dispositifs sont utilisés dans les imprimantes laser ou dans les spectacles lumineux, mais ils ne permettent pas de sauter brutalement d'une direction à une autre.

En revanche, on bascule directement d'une direction de sortie vers l'autre si l'onde acoustique est une onde stationnaire. Supposons en effet que, lorsque l'amplitude de l'onde stationnaire est maximale, la totalité de la lumière soit envoyée dans la voie de sortie diffractée. Un quart de période plus tard, la modulation est nulle en tous les points et la lumière est totalement transmise sans déviation. On est passé directement d'une voie de sortie à l'autre. Un quart de période plus tard, la lumière sortira à nouveau dans la voie diffractée. Suivant le moment où il arrive, le photon ira donc soit vers une voie de sortie, soit vers l'autre. Si on place derrière ce commutateur deux polariseurs avec des directions d'analyse différentes, l'ensemble est équivalent à un polariseur basculant rapidement entre deux directions d'analyse, à une fréquence égale à deux fois la fréquence de l'onde acoustique.

Dans le commutateur acousto-optique réalisé à l'Institut d'Optique et utilisé dans notre troisième test des inégalités de Bell, le milieu acoustique est de l'eau, et l'onde stationnaire est créée par deux ondes acoustiques progressives contra-propageantes émises par deux transducteurs piézoélectriques placés face à face (voir la figure 7.7). Ceux-ci sont alimentés par le même générateur électrique à la fréquence de 25 mégahertz. L'amplitude de l'onde stationnaire obtenue s'annule toutes les 20 nanosecondes, et on a donc un passage de transmis à diffracté (ou de diffracté à transmis) toutes les 10 nanosecondes, durée pendant laquelle la lumière parcourt une distance de 3 mètres. On a donc deux changements d'état du commutateur pendant la propagation de chaque photon entre la source et le commutateur, situé à un peu moins de 6 mètres de la source.

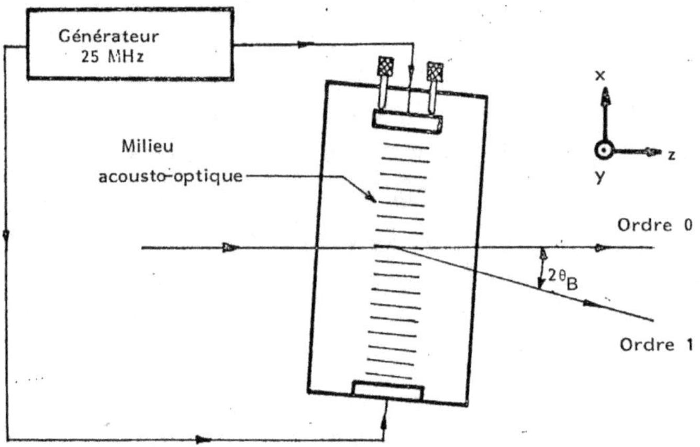

Figure 7.7. Commutateur acousto-optique. L'onde acoustique stationnaire est produite par l'interférence entre deux ondes acoustiques contra-propageantes émises par deux transducteurs se faisant face, alimentés par le même générateur. Au moment où l'amplitude de l'onde acoustique est maximale, la probabilité pour un photon d'être envoyé dans la voie de sortie diffractée (ordre 1) est proche de 100 %. Un quart de période plus tard, un photon entrant dans le commutateur a une probabilité de 100 % d'être envoyé dans la voie de sortie non déviée (ordre 0). *(Figure extraite d'Aspect [1983], p. 313.)*

Le calcul exact de l'interaction acousto-optique montre que le basculement entre les deux voies de sortie est plus brutal que celui que l'on aurait pour une variation sinusoïdale. C'est ce que l'on a observé lors des essais de nos commutateurs. C'est un point que nous avons découvert avec satisfaction, puisque l'on souhaite un basculement le plus rapide possible.

CHAPITRE 8

La non-localité quantique

Les expériences de Clauser et Fry, puis celles de l'Institut d'Optique de 1981-1982, laissent encore ouvertes quelques échappatoires, qui vont être refermées entre 1998 et 2015. La conclusion est sans appel : il faut rejeter le réalisme local d'Einstein. Mais doit-on renoncer plutôt au réalisme à la Einstein, ou plutôt à la localité à laquelle il tenait tout autant ? Il n'y a pas de réponse logique indiscutable à cette question. Pour ma part, j'accepte de remettre en cause la notion de localité, même si beaucoup de physiciens n'adoptent pas ce point de vue. Je l'accepte d'autant mieux que la non-localité quantique ne permet pas le « télégraphe supraluminique », qui transmettrait un signal utilisable plus vite que la lumière. La démonstration de cette impossibilité repose sur des propriétés fondamentales de la physique quantique qui seront précisées dans deux compléments : le caractère fondamentalement aléatoire des résultats de mesure sur un système quantique individuel ; et le théorème de non-clonage quantique qui empêche de déterminer l'état quantique d'un système quantique individuel. À ceux qui concluraient que la non-localité quantique est un fantasme puisqu'elle ne permet pas le télégraphe supraluminique, je présente le « point de vue de l'archéologue » qui, à mon avis, montre qu'on ne peut pas si facilement rejeter la non-localité quantique. J'illustrerai aussi dans les compléments comment la non-localité quantique permet de comprendre simplement la base de certaines technologies quantiques. Pour conclure, en écho au titre de ce livre, j'essaierai d'imaginer ce qu'aurait pu être la position d'Einstein s'il avait connu les expériences montrant la violation des inégalités de Bell.

Au chapitre 7, je vous ai décrit la troisième expérience de notre équipe, dont les résultats, publiés en 1982, conduisent à rejeter la vision du monde défendue par Einstein, le réalisme local. Certes, l'expérience n'est pas parfaite, et il est toujours possible d'*échapper* à cette conclusion en invoquant les imperfections des expériences. Ainsi, les défenseurs acharnés des théories locales à paramètres supplémentaires trouvent des *échappatoires*, qui exploitent le rendement limité des photodétecteurs ou le fait que le changement d'orientation des polariseurs n'est pas rigoureusement aléatoire. Je suis parfaitement conscient de ces imperfections, clairement indiquées dans nos articles et dans ma thèse. Dois-je pour autant me lancer dans de nouvelles expériences améliorées pour répondre autant que faire se peut à ces objections ?

Ma réponse est non, d'abord parce qu'il me semble qu'en 1983 les technologies nécessaires ne sont pas encore mûres et ne le seront pas de sitôt. Mais surtout, je suis impressionné par l'accord entre les résultats que nous avons obtenus et les prédictions quantiques et j'ai du mal à croire que de simples améliorations expérimentales puissent drastiquement changer la situation. J'ai l'intime conviction que, si la mécanique quantique pouvait être mise en défaut dans de telles expériences, nous aurions dû observer des indices, en particulier dans la troisième expérience avec les polariseurs variables. C'est pourquoi je ne suis pas vraiment motivé pour m'attaquer aux échappatoires restantes, considérées par Bell lui-même comme moins importantes[1]. Ce n'est pas que je juge un tel travail sans intérêt, et j'examinerai toujours avec un préjugé favorable les demandes de subvention que diverses agences de financement me demanderont d'expertiser au fil des ans. Mais comme je le pressentais, fermer ces échappatoires prendra beaucoup de temps, plus de trente ans, et mobilisera les efforts de plusieurs groupes de très haut niveau.

---

1. Au cours d'une conférence qui s'est tenue à Orsay en 1979, John Bell a déclaré : « Il m'est difficile de croire que la mécanique quantique, marchant bien pour les expériences réalisées jusqu'ici, va échouer lamentablement avec des améliorations des détecteurs ou d'autres facteurs que je viens de lister » (traduction personnelle) (Bell, 1980, p. 125). En revanche, à cette époque, Bell considérait qu'il était important de tester ses inégalités sans faire l'hypothèse de localité. Il a ainsi ajouté : « Néanmoins, il y a au moins un pas vers l'expérience idéale que je suis désireux de voir. Jusqu'à présent, les polariseurs n'ont pas été basculés pendant la propagation des photons, mais laissés dans une position ou dans une autre pendant de longues périodes... Il est donc important pour moi qu'Aspect veuille basculer les polariseurs pendant la propagation des photons » (traduction personnelle) (*ibid.*). C'est précisément ce qui a été fait dans la troisième expérience d'Orsay.

Dans ce chapitre, je décrirai d'abord ces nouvelles expériences, qui commencent en 1998 et aboutissent en 2015 à ce qui est appelé une « violation des inégalités de Bell sans échappatoire ». Dans ces versions de l'expérience, les changements d'orientation des polariseurs sont pilotés par des générateurs de nombres aléatoires et la sensibilité des détecteurs est proche de l'idéal de 100 %, ce qui signifie que presque tous les photons sont détectés. Ce sont à mon avis des progrès importants, permis par des avancées technologiques remarquables aussi bien dans les détecteurs de photons que dans les sources de paires de photons intriqués, ou même d'autres types de particules intriquées.

De façon surprenante, une nouvelle échappatoire dite « du superdéterminisme » est alors mise en avant. Celle-ci est de nature différente car basée sur une position philosophique que je trouve incompatible avec l'épistémologie implicite ou explicite de l'immense majorité des physiciens : la négation du libre arbitre dans le choix des paramètres d'une expérience, que ce soit par un physicien ou par un générateur d'aléatoire. Vous en avez peut-être entendu parler car c'est le genre de position provocatrice qui attire l'attention de certains journalistes. Je vous exposerai rapidement la question soulevée par le superdéterminisme et les expériences censées y répondre, et je vous donnerai mon opinion sur leur signification. Vous devinez déjà qu'elle n'est pas enthousiaste...

J'aborderai ensuite la question qui constitue le cœur de ce chapitre : quelles sont les conséquences à tirer de l'observation de la violation des inégalités de Bell dans des expériences très proches du schéma idéal ? Je conclurai au rejet du *réalisme local d'Einstein*, ce qui me semble désormais difficile à contester, en m'appuyant ici sur un texte d'Einstein lui-même. Il peut paraître paradoxal d'invoquer un texte d'Einstein pour tirer les enseignements de ce que certains appellent une « erreur d'Einstein », même si je conteste cette expression. En fait, son raisonnement était parfaitement clair : en nous montrant les conséquences d'un tel rejet, conséquences pour lui inacceptables, il concluait qu'il est inimaginable que sa conception réaliste locale du monde puisse être abandonnée. Pourtant, nous voilà bien obligés d'y renoncer.

Mais faut-il rejeter le réalisme ou la localité ? Abandonner le réalisme local ne signifie pas qu'il faille rejeter à la fois le réalisme ET la localité : en toute logique, on peut choisir de rejeter soit l'un, soit l'autre. Il me semble que les deux positions sont permises, et je détaillerai celle que j'ai adoptée : l'abandon de la localité. Pour clarifier la notion de non-localité quantique, je vous présenterai un calcul quantique des corrélations EPR en deux étapes qui donne une image non locale de ces corrélations. Dans cette image, la mesure sur un photon semble affecter instantanément l'état quantique de l'autre photon, pourtant éloigné. J'avoue avoir été fortement influencé par ce calcul dont j'ai eu l'idée il y a bien longtemps et qui continue de m'impressionner.

Pour éviter tout malentendu, je montrerai alors que la non-localité quantique ne permet pas d'envisager un « télégraphe supraluminique » qui pourrait transmettre un signal utilisable plus vite que la lumière. Cela serait en contradiction frontale avec le postulat de base de la causalité relativiste sous sa forme opérationnelle, c'est-à-dire s'appliquant à des actions concrètes. La démonstration fait appel à une autre caractéristique de base de la physique quantique : son caractère fondamentalement aléatoire. Elle repose également sur l'impossibilité, par une mesure portant sur un objet quantique unique, de déterminer en totalité cet état quantique. Cette impossibilité est elle-même liée à un théorème découvert au début des années 1980 à l'occasion des discussions suscitées par les expériences sur les fondements de la théorie quantique : il s'agit du « théorème de non-clonage quantique », essentiel aujourd'hui pour comprendre le potentiel et les limites des technologies quantiques. Il est tellement important que je lui consacrerai un deuxième complément, après le premier consacré à l'impossibilité de déterminer l'état quantique d'un objet unique. Mais n'anticipons pas et revenons au chapitre lui-même.

Ayant montré les limites de la non-localité quantique, j'essaierai de vous convaincre qu'elle ne doit pas pour autant être balayée d'un revers de main, car si on prend le point de vue de l'archéologue qui analyse les événements *a posteriori*, la non-localité semble bien avoir été mise en jeu dans les expériences, même si on ne pouvait pas l'utiliser sur-le-champ pour transmettre un signal utilisable. Pour moi, elle est en définitive un concept fructueux pour comprendre intuitivement certaines technologies quantiques, comme celles que je vous présenterai dans les compléments.

Pour terminer, j'aborderai la question posée par le titre du livre : quelle aurait pu être la réaction d'Einstein s'il avait connu le théorème de Bell et les résultats des expériences qui remettent en cause sa vision du monde ? Je vous donnerai mon hypothèse sur cette réaction, en la basant sur mes nombreuses lectures des textes d'Einstein qui reflètent sa position et dont je me sens très proche. Je m'appuierai aussi sur la réaction de John Bell, qui était un einsteinien convaincu.

8.1. Des tests sans échappatoire

Les expériences que nous avons réalisées à l'Institut d'Optique en 1981-1982 constituent une avancée vers l'expérience idéale telle que l'envisageait John Bell. Elles souffrent néanmoins de deux imperfections qui autorisent les partisans irréductibles des théories locales à paramètres supplémentaires à ne pas s'avouer vaincus et à continuer de croire que les résultats peuvent s'expliquer par de telles théories. Ils invoquent ces imperfections expérimentales pour *échapper* à la conclusion que leurs théories sont à rejeter et pour garder l'espoir de découvrir des théories réalistes locales reproduisant exactement tous les résultats des expériences réalisées jusque-là.

Deux échappatoires vont concentrer sur elles l'essentiel des efforts des expériences qui seront menées à partir de la fin des années 1990 pour s'y attaquer, efforts complètement couronnés de succès en 2015. Je vais d'abord vous présenter ces deux échappatoires et la manière dont elles ont été refermées de façon jugée convaincante par la plupart des physiciens.

DES COMMUTATIONS VRAIMENT ALÉATOIRES

La première échappatoire est directement liée à notre troisième expérience. Elle a trait au fonctionnement des commutateurs. Vous vous souvenez que le rôle de ces dispositifs est de modifier l'orientation des polariseurs pendant que les photons se déplacent entre la source et ces polariseurs (voir à nouveau la figure 7.2). Or, avec nos commutateurs acousto-optiques, ces basculements se produisent à un rythme régulier et non pas de façon aléatoire[1]. De ce fait, même si cela paraît « tiré par les cheveux », on peut remettre en cause l'hypothèse de localité de Bell en imaginant l'existence d'une communication des commutateurs entre eux, ou entre eux et la source des photons intriqués, à une vitesse ne dépassant pas celle de la lumière. La régularité des basculements pourrait par exemple permettre à un polariseur d'« avoir prévu » l'orientation de l'autre polariseur qui analyse l'autre photon de la paire au moment où il effectue lui-même sa mesure. De même, la source « pourrait prévoir » ce que seront les orientations des polariseurs qui analyseront les photons de la paire qu'elle est en train d'émettre : elle pourrait alors choisir les paramètres supplémentaires de la paire émise en fonction de ces orientations. Dans les deux cas, on remettrait en cause l'hypothèse de localité de Bell, qui implique d'une part que la réponse d'un polariseur est indépendante de l'orientation de l'autre polariseur, et d'autre part que les caractéristiques d'une paire de photons (leurs paramètres supplémentaires) ne dépendent pas de l'orientation des polariseurs. Or je vous rappelle que cette indépendance entre polariseurs ou entre source et polariseurs est indispensable à la démonstration des inégalités de Bell.

Pour fermer cette échappatoire et empêcher toute possibilité que la réponse d'un polariseur puisse dépendre de l'orientation de l'autre au même instant, sauf à accepter une communication

---

1. Il existait néanmoins un certain degré d'aléatoire pour nos commutateurs puisqu'ils étaient pilotés par des générateurs différents, fonctionnant à des fréquences différentes et dérivant de façon indépendante. Mais ce n'est pas suffisant pour une expérience idéale.

supraluminique, il faut que le choix de l'orientation soit complètement aléatoire. C'est précisément ce que vont réussir à faire Anton Zeilinger et son doctorant Gregor Weihs en 1998, à Innsbruck. Greg Weihs souhaite refaire notre expérience de 1982 et, lorsque Anton Zeilinger me demande ce que j'en pense, je l'encourage sans hésitation. J'ai pour cela une raison forte : personne n'a encore reproduit notre troisième expérience, alors que la méthode scientifique exige la répétition des expériences dans plusieurs laboratoires si on veut être certain du résultat. J'accompagne cependant mes encouragements d'une recommandation : que son expérience représente une avancée de principe par rapport à la nôtre, qu'elle se rapproche un peu plus du schéma idéal, en s'appuyant sur les progrès des techniques de l'optique quantique. Conseil suivi à la lettre, puisque Weihs et Zeilinger vont réaliser le schéma avec polariseurs pilotés par des générateurs de nombres aléatoires. J'ai rêvé d'un tel schéma, et je le décris souvent à la fin de mes exposés comme une expérience de pensée me permettant de discuter la notion de non-localité (voir la figure 8.1). J'y reviendrai à la fin de ce chapitre.

La première amélioration par rapport à nos expériences réside dans l'utilisation d'une source de paires de photons intriqués bien meilleure que toutes les précédentes. Elle est basée sur un principe radicalement différent, la division paramétrique de photons ultraviolets. En utilisant judicieusement certains cristaux non linéaires, on peut fissionner un photon ultraviolet en deux photons d'énergie moitié, dans la partie visible du spectre. Les deux photons sont émis de façon simultanée, et il est possible de se placer dans une configuration où les deux photons obtenus sont intriqués en polarisation, permettant un test des inégalités de Bell. Les premières expériences avec de telles sources, réalisées à la fin des années 1980 dans une configuration statique, confirment la violation des inégalités de Bell avec une précision équivalente à celles de l'expérience de Clauser ou de notre première expérience[1].

---

1. Voir Shih et Alley (1988) ainsi que Ou et Mandel (1988).

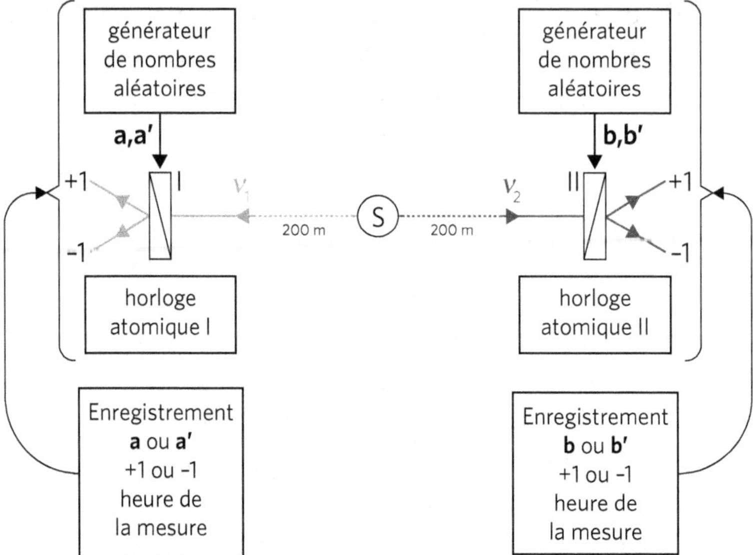

Figure 8.1. Expérience de Weihs et Zeilinger. Cette expérience utilise une source de paires de photons intriqués obtenus par division paramétrique de photons ultraviolets. Les photons intriqués sont émis dans des fibres optiques déployées dans des directions opposées jusqu'à des stations de détection situées chacune à 200 mètres de la source. La direction d'analyse par chaque polariseur est choisie par un générateur de signaux aléatoires après que le photon a quitté la source. Cette orientation ainsi que le résultat de la mesure sont enregistrés localement, dans un ordinateur placé dans la station de mesure, avec la donnée de l'instant précis de la mesure indiqué par une horloge atomique locale. La corrélation entre les résultats des mesures effectuées au même instant est déterminée *a posteriori*, en rapprochant les listes de résultats obtenus aux deux extrémités.

Il faudra encore près de dix ans pour obtenir des photons intriqués émis dans des directions suffisamment bien déterminées pour qu'on puisse les injecter dans des fibres optiques et réaliser des tests des inégalités de Bell à grande distance. Ainsi, en 1998, Nicolas Gisin et son équipe obtiennent une violation des inégalités de Bell à plus de 10 kilomètres de distance, en utilisant les fibres optiques du réseau téléphonique suisse[1] (voir la figure 8.2). Mais ils ne jugeront pas intéressant de mettre en

---

1. Voir Tittel, Brendel, Zbinden et Gisin (1998).

Figure 8.2. Expérience de Gisin et collaborateurs. Dans cette expérience, les photons intriqués sont injectés dans le réseau de fibres optiques de Swisscom, à la station Cornavin de Genève, et les stations de mesure sont situées dans deux villages situés respectivement à 4,8 et 10 kilomètres. Les deux stations de mesure sont séparées de 10 kilomètres à vol d'oiseau. La violation des inégalités de Bell montre que l'intrication survit à une telle distance. *(Image fournie par N. Gisin, communication personnelle.)*

place un dispositif actif de changement d'orientation du polariseur piloté par un générateur de signaux aléatoires.

Pour réaliser leur expérience avec générateurs de signaux aléatoires (voir la figure 8.1), Weihs et Zeilinger sont restés sur le campus de l'université d'Innsbruck en Autriche où ils ont tiré des fibres optiques et placé des polariseurs chacun à 200 mètres de la source. Un signal se propageant à la vitesse de la lumière mettrait plus de 660 nanosecondes pour aller de la source aux polariseurs, ce qui laisse largement le temps d'activer un générateur choisissant aléatoirement l'orientation de la mesure de polarisation. Enfin, et c'est pour moi un point important, au lieu de faire remonter les résultats des mesures vers un corrélateur central (comme dans le schéma de la figure 7.2), ces résultats sont enregistrés localement, à chaque station de mesure, avec l'indication du moment où ils ont été obtenus – ce moment étant déterminé à la nanoseconde près grâce à une horloge atomique placée à côté du détecteur. Ainsi, pour chaque polariseur on dispose d'une série d'enregistrements comportant chacun l'instant de mesure, l'orientation du polariseur et le résultat obtenu (+1 ou –1). Ce n'est qu'à la fin de la session expérimentale que les données obtenues aux deux extrémités sont rapprochées afin de déterminer la corrélation de polarisation pour les photons de la même paire. Le résultat est sans appel : les inégalités de Bell sont violées par 30 écarts-types, dans une expérience où les orientations des polariseurs sont choisies aléatoirement pendant la propagation des photons entre la source et les polariseurs. Ce résultat, confirmant dans une expérience bien améliorée ce que nous avions trouvé seize ans plus tôt, me rassure car il montre que nous ne nous sommes pas fait abuser par des effets systématiques qui seraient passés inaperçus. Mais surtout, cette expérience marque une nouvelle avancée vers le schéma idéal de test des inégalités de Bell, en remplaçant nos commutations pseudo-aléatoires par des changements d'orientation vraiment aléatoires.

Cependant, en 1998, il reste encore une échappatoire logiquement envisageable et digne d'attention : l'« échappatoire de détectivité », liée à la sensibilité limitée des détecteurs de l'époque.

UNE EFFICACITÉ DE DÉTECTION QUASI PARFAITE

L'« échappatoire de détectivité » est liée au fait que seule une petite fraction des photons produit un signal, pour plusieurs raisons. D'abord, dans toutes les expériences antérieures à celles de 1998, tous les photons ne sont pas captés par les lentilles et envoyés vers les détecteurs. De plus, même ceux qui arrivent sur les photodétecteurs ne donnent un signal que dans une fraction limitée des cas, de l'ordre de 25 % dans nos expériences, et à peine plus dans les expériences de la fin des années 1990. Le premier problème est lié au fait que, dans les sources comme la nôtre, les photons étaient émis dans toutes les directions de l'espace. Il a été résolu avec les nouvelles sources envoyant les photons dans des directions bien déterminées. En revanche, le second problème, celui de la faible efficacité des détecteurs, persiste. Un avocat déterminé des théories locales à paramètres supplémentaires peut alors invoquer cet incontestable écart à l'expérience idéale pour proposer des théories permettant d'interpréter les résultats expérimentaux sans conclure au rejet du réalisme local. Dans ces théories, en plus des paramètres supplémentaires responsables des résultats de mesure de polarisation, il y en a d'autres qui déterminent l'aptitude d'un photon à être détecté – ou pas – par les détecteurs imparfaits. Deux populations de photons peuvent donc être distinguées : ceux qui sont détectés et ceux qui ne le sont pas. On peut alors imaginer une théorie dans laquelle les photons détectés conduisent à des résultats conformes aux prédictions de la mécanique quantique, alors qu'au contraire les photons non détectés auraient donné, s'ils avaient été détectés, des résultats en désaccord avec la mécanique quantique et en accord avec les inégalités de Bell. Si la fraction de ces photons non détectés est suffisamment grande, on peut se trouver dans la situation où les inégalités de Bell sont violées sur la fraction de photons détectés, alors qu'elles ne le seraient pas si l'on détectait tous les photons. Même si elle paraît conspiratoire, cette possibilité est logiquement acceptable, et pour l'éliminer il faut réaliser une expérience utilisant des détecteurs presque parfaits détectant une fraction suffisamment grande de l'ensemble des photons.

C'est ce qu'un certain nombre de groupes vont réussir à faire dans les années 2010, en bénéficiant de nouveaux détecteurs basés sur un principe différent de l'effet photoélectrique. Ils utilisent un fil supraconducteur très fin que l'absorption d'un seul photon fait transiter vers un état de résistance non nulle, ce qui est détectable par une électronique appropriée. Le fil supraconducteur doit être maintenu à très basse température, à quelques degrés du zéro absolu, ce qui ajoute une sérieuse complication aux expériences. Deux groupes[1] – une fois de plus le

____

1. Voir Giustina *et al.* (2013) ainsi que Christensen *et al.* (2013).

groupe d'Anton Zeilinger, ainsi qu'un groupe de Boulder proche du laboratoire où les nouveaux détecteurs ont été inventés et développés – relèvent le défi et observent une violation des inégalités de Bell avec des détecteurs suffisamment sensibles pour éliminer l'échappatoire de détectivité. Il faut ajouter que des expériences réalisées avec des particules autres que des photons, par exemple des atomes ou des ions[1], vont permettre elles aussi de fermer l'échappatoire de détectivité.

Ainsi, en 2012, l'échappatoire de localité et celle de détectivité ont été refermées indépendamment l'une de l'autre. Trois groupes se lancent alors dans des expériences visant à refermer les deux échappatoires simultanément. Les résultats sont annoncés et publiés presque en même temps en 2015. Ils sont clairement en faveur de la mécanique quantique. Deux d'entre eux ont été obtenus avec des paires de photons intriqués, dans le laboratoire d'Anton Zeilinger à Vienne et dans celui de Lynden Shalm à Boulder[2]. Le troisième est le fruit d'un schéma radicalement différent, basé sur des défauts dans des microcristaux de diamant qui se comportent comme des atomes immobiles. Il a été publié par une équipe hollandaise sous le titre « Violation des inégalités de Bell sans échappatoire[3] » (« Loophole free violations of Bell's inequalities »). Sur le plan quantitatif, les résultats de cette dernière expérience sont beaucoup moins impressionnants que ceux obtenus avec les photons intriqués, mais le fait d'utiliser des systèmes différents a un intérêt incontestable[4]. Plus récemment, des tests annoncés sans échappatoire ont porté sur des paires d'atomes, ou même de photons micro-ondes[5]. Cette

---

1. Pour les expert(e)s : dans ces expériences, un couple de deux niveaux internes des ions ou des atomes, avec lesquels on interagit depuis l'extérieur de façon sélective, constitue un système quantique à deux états, analogue à la polarisation des photons ou au spin des particules à spin 1/2. Voir Rowe *et al.* (2001).
2. Voir Giustina *et al.* (2015) ainsi que Shalm *et al.* (2015).
3. Voir Hensen *et al.* (2015).
4. Pour une présentation et un commentaire sur ces trois expériences, voir le « point de vue » que j'ai publié en 2015 dans la revue en ligne *Physics*, en libre accès (Aspect, 2015).
5. Voir Storz *et al.* (2023) ; et pour l'optique quantique avec des photons micro-ondes voir Wang *et al.* (2023), ainsi que la thèse de Léo Balembois réalisée dans le groupe Quantronique du Service de physique de l'état condensé du CEA Saclay (SPEC).

dernière expérience m'a totalement surpris. Je n'aurais jamais pensé que de tels photons, d'énergie dix mille fois plus petite que les photons optiques, puissent être détectés individuellement. Une fois de plus, des techniques qui semblent impossibles mais qui ne contredisent aucune loi fondamentale de la physique finissent par être mises au point tôt ou tard, mais avec des délais qui se comptent en décennies.

LE LIBRE ARBITRE « GARANTI » ?

En 2015, alors que l'on peut penser que toutes les échappatoires ont été refermées, certains physiciens en imaginent une nouvelle, celle dite « du superdéterminisme ». Il s'agit de remettre en cause le caractère aléatoire des choix d'orientation des polariseurs, choix effectués par des générateurs de nombres aléatoires qui semblent pourtant *a priori* au-dessus de tout soupçon. Après tout, disent les tenants de cette remise en cause, il pourrait y avoir dans le passé des deux générateurs des causes communes qui créeraient des corrélations entre les valeurs aléatoires fournies par ces dispositifs et, dans ce cas, ces variables aléatoires ne seraient plus indépendantes. Pour éliminer une telle conspiration, certains ont imaginé de braquer des télescopes dans des directions opposées de la galaxie et de faire dépendre l'orientation des polariseurs des fluctuations de la lumière reçue dans chacun de ces télescopes. Ils disent qu'il est probable que ces fluctuations soient indépendantes, puisqu'il s'agit de faisceaux lumineux venant de confins opposés de notre galaxie, à quelques centaines de milliers d'années-lumière l'un de l'autre. Pour ne rien vous cacher, je suis plutôt perplexe devant ce raisonnement, car qui peut nous assurer que ces lumières ne sont pas corrélées par des événements situés dans un passé commun encore plus lointain ? Si l'on croit vraiment à ce super-déterminisme, on doit, me semble-t-il, pousser plus loin dans le passé ; je veux dire, jusqu'à la formation de notre galaxie, voire jusqu'au Big Bang, qui est dans le passé commun de tout l'univers. On n'a alors aucun moyen d'échapper à l'objection.

Un tel raisonnement évoque le déterminisme envisagé par Laplace, selon lequel tout ce que nous observons aujourd'hui pourrait avoir été déterminé par des événements passés. Dans un tel monde, les physiciens qui croient choisir librement les paramètres de leurs expériences sont en fait « manipulés » par des événements qui se sont produits dans leur passé – et cela, qu'ils fassent ce choix eux-mêmes ou qu'ils confient cette tâche à un phénomène physique qu'ils pensent aléatoire. On peut soutenir une telle position, qu'il est impossible de rejeter par la logique pure, mais dans un tel monde, quel est l'intérêt de chercher à découvrir des lois physiques, puisque toute observation peut en principe s'expliquer en invoquant le passé commun à tous les événements que l'on observe ? Sur cette question, je donne la parole à John Bell, à propos de l'existence de générateurs de nombres aléatoires fiables et non pas manipulés par des événements passés. Après avoir invoqué avec son humour pince-sans-rire habituel les machines de la loterie nationale suisse comme exemple de générateurs d'aléatoire au-dessus de tout soupçon, il conclut : « Bien sûr il se pourrait que ces idées raisonnables [que les générateurs sont vraiment aléatoires] au sujet de générateurs physiques d'aléatoire soient simplement fausses, pour le but qui nous concerne. On pourrait voir apparaître une théorie dans laquelle de telles conspirations apparaissent inévitablement, et ces conspirations pourraient être plus digestes que les non-localités dans d'autres théories. Quand une telle théorie sera annoncée, je ne refuserai pas d'écouter... Mais à titre personnel je n'essaierai pas de produire une telle théorie[1]. » J'adhère complètement à ce commentaire, et je vais même plus loin, le Gascon que je suis étant moins réservé que le très britannique John Bell. J'affirme : « Dans un monde où on pourrait tout expliquer par

---

1. « *Of course it might be that these reasonable ideas about physical randomizers are just wrong - for the purpose at hand. A theory may appear in which such conspiracies inevitably occur, and these conspiracies may then seem more digestible than the non-localities of other theories. When that theory is announced I will not refuse to listen, either on methodological or other grounds. But I will not myself try to make such a theory* » (traduction personnelle) (Bell, 1977, p. 83).

une conspiration dans le passé et où l'expérimentateur ne serait pas libre de choisir ses paramètres, je renoncerais au métier de physicien[1] ! »

Désormais, j'adopte donc le point de vue que les inégalités de Bell ont été violées dans un schéma aussi idéal que nécessaire pour en tirer des conclusions solides, et je vais maintenant discuter les conséquences de cette violation sans échappatoire.

8.2. *Le raisonnement par l'absurde d'Einstein : une erreur fructueuse*

LE REJET DU RÉALISME LOCAL

Que conclure de la violation des inégalités de Bell, c'est-à-dire du rejet de la possibilité de compléter la mécanique quantique en introduisant des théories réalistes locales ? Einstein lui-même nous a donné la réponse. « Comment, allez-vous vous exclamer, Einstein avait envisagé de renoncer à sa vision réaliste locale du monde ? » Eh bien oui : pour défendre son point de vue, il considérait l'hypothèse selon laquelle il faudrait abandonner cette vision, et il montrait que les conséquences étaient tellement inacceptables que cela validait son point de vue. Il faisait un raisonnement par l'absurde tel que nous l'avons appris dans les cours de mathématiques. Relisons ce qu'il nous dit dans un texte écrit en 1949, intitulé « Autobiographie », que l'on peut considérer comme un testament intellectuel. Raisonnant une fois de plus sur les deux systèmes *distants* intriqués S1 et S2, introduits dans l'article EPR de 1935, Einstein écrit : « On ne peut échapper à cette conclusion [que la mécanique quantique est incomplète] qu'en supposant que la mesure sur S1 change (par télépathie)

---

1. À l'occasion de telles discussions, certains soulèvent la question du libre arbitre humain, qui transcenderait le déterminisme laplacien. Cela sort manifestement du domaine qui est le mien, celui de la physique, et je ne m'y aventurerai pas.

la situation réelle de S2, ou en refusant d'attribuer des réalités indépendantes à des choses qui sont séparées spatialement l'une de l'autre. Les deux possibilités me semblent entièrement inacceptables[1]. » Pour Einstein, la conclusion est que la mécanique quantique est incomplète. Mais, pour nous, la violation des inégalités de Bell oblige aujourd'hui à admettre au moins l'une de ces deux possibilités considérées comme inacceptables par Einstein. En effet, même si la seule conclusion indiscutable à tirer de la violation des inégalités de Bell est le rejet du réalisme local, il est légitime de se demander si l'on doit remettre en cause l'un des deux concepts, le réalisme ou la localité, tout en gardant l'autre[2]. On se trouve alors face à un choix qui n'est pas de nature scientifique, et qui ne peut donc pas se faire en s'appuyant uniquement sur un raisonnement rigoureux. Ici, on entre dans le domaine de l'épistémologie, du point de vue que l'on adopte pour décrire le monde. Je vais donc expliciter les deux positions possibles en tenant compte des nombreux textes d'Einstein que j'ai pu lire, tout en indiquant celle vers laquelle je penche.

PREMIÈRE OPTION : LE REJET DU RÉALISME

D'abord, précisons ce qu'Einstein appelle dans la citation ci-dessus « la situation réelle [du système] S2 », qui désigne manifestement ce qu'il nomme souvent la « réalité physique » du système[3]. Pour lui, un système physique confiné dans un volume fini d'espace-temps est caractérisé de façon complète par un ensemble de paramètres contenus dans ce volume.

---

1. « *One can escape from this conclusion only by either assuming that the measurement of S_1 (telepathically) changes the real situation of S_2 or by denying independent real situations as such to things which are spatially separated from each other. Both alternatives appear to me entirely unacceptable* » (traduction personnelle) (Einstein, 1970, p. 85).
2. En fait, les deux possibilités « entièrement inacceptables » pour Einstein ne sont pas déconnectées l'une de l'autre. En effet, pour lui, la possibilité de parler de la réalité physique d'un système est manifestement liée à l'impossibilité que ce système soit affecté par un événement situé dans l'« ailleurs relativiste », ce qui obligerait à accepter une influence se propageant plus vite que la lumière. Mais aujourd'hui, face à l'incontestable violation des inégalités de Bell, on est en droit de considérer séparément les deux possibilités.
3. Ce point a aussi été discuté dans le chapitre 3, section 3.2.

Ces paramètres permettent de déterminer le résultat que l'on obtiendrait en mesurant n'importe quelle propriété physique du système, par exemple son énergie, sa quantité de mouvement, son moment cinétique, sa charge électrique, la position et la vitesse de son centre de gravité... C'est ce que j'appellerai la *réalité physique au sens d'Einstein*. Ces paramètres permettent aussi de déterminer l'évolution future du système. Ils peuvent dépendre du passé, mais ils ne peuvent pas être influencés par une opération distante si cette influence doit voyager plus vite que la lumière. Par conséquent, si deux objets sont séparés au sens relativiste, une mesure sur l'un ne saurait affecter instantanément l'autre. Pour Einstein ce serait de la télépathie, pas de la physique.

Face au rejet du réalisme local, la première alternative consiste à renoncer à la notion de réalité physique d'Einstein telle que je viens de la définir. C'est à un tel rejet que l'on peut assimiler la position de Bohr. Certes, Bohr se défend avec force de renoncer au concept de réalité physique et se revendique réaliste ; mais *sa* réalité physique est très différente de celle d'Einstein, car elle contient à la fois le système étudié *et* les appareils de mesure qui permettront d'en déterminer les propriétés physiques. Cela signifie qu'elle met en jeu à la fois l'état quantique du système (par exemple la fonction d'onde d'une particule) et la mesure choisie (sa vitesse, ou sa position), ce que certains appellent « le contexte[1] ». Contrairement à la réalité physique d'Einstein, ce point de vue n'accepte pas une description du système où les résultats de toutes les mesures possibles seraient simultanément déterminés, puisqu'il n'existe aucun appareil permettant de les obtenir toutes à la fois. En résumé, la réalité physique de Bohr n'est pas intrinsèque au système considéré : elle est contextuelle.

Ce point de vue apparaît raisonnable tant que l'on considère un système unique, qui est perturbé par une mesure, ce qui empêche de savoir ce qu'aurait donné une autre mesure. Pensez au fameux microscope de Heisenberg (voir le chapitre 2, section 2.6) où le système de mesure, en l'occurrence le photon,

---

1. Voir Grangier (2021).

interagit directement avec la particule dont on essaie de déterminer la vitesse et la position. La force du raisonnement EPR, qui porte sur deux particules, c'est qu'il n'y a pas d'interaction directe entre le premier système – sur lequel porte la mesure – et le second système. Pourtant, nous dit Bohr, même s'il n'y a pas d'action mécanique directe, la réalité physique du second système dépend directement de la mesure effectuée sur le premier système. Bohr a conscience de cette difficulté dès 1935, puisqu'il écrit[1] : « Bien entendu, il n'est pas question d'une perturbation mécanique du système étudié au cours de la dernière phase critique de la procédure de mesure. » Seulement, il enchaîne avec une phrase que je n'arrive toujours pas à comprendre : « Mais même à ce stade, il est essentiellement question d'une influence sur les conditions mêmes qui définissent les types de prédictions possibles concernant le comportement futur du système. »

Ainsi, à la différence du raisonnement d'Einstein, qui s'appuie sur une analyse scientifique rigoureuse de la situation EPR, l'argumentation de Bohr en réponse à l'article EPR est essentiellement de nature philosophique, et adopter son point de vue exige d'être d'accord avec sa position épistémologique sur la nature de la réalité physique. Or, pour cela, il faut admettre qu'on ne peut pas séparer les systèmes physiques de leurs appareils de mesure. Cela s'oppose non seulement à la vision réaliste d'Einstein, mais aussi, me semble-t-il, au point de vue spontané de beaucoup de physiciens, qui sont réalistes de fait, même s'ils ont souvent du mal à l'admettre[2]. Qu'on me comprenne : je suis bien obligé de reconnaître que Bohr avait raison contre Einstein, mais ce qui m'en a convaincu, ce ne sont pas les arguments de Bohr sur la nature de la réalité physique : c'est le théorème de Bell et les expériences

---

1. « *Of course there is [...] no question of a mechanical disturbance of the system under investigation during the last critical stage of the measuring procedure. But even at this stage there is essentially the question of an influence on the very conditions which define the possible types of predictions regarding the future behavior of the system* » (Bohr, 1935, p. 700, traduction personnelle).

2. Dans une interview à la radio autrichienne dans les années 1980, John Bell déclare : « *I'm a realist and [...] I think that in actual daily practice all scientists are realists.* » Cité par Reinhold Bertlmann dans Bertlmann et Friis (2023), p. 396.

qui ont montré qu'il faut renoncer au réalisme local. Bohr ne me convainc pas qu'il faut renoncer à la notion de réalité physique telle qu'Einstein la pense, indépendante des appareils de mesure.

Venons-en donc à la deuxième option : le rejet de la localité.

DEUXIÈME OPTION : LE REJET DE LA LOCALITÉ

Commençons par faire un sort au mot « télépathie », utilisé par Einstein dans la citation ci-dessus de façon manifestement ironique. Ce mot souligne le caractère absolument inenvisageable d'une interaction instantanée entre deux systèmes éloignés l'un de l'autre. Einstein utilise parfois l'expression « *spooky action at a distance* » (« interaction fantasmagorique à distance ») pour décrire une telle possibilité, évidemment inacceptable pour le père de la relativité. Pourtant, il nous faut bien aujourd'hui l'envisager : c'est ce que l'on appelle la « non-localité quantique ». Telle est donc la deuxième possibilité : conserver la notion de réalité physique d'Einstein, qui s'applique à un système localisé dans un volume déterminé d'espace-temps, tout en acceptant la possibilité que cette réalité physique soit affectée de façon instantanée par une action à distance. Cette fois, on refuse d'attribuer des propriétés individuelles – des réalités physiques – indépendantes à des objets séparés spatialement[1]. C'est dans cette direction que je penche, et je ne suis pas le seul, même s'il s'agit sans doute d'une position minoritaire chez les physiciens.

Bien que cette notion de non-localité quantique puisse paraître choquante, je suis prêt à l'accepter pour sauver le point de vue réaliste. Dois-je chercher à compléter la mécanique quantique en utilisant des théories à paramètres supplémentaires non locales, comme celle de Bohm ? Est-ce vraiment utile, dans la

---

1. Pour Einstein, la séparation spatiale de deux événements veut dire qu'une éventuelle interaction entre eux devrait être plus rapide que la lumière ; c'est ce que l'on appelle en relativité « un intervalle du genre espace ». Dans ce contexte, la non-indépendance de deux systèmes séparés par un intervalle du genre espace est parfois appelée « holisme quantique », pour signifier que les deux systèmes forment un tout.

mesure où la mécanique quantique elle-même est une théorie non locale ? Qui plus est, pour autant que je sache, la théorie de Bohm est loin d'être capable de traiter l'ensemble des phénomènes si bien décrits par le formalisme quantique. C'est pourquoi, en ce qui me concerne, je préfère me contenter de la mécanique quantique, en la considérant comme une théorie me fournissant une vision réaliste non locale, comme je vous l'explique ci-dessous.

UNE ERREUR FRUCTUEUSE

Finalement, malgré mon immense admiration pour Einstein, j'ai dû me rendre à l'évidence : utiliser une image réaliste locale du monde, comme il le souhaitait, est devenu une chimère. En ce sens-là, je dois reconnaître qu'Einstein s'est trompé. Mais je m'empresse d'ajouter qu'il a eu une intuition géniale en mettant en évidence les mystères de l'intrication quantique pour des objets séparés, éloignés l'un de l'autre. J'insiste sur ce point : c'est grâce à Einstein et à son raisonnement impeccable que nous savons clairement ce à quoi nous devons renoncer. C'est pour cela que je choisis de parler d'une « erreur fructueuse ».

8.3. *Une vision du monde bouleversée par la non-localité*

Ainsi, après une longue réflexion, ma position personnelle face à l'abandon du réalisme local est de renoncer à la localité, et donc d'accepter le concept de *non-localité quantique*. À l'appui de cette notion, je vais maintenant vous présenter un calcul quantique suggérant fortement cette non-localité. Même si on ne présente pas souvent les choses ainsi, il s'agit d'un calcul absolument orthodoxe, s'appuyant sur les postulats de base de la théorie quantique standard.

Cette acceptation de la non-localité quantique va de pair, me semble-t-il, avec une position personnelle notablement différente de celle de l'école de Copenhague en ce qui concerne le statut de la fonction d'onde décrivant un système quantique. C'est par là que je commencerai.

RÉALITÉ DE LA FONCTION D'ONDE ET NON-LOCALITÉ QUANTIQUE

Dans le point de vue de Bohr et de l'école de Copenhague, l'état du système, représenté par exemple par la fonction d'onde d'une particule, n'est qu'un outil mathématique qui permet de calculer les probabilités des résultats des mesures que l'on peut effectuer sur lui. Mon point de vue est différent car j'accorde une certaine réalité physique à la fonction d'onde, précisément parce qu'elle me permet de prédire les résultats des mesures et que c'est ce que je demande à la réalité physique ; mais je suis alors obligé d'accepter la non-localité quantique. Je vais illustrer mon propos d'abord dans le cas d'une seule particule, puis dans le cas de particules intriquées.

Considérons d'abord la fonction d'onde d'une seule particule, qui évolue dans notre espace, comme le ferait une onde électromagnétique. Je me la représente comme une onde ayant une réalité physique. Cependant, à la différence d'une onde électromagnétique qui ne peut pas s'annuler d'un seul coup en tous ses points, la fonction d'onde quantique subit un effondrement instantané au moment où on mesure la position de la particule : elle devient partout nulle sauf à l'endroit où on a détecté la particule. C'est une manifestation de la non-localité quantique, qui me permet de comprendre intuitivement le fait qu'une seule particule ne peut pas être détectée deux fois. Cette propriété, qui peut paraître évidente, est en fait non triviale et c'est elle qui nous a permis, avec Philippe Grangier, de caractériser la source de photons uniques que nous avons développée en 1985, tout en restant capables de décrire les interférences que nous avons mises en évidence avec ces photons uniques (voir le chapitre 7, section 7.10).

Passons au cas de deux particules intriquées. Pour décrire cette situation, il est bien sûr possible d'utiliser le formalisme quantique standard pour réaliser un calcul global des corrélations à distance, comme dans le complément C4.1 du chapitre 4. Cette méthode est particulièrement efficace, mais comme je l'ai déjà expliqué, elle ne nous fournit pas d'image dans notre espace à trois dimensions. En revanche, il est possible de se forger une image des corrélations EPR dans notre espace en utilisant une méthode de calcul différente[1].

UNE IMAGE NON LOCALE BASÉE SUR UN CALCUL QUANTIQUE ORTHODOXE

Lorsqu'on cherche à se forger une image des corrélations entre les mesures sur deux particules intriquées, il est naturel de partir des équations. Dans le complément C4.1, le calcul utilise une représentation globale de l'état intriqué, et les mesures montrant une corrélation sont elles aussi envisagées de façon globale : on s'intéresse à la probabilité d'obtenir un certain résultat sur le photon v_1 ET un certain résultat sur le photon v_2. Tout cela est décrit dans un espace mathématique abstrait décrivant globalement les deux particules et les opérations de mesure, mais lorsqu'il s'agit d'un état intriqué, cet espace n'a pas de correspondance directe avec l'espace-temps du laboratoire où se déroulent les expériences, et où les événements sont repérés par trois dimensions spatiales et le temps. Ce n'est qu'à la fin du calcul que l'on précise que la mesure sur chaque photon a lieu en un point donné et à un instant donné. Cette absence d'image de ce qui se passe dans le laboratoire entre l'émission de la paire et la mesure conduit un certain nombre de physiciens à conclure qu'il est vain de chercher une représentation dans notre espace et que l'on doit se contenter des résultats des calculs que l'on peut comparer aux observations expérimentales.

---

1. Même s'il n'est pas habituel, il s'agit d'un calcul parfaitement orthodoxe qui repose entièrement sur les postulats de base de la mécanique quantique tels qu'exposés par exemple dans le livre de Cohen-Tannoudji, Diu et Laloë (2018, chapitre III).

C'est la doctrine dite du « *shut up and calculate !* », « taisez-vous et calculez ! ».

Mais comme l'a écrit Asher Peres, un théoricien de la physique quantique on ne peut plus orthodoxe, « les phénomènes quantiques ne se produisent pas dans un espace de Hilbert, ils se produisent dans un laboratoire[1] ». Ainsi, certains physiciens – dont je suis – insistent pour avoir une image des corrélations EPR dans notre espace, celui du laboratoire. Or il existe une possibilité de ramener la description quantique d'une expérience EPRB dans notre espace-temps ordinaire en invoquant le « principe de réduction du paquet d'onde », qui fait partie des postulats de base de la physique quantique[2]. Tel est l'objectif du calcul quantique que je vais ici résumer sans formules mathématiques et que l'on trouvera en intégralité dans l'encadré E8.1. Je m'appuie sur le schéma de la figure 4.4, reproduit ci-dessous.

L'idée est la suivante : au lieu de calculer directement les probabilités conjointes des résultats sur les deux photons, par exemple la probabilité d'avoir le résultat +1 au polariseur I orienté suivant **a** ET le résultat +1 au polariseur II orienté suivant **b**, on va décomposer le calcul en deux étapes : d'abord la mesure sur le photon v_1 au polariseur I, puis la mesure sur le photon v_2

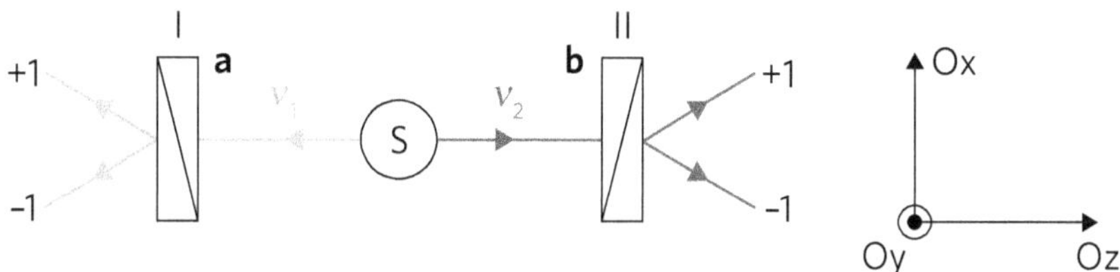

Rappel de la figure 4.4. La source émet une paire de photons (v_1 et v_2) sur lesquels les polariseurs I et II orientés respectivement suivant **a** et **b** effectuent des mesures de polarisation. Chaque mesure n'a que deux résultats possibles, notés +1 ou –1. On s'intéresse aux probabilités simples d'obtenir +1 ou –1 à chaque polariseur, ainsi qu'aux probabilités conjointes d'observer des résultats spécifiés en I et II.

---

1. « *Quantum phenomena do not occur in a Hilbert space, they occur in a laboratory* » (Peres, 2002, p. xi).
2. Voir Cohen-Tannoudji, Diu et Laloë (2018), chapitre III, section B-3-c.

au polariseur II. Supposons que le résultat de la mesure par le premier polariseur soit +1, ce qui correspond à une polarisation parallèle à **a**. Le postulat de réduction du paquet d'onde permet alors de calculer le nouvel état de la paire de photons dès l'instant où l'on a obtenu ce résultat. D'abord, le photon v_1 se retrouve dans l'état de polarisation suivant **a**, ce qui n'est pas pour nous étonner puisque c'est précisément le résultat de la mesure. Le postulat de réduction du paquet d'onde permet aussi d'affirmer que le photon v_2 se retrouve également dans l'état de polarisation suivant **a**, si bien que le résultat de la mesure par le deuxième polariseur sera +1 s'il est lui-même orienté suivant **a**. Le raisonnement reste le même en remplaçant +1 par –1, qui correspond à une polarisation perpendiculaire à **a**. Dans ce cas, le photon v_2 se retrouve polarisé perpendiculairement à **a** (comme le photon v_1), si bien que la mesure par le polariseur II donnera –1 si son axe d'analyse est aligné suivant **a**. Cela permet de comprendre la corrélation parfaite entre les résultats si les deux polariseurs sont orientés suivant la même direction **a** : si on a +1 d'un côté on a +1 de l'autre, et si on a –1 d'un côté on a –1 de l'autre. Plus généralement, si le polariseur II est orienté suivant une direction **b** différente de **a**, il est facile de calculer les probabilités d'obtenir +1 ou –1 puisque le photon v_2 a une polarisation bien déterminée dès l'instant où on connaît le résultat de la mesure sur le photon v_1.

Ce calcul, dans lequel la mesure sur les deux photons se fait en deux étapes, conduit exactement aux mêmes conclusions que le calcul direct portant globalement sur les deux photons. Mais il a un avantage de taille : grâce à lui, je suis capable de développer une image décrivant ce qui se passe dans notre espace ordinaire. Lorsque je fais une mesure sur un photon à une extrémité du montage, je « vois » l'évolution brutale et non locale de la fonction d'onde de l'autre photon à l'autre extrémité, puisque j'admets que sa polarisation devient identique à celle que l'on vient de trouver pour le premier photon. Mais le prix à payer pour cette image est élevé, inacceptable pour Einstein : dans cette description, l'état du second photon, éloigné du premier, est instantanément modifié au moment de la mesure sur le premier photon. Il passe d'un état indéterminé, où la mesure pourrait aussi bien donner +1 que –1, à un état de polarisation bien déterminé, soit parallèle à **a** soit perpendiculaire à **a**, le choix entre les deux possibilités se faisant instantanément[1]. Or la causalité relativiste d'Einstein interdit les interactions instantanées : aucune influence ne peut se propager plus vite que la lumière. On comprend qu'Einstein ait refusé une telle vision du monde et ait suggéré de compléter le formalisme quantique en considérant que les paires de photons sont dans un état de polarisation bien déterminé dès leur départ de la source. Pourtant, les résultats des tests des inégalités de Bell nous obligent à renoncer à ce point de vue.

E8.1. Une image non locale des corrélations EPR résultant d'un calcul quantique

Dans cet encadré, je vais à nouveau décrire les états quantiques de la polarisation des photons en utilisant la notation de Dirac. Je pense que même les plus rétifs aux mathématiques sont maintenant convaincus que cette notation ne doit pas leur faire peur. Rappelez-vous : l'expérience de pensée décrite dans la figure 4.4 met en jeu des photons se propageant suivant l'axe Oz, vers la gauche ou la droite, et leur polarisation est décrite par un état quantique appartenant à un espace à deux dimensions, où l'on prend deux états de base : $|x\rangle$ décrit un photon polarisé dans la direction Ox et $|y\rangle$

---

1. Mais, vont m'objecter ceux d'entre vous qui ont des notions de relativité, que veut dire « instantanément » ? Ne sait-on pas que deux événements simultanés ne le sont que dans un référentiel donné, et que si l'on se place dans un autre référentiel, en mouvement par rapport au premier, l'un des événements a lieu avant l'autre, ou inversement, suivant le mouvement ? Bien sûr, mais quel que soit le référentiel choisi, les deux événements restent séparés par ce que l'on appelle en relativité un « intervalle du genre espace », ce qui veut dire qu'il n'existe aucune possibilité de les relier l'un à l'autre par un signal se propageant à une vitesse inférieure ou égale à celle de la lumière. Changer de référentiel ne permet donc pas de se débarrasser de la notion de non-localité quantique. Et si vous tenez à être rigoureux, remplacez l'adverbe « instantanément » par l'expression « avec un intervalle du genre espace ».

un photon polarisé dans la direction Oy. Si maintenant on considère une paire de photons, l'un – désigné par l'indice 1 – allant vers la gauche et l'autre – désigné par l'indice 2 – vers la droite, l'état $|x_1, x_2\rangle$ décrit deux photons tous les deux polarisés suivant Ox et l'état $|y_1, y_2\rangle$ deux photons tous les deux polarisés suivant Oy. Dans chacun de ces deux exemples, on peut décrire la situation dans l'espace ordinaire : le photon se propageant vers la gauche a une trajectoire bien déterminée et une polarisation également bien définie, et de même pour celui allant vers la droite. Mais il n'en est pas ainsi pour l'état EPRB décrivant une paire de photons intriqués, qui est la superposition

$$|\Psi_{EPRB}(v_1, v_2)\rangle = \frac{1}{\sqrt{2}}\left(\,|x_1, x_2\rangle + |y_1, y_2\rangle\,\right)$$

de l'état $|x_1, x_2\rangle$ et de l'état $|y_1, y_2\rangle$. Cette superposition se traduit mathématiquement par un simple signe +, et l'état correspondant s'écrit $|x_1, x_2\rangle + |y_1, y_2\rangle$. La conséquence de ce signe + est capitale : on ne peut plus écrire l'état des deux photons comme le produit d'un état bien défini du photon allant vers la gauche par un état bien défini du photon allant vers la droite. Il en résulte que la polarisation de chaque photon n'est pas définie : seul l'état global des deux photons peut être écrit sans ambiguïté. Nous allons néanmoins pouvoir revenir à une description photon par photon en utilisant le postulat de réduction du paquet d'onde. Voyons comment il s'applique ici.

Considérons une situation où le polariseur I est un peu plus près de la source que le polariseur II, de telle sorte que la mesure de polarisation sur le photon v_1 soit effectuée en premier. On peut alors utiliser le postulat de réduction du paquet d'onde pour décrire ce qui se passe après cette première mesure et décrire la mesure sur le second photon[1].

---

1. Pour les expert(e)s : le postulat implique une opération de projection dans l'espace abstrait où l'on décrit globalement les deux photons.

Le résultat est remarquable : l'état obtenu pour les deux photons est maintenant un état factorisé, où chaque photon a une polarisation parfaitement déterminée. Par exemple, si l'axe d'analyse **a** du polariseur I est orienté suivant Ox, et si j'obtiens le résultat +1 associé à la polarisation $|x\rangle$ pour le premier photon, alors l'état des deux photons devient $|x_1, x_2\rangle$. Cela signifie que la mesure sur le premier photon détermine la polarisation du second, ici polarisé suivant Ox. De ce fait, si l'axe d'analyse **b** du second polariseur est orienté suivant Ox, on trouvera le résultat +1 comme prévu par le calcul quantique direct.

Pour avoir une vision complète, il faut aussi considérer le cas où on trouve le résultat –1 associé à la polarisation $|y\rangle$ pour le premier photon, ce qui arrive dans la moitié des cas. L'état des deux photons devient alors $|y_1, y_2\rangle$, ce qui signifie que le second photon est maintenant polarisé suivant Oy. La mesure sur le second photon par le polariseur II orienté suivant Ox donne alors le résultat –1, là aussi conformément au calcul quantique direct. Ainsi, en découpant en deux étapes la mesure sur les deux photons, j'ai été capable de décrire les états successifs des deux photons dans notre espace ordinaire. Mais il y a un prix à payer : cette description est non locale.

Ainsi, si l'on adopte la façon de raisonner que je vous ai présentée ici, c'est bien la question de la non-localité quantique, incompatible avec la vision réaliste locale du monde d'Einstein, qui est au cœur du débat que l'on tranche par les tests expérimentaux des inégalités de Bell. Einstein ne connaissait pas le théorème de Bell, dans lequel l'hypothèse de localité joue un rôle essentiel, mais il avait mis le doigt sur l'élément le plus étrange du formalisme quantique, qu'il ne pouvait accepter[1]. On ne peut qu'admirer cette lucidité.

---

1. Einstein a-t-il vraiment fait le raisonnement que je viens de présenter ? La rigueur scientifique m'oblige à répondre non, car il ne connaissait pas la forme de Bohm de l'expérience de pensée EPR. Mais l'article EPR de 1935 comme plusieurs autres de ses écrits

POSTURE DES PHYSICIENS VIS-À-VIS
DE LA VIOLATION DES INÉGALITÉS DE BELL

Au cours de la discussion ci-dessus, nous sommes sortis du cadre de la physique proprement dite, c'est-à-dire d'un ensemble de règles mathématiques permettant de décrire ou de prévoir de façon précise ce que l'on observe dans les expériences. Ces règles sont acceptées par l'immense majorité des physiciens. Certains se contentent de ces succès de la description mathématique, surtout s'ils ont subi un enseignement de la physique quantique basé sur le précepte « *shut up and calculate* », dispensé par de nombreux professeurs qui savent bien que la mécanique quantique pose des problèmes d'interprétation mais qui veulent avant tout apprendre à leurs étudiants cette théorie tellement efficace[1]. En fait, avant de connaître le théorème de Bell, ces mêmes physiciens s'étaient souvent forgé de façon implicite une image du monde quantique à base de paramètres supplémentaires locaux. Par exemple, quand ils considéraient la fonction d'onde d'un électron occupant un volume d'une certaine étendue, ils pensaient en fait que l'électron avait une position précise mais différente pour chaque réalisation de la situation, donc pour chaque mesure.

Ce qui est remarquable avec le théorème de Bell et les expériences qui ont suivi, c'est que parmi tous les physiciens qui utilisaient les calculs quantiques sans se poser de question, nombreux sont ceux qui ont été forcés de réfléchir à leur propre vision du monde, même si elle n'influençait pas leur façon de traiter les problèmes au quotidien. C'est ce que Bill Phillips[2] résume dans

---

présentent les choses d'une façon très proche de celle que je viens de vous livrer. Dans son raisonnement par l'absurde, il évoque explicitement le fait que la mesure sur un système semble affecter instantanément l'autre système distant si l'on utilise le formalisme quantique habituel – un phénomène qu'il juge inacceptable.

1. Pour ma part, je n'ai pas subi un tel lavage de cerveau et j'ai pu me forger un point de vue personnel, puisque j'ai appris la physique quantique en autodidacte dans le livre de Cohen-Tannoudji, Diu et Laloë, qui présente de façon lumineuse le formalisme mais qui se garde bien d'aborder les questions d'interprétation.

2. William Phillips, un pionnier du refroidissement des atomes par laser, a partagé le prix Nobel 1997 avec Steven Chu et Claude Cohen-Tannoudji. Il a exploré de nombreux phénomènes qui ne peuvent se décrire que par une utilisation subtile du formalisme quantique.

son style inimitable : « Pendant la semaine, je suis un adepte de l'église "tais-toi et calcule". Mais le dimanche je visite d'autres églises[1]. » Cette phrase fait écho à celle de Bell déjà citée au début du chapitre 4 : « Durant la semaine, je suis un ingénieur quantique. Mais le week-end, j'ai mes principes[2] ! » Cette position un peu schizophrénique est adoptée par de nombreux physiciens, les plus lucides d'entre eux ayant été extrêmement surpris d'apprendre qu'ils devaient renoncer à la vision réaliste locale du monde.

À titre personnel, je vais un peu plus loin en mélangeant la position du dimanche et celle de la semaine. Plus précisément, je veux avoir des images dans lesquelles je me donne le droit de penser les systèmes localisés avec un ensemble de paramètres qui déterminent les résultats de n'importe quelle mesure. Mais dans ce cas, si je suis confronté à deux systèmes intriqués, alors je suis obligé d'accepter la non-localité, c'est-à-dire le fait que le résultat de mesure obtenu sur l'un affecte instantanément la réalité physique de l'autre, pourtant éloigné. Cette position peut être fructueuse quand on essaie de comprendre intuitivement certaines technologies quantiques, comme j'en donne un exemple dans le complément C8.3.1, qui porte sur la cryptographie quantique par la méthode d'Ekert, et dans le complément C8.3.2, qui porte sur la téléportation quantique. Elle m'a amené à développer – ou plutôt, dans mon cas, à « bricoler » – des images visant à garder le réalisme au prix de la non-localité. Cette non-localité quantique, qui évoque une sorte d'interaction instantanée entre deux objets intriqués éloignés, entre-t-elle en conflit avec la relativité d'Einstein ? C'est une question que l'on me pose souvent, et à laquelle je vais maintenant répondre.

---

1. « *During the week I belong to the church of "shut up and calculate", but on Sundays I am an acolyte of other churches* » (communication personnelle avec Bill Phillips).
2. « *During the week, I am a quantum engineer, but on week-ends I have my principles* » (déclaration de John Bell rapportée par Nicolas Gisin).

8.4. La non-localité quantique : une violation de la causalité relativiste d'Einstein ?

UN CONFLIT AVEC LA CAUSALITÉ RELATIVISTE ?

En acceptant la non-localité quantique, entrons-nous en conflit avec la causalité d'Einstein, selon laquelle il ne peut y avoir aucune interaction se propageant plus vite que la lumière ? Cette question appelle une réponse nuancée. Il faut d'abord clarifier ce que l'on entend par « causalité relativiste ». Si l'on pense au principe de causalité relativiste opérationnelle, c'est-à-dire à l'impossibilité de transmettre un *signal* ou une information *utilisable* plus vite que la lumière, alors la non-localité quantique ne viole pas ce principe. Par information utilisable, je veux dire un signal permettant une action macroscopique, par exemple allumer une lampe à distance. Cette version de la causalité relativiste n'est pas remise en cause par la non-localité quantique, à l'œuvre dans les expériences telles que notre troisième expérience, ou celle de Weihs et Zeilinger. L'impossibilité d'un « télégraphe supraluminique » basé sur l'intrication à distance est un point majeur qui m'a frappé peu de temps après la lecture de l'article de John Bell. Je me souviens d'avoir demandé à Bernard d'Espagnat de vérifier le raisonnement relativement simple que j'avais élaboré, et obtenu sa validation. Je me rappelle avoir posé la même question à John Bell lors de ma visite à Genève au printemps 1975. Sa réponse, positive, invoquait des notions théoriques qui m'échappaient totalement à l'époque. Elles restent difficiles pour moi. C'est donc la version simple de ce raisonnement que je vais maintenant vous présenter.

Essayons d'utiliser la non-localité quantique pour transmettre une information utilisable plus vite que la lumière. Nous allons faire entrer en scène les deux célèbres personnages Alice et Bob, deux amis qui se trouvent loin l'un de l'autre et reçoivent des photons intriqués émis par une source située entre eux (voir la figure 8.3). Ils observent les résultats des mesures locales sur ces photons effectuées par les polariseurs I et II. Dans l'espoir de transmettre instantanément une information à Bob, Alice veut utiliser la non-localité quantique en modifiant brusquement l'orientation de son polariseur, de **a** à **a'**. Si vous m'avez suivi dans ma présentation de la non-localité quantique, vous avez compris qu'au moment de la mesure par Alice le photon de Bob adopte une polarisation bien déterminée, soit parallèle, soit perpendiculaire à la direction de mesure choisie par Alice. Bob peut-il observer instantanément le changement d'orientation du polariseur d'Alice en observant la polarisation du photon qu'il reçoit ? Pour répondre, il faut comprendre que, quand je parle de « polarisation du photon », je spécifie son état quantique. Mais, comme je vous l'explique dans le complément C8.1 de ce chapitre, un état quantique ne peut être déterminé par la mesure, on n'observe que le résultat de telle ou telle mesure. La bonne question est donc : Bob observe-t-il un changement dans ses résultats de mesure ? La réponse est non, car quel que soit son choix d'orientation de polariseur, il a toujours 50 % de chances d'avoir +1 et 50 % de chances d'avoir –1, comme cela était le cas avant le changement d'orientation d'Alice. En observant seulement son photon, il ne note aucune différence quand Alice passe de **a** à **a'**.

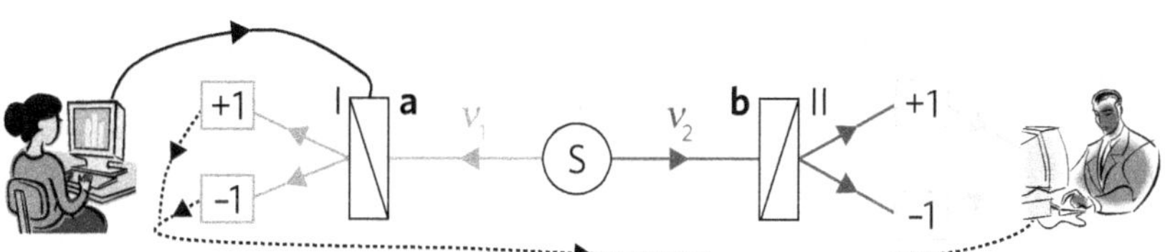

Figure 8.3. Transmission d'information d'Alice vers Bob en utilisant les paires de photons intriqués qu'ils reçoivent de la source. Alice porte soudainement l'orientation de son polariseur de la valeur **a** à la valeur **a'**, juste avant de mesurer le photon v_1. Le photon de Bob passe alors *instantanément* dans un état de polarisation parallèle à **a'** ou perpendiculaire à **a'**. Mais Bob ne peut pas le savoir en observant son propre résultat de mesure, quelle que soit l'orientation de son polariseur. En revanche, il peut le savoir en comparant son résultat à celui d'Alice, que cette dernière lui envoie par un canal classique, *ce qui ne peut se faire plus vite que la lumière.*

Mais alors, rien ne change pour Bob ? Si, ce qui change, c'est la *corrélation* entre ses résultats et ceux d'Alice. Pour prendre connaissance de ce changement, il doit *comparer* son résultat à celui d'Alice et observer que la corrélation a changé. Pour cela, il faut qu'il ait connaissance du résultat d'Alice. Or cette information met un certain temps pour lui parvenir puisqu'elle est transmise *via* un canal classique où elle ne peut pas voyager plus vite que la lumière. En définitive, son incapacité à observer la modification instantanée d'orientation d'Alice tient au fait que ses propres résultats comme ceux d'Alice sont strictement aléatoires lorsqu'on les considère de façon isolée.

IMPOSSIBILITÉ DE DÉTERMINER L'ÉTAT D'UN SYSTÈME QUANTIQUE

Ce raisonnement a mis en jeu une propriété fondamentale du formalisme quantique : le fait que l'état quantique, qui permet de calculer les résultats de mesure, ne peut être connu dans sa totalité quelles que soient les mesures que l'on fait sur un objet quantique unique caractérisé par cet état. On ne peut connaître qu'une partie de l'information contenue dans l'état. C'est comme si on ne pouvait observer un objet que sous un seul angle. Ce point est essentiel, car si on pouvait déterminer l'état quantique dans son intégralité, alors on aurait un télégraphe supraluminique puisque Bob s'apercevrait instantanément que l'état de son photon est passé de « polarisé-soit-suivant-**a**-soit-perpendiculairement-à-**a** » à « polarisé-soit-suivant-**a'**-soit-perpendiculairement-à-**a'** ».

L'impossibilité de connaître en totalité l'état quantique d'un système unique a été mise en question par de nombreux physiciens, mais ceux-ci ont dû constater que leurs efforts pour contourner ce « *no-go theorem* », comme on dit parfois, étaient infructueux. Ces tentatives n'ont cependant pas été vaines, car elles ont permis de mieux comprendre le caractère si particulier du formalisme quantique. Il en est ainsi du théorème de non-clonage quantique (voir le complément C8.2 à la fin de ce chapitre), découvert par deux théoriciens, Wojciech Zurek et

William Wootters[1], qui ont commencé par comprendre que si on pouvait dupliquer un système quantique avec la totalité de son état, cela permettrait aussi bien de violer les relations d'incertitude de Heisenberg que de réaliser un télégraphe supraluminique. Ils ont alors fait un raisonnement mettant en jeu les principes de base du formalisme quantique afin de montrer qu'il n'est pas possible, partant d'un système quantique dans un état donné, d'en obtenir deux identiques exactement dans le même état. Ne vous y trompez pas, il ne s'agit pas de créer *ex nihilo* le second système ; il s'agit, disposant d'un second système de même nature que le premier (comme un photon, un atome ou un électron), de mettre ce second système dans le même état que le premier[2]. Ce que montre le théorème de non-clonage, c'est l'impossibilité de réaliser une opération de « copier-coller » quantique. En revanche, on peut effectuer un « couper-coller » quantique, c'est-à-dire un transfert de l'état quantique du premier système sur le second, tout en effaçant l'état quantique du premier système. Si les deux systèmes sont éloignés l'un de l'autre, c'est une opération de « téléportation quantique », une technologie quantique extrêmement importante que je vous explique dans le complément C8.3.2 de ce chapitre.

Maintenant que vous connaissez le théorème de non-clonage, vous risquez de penser que l'on ne peut jamais connaître l'état quantique d'un système. Cela est vrai pour un système unique. En revanche, il est possible de préparer un grand nombre d'exemplaires d'un système, tous dans le même état quantique ; par exemple, une succession de photons, tous avec la même polarisation. Vous pouvez alors, en effectuant une série de mesures différentes, complètement caractériser l'état de ces systèmes. C'est ce que l'on appelle une opération de « tomographie quantique », par analogie avec la tomographie à rayons X réalisée avec un scanner : en multipliant les projections suivant différents axes,

---

1. Voir Wootters et Zurek (1982).
2. Pour les expert(e)s : en fait, il n'est pas toujours nécessaire d'avoir un second système de même nature que le premier. Ainsi, s'il s'agit simplement de téléporter un état à deux composantes, n'importe quel système à deux niveaux convient.

on peut reconstituer une image à trois dimensions de votre corps, ce que ne peut pas faire une simple radiographie qui projette suivant une seule direction.

LE HASARD QUANTIQUE

Une autre propriété de base du monde quantique est en jeu pour empêcher le développement d'un télégraphe supraluminique : le caractère fondamentalement aléatoire des résultats de mesure lorsque plusieurs résultats sont possibles. Pour vous le montrer, je vous propose de revenir à notre amie Alice qui voudrait bien envoyer un message instantané à Bob. Supposons qu'elle puisse contrôler son résultat de mesure, en forçant par exemple le résultat +1, au moins pendant un certain temps, pour un certain nombre de paires. Prévenu par Alice de son intention, Bob orienterait son polariseur parallèlement à celui d'Alice, et il observerait lui aussi uniquement des +1, jusqu'à ce qu'elle change d'orientation, et à ce moment précis, sans retard, il commencerait à voir apparaître des –1. Il pourrait ainsi savoir instantanément qu'elle a changé son orientation. En fait cette stratégie ne marche pas, parce qu'Alice ne peut pas forcer son résultat : si deux résultats sont possibles, +1 ou –1, l'obtention de l'un ou de l'autre est fondamentalement aléatoire.

Ainsi, l'impossibilité de l'envoi d'un signal utilisable plus vite que la lumière apparaît étroitement liée au caractère fondamentalement aléatoire des résultats des mesures quantiques. Quel détour ironique de l'histoire que d'utiliser la situation EPR pour le montrer, quand on se souvient que c'est d'abord ce refus d'admettre le caractère fondamentalement aléatoire des résultats de mesure qui a poussé Einstein à considérer la théorie quantique comme incomplète ! Mais comme je le montre dans le complément C8.3.3 de ce chapitre, ce caractère fondamental de l'aléatoire quantique est à la base d'une application remarquable, les générateurs de nombres aléatoires quantiques, à la sécurité absolue.

Pour résumer, l'impossibilité de se servir de la non-localité quantique pour la transmission supraluminique d'un signal utilisable est étroitement liée à deux propriétés fondamentales du monde quantique : l'impossibilité de la détermination complète de l'état d'un système unique et le caractère fondamental de l'aléatoire quantique. De ce point de vue, théorie quantique et relativité sont moins étrangères l'une à l'autre qu'on pourrait le penser.

LE POINT DE VUE DE L'ARCHÉOLOGUE

À ce stade, vous pourriez penser que, puisqu'on ne peut pas construire un « télégraphe supraluminique », l'introduction de la notion de non-localité quantique n'offre guère d'intérêt. Avant de conclure trop vite, acceptez de prendre avec moi un point de vue un peu différent, celui de l'archéologue. Revenons à l'expérience dans laquelle Alice change brusquement son orientation, mais au lieu d'envisager une transmission de signal entre les deux partenaires, on se contente d'enregistrer à chaque extrémité de l'expérience le résultat obtenu par chacun, ainsi que l'orientation ayant conduit à ce résultat. À chaque station d'enregistrement, celle d'Alice et celle de Bob, une horloge très précise indique l'heure exacte de la mesure. Vous savez maintenant qu'un tel schéma expérimental a déjà été mis en œuvre (voir à nouveau la figure 8.1). Lorsque l'expérience est finie, on rapproche les deux enregistrements, on compare les résultats et on détermine les corrélations entre photons de la même paire, identifiés par l'instant de leur détection. On constate alors que la corrélation a effectivement changé instantanément, sans délai. La non-localité quantique était donc bien présente, même si on n'a pu l'observer qu'en effectuant un travail d'archéologue, en fouillant dans le passé. C'est en réfléchissant à un tel schéma d'expérience, qui était pour moi au début des années 1980 une expérience de pensée, que je me suis convaincu que la non-localité quantique est une notion à prendre au sérieux.

UNE TENSION
AVEC LA CAUSALITÉ RELATIVISTE

Ainsi, même s'il est clair qu'on ne viole pas la causalité opérationnelle, qui stipule qu'on ne peut pas construire de télégraphe supraluminique, on a une tension[1] avec la causalité relativiste telle qu'Einstein l'entendait. J'accepte l'idée d'une non-localité quantique, d'une interaction capable d'affecter l'état quantique à distance d'une façon instantanée. Cette position sous-entend que je donne une certaine réalité physique à l'état quantique. Ceux qui n'acceptent pas ce point de vue me diront que l'état quantique est un pur objet mathématique, qu'il n'a pas de réalité physique. Mais si on n'accepte pas de donner une certaine réalité physique à l'état quantique, alors je ne sais pas définir la réalité physique d'un système – sauf à le faire, comme Niels Bohr, en lui intégrant l'appareil de mesure[2]. Or il me semble que la réalité physique d'un système devrait pouvoir être définie hors du contexte de mesure, ce qui m'oblige à accepter la non-localité quantique. Sinon, il ne reste que l'option « *shut up and calculate* », où l'on refuse de parler de la réalité physique et où l'on se contente de demander à une théorie de prévoir les résultats des expériences. C'est une position parfaitement défendable, mais ce n'est pas la mienne.

8.5. *Si Einstein avait su*

Dès le résultat de l'expérience de 1982, j'ai été soumis de façon récurrente à cette interrogation : quelle aurait été la réaction d'Einstein s'il avait connu le résultat des expériences montrant la violation des inégalités de Bell ? J'ai longtemps éludé la question en répondant que personne n'est assez génial pour se

---

1. J'emprunte ce mot à Nicolas Gisin, qui l'utilise souvent.
2. Un représentant brillant de cette école de pensée est Philippe Grangier.

mettre à la place d'Einstein, surtout pas moi, et qu'on ne peut que déplorer qu'il n'ait pas vécu assez longtemps pour connaître ces expériences, ou au moins le théorème de Bell. Aujourd'hui, arrivé au bout de l'écriture d'un livre dans lequel j'ai essayé de partager avec vous mon admiration sans borne non seulement pour Einstein, mais aussi pour le théorème de Bell, qui a permis de concevoir les expériences extraordinaires que je vous ai décrites, il me semble que je n'ai plus le droit d'esquiver, et je vais donc essayer d'imaginer ce qu'aurait pu être la réaction d'Einstein. Quelle audace ! me direz-vous. À cela, je réponds que j'ai lu et relu tous ses textes sur l'expérience de pensée EPR et que j'ai toujours été convaincu par sa façon de raisonner. Cela me donne une étrange impression de schizophrénie puisque mes expériences, après celles de Freedman et Clauser, ont précisément montré que quelque chose doit être rejeté dans son raisonnement. Je me sens parfaitement en ligne avec son argumentation, mais, à la lumière du théorème de Bell et du résultat des expériences, je me sens aussi dans la situation où il se serait trouvé, à savoir dans l'obligation d'admettre que l'une des hypothèses de son raisonnement doit être abandonnée. Mais laquelle ? Je vais me risquer à essayer d'imaginer sa réponse. Je me sens conforté dans cette démarche par le fait que ma conclusion est voisine de celle de Bell, un einsteinien convaincu qui, lui, a connu le résultat des expériences.

Commençons par souligner qu'Einstein aurait certainement été fort étonné par le théorème de Bell, qui montre la possibilité de trancher entre sa vision du monde et les prévisions de la mécanique quantique. Rappelons-nous en effet qu'il n'a jamais remis en cause le formalisme de la mécanique quantique et qu'il pensait que sa conception du monde était compatible avec celui-ci. Ce qu'il remettait en cause, c'était le point de vue de Bohr suivant lequel ce formalisme donnait la description ultime du monde. Einstein pensait au contraire que la théorie quantique telle qu'elle était formulée n'était qu'une sorte de physique statistique, capable de prévoir les probabilités de tel ou tel résultat de mesure. Pour lui, il restait à découvrir un niveau de description des phénomènes plus précis, sous-jacent, capable de décrire l'évolution individuelle de chaque système et tel que la moyenne statistique sur un grand nombre de ces systèmes redonne les probabilités quantiques. Le théorème de Bell montre que cette quête est vaine, qu'il n'existe pas de description sous-jacente respectant la vision réaliste locale que l'on peut déduire des textes d'Einstein.

Face au raisonnement impeccable de Bell, et avant que l'on dispose de résultats expérimentaux, ce qui aurait été la situation d'Einstein en 1965 s'il avait vécu jusque-là, je ne vois que deux attitudes possibles : considérer sérieusement la possibilité que l'expérience donne un résultat en désaccord avec la mécanique quantique, ou conclure que l'on doit renoncer au réalisme local. Avant les expériences de Clauser et Freedman, on pouvait légitimement envisager la possibilité que la mécanique quantique soit prise en défaut dans la situation d'intrication à distance, qui semblait n'avoir été mise à l'épreuve dans aucune expérience menée jusque-là. John Bell m'a souvent dit qu'il avait sérieusement envisagé la possibilité que la mécanique quantique prédise un résultat inexact pour les corrélations EPR à distance, et que cette option est celle qu'il aurait préféré voir triompher dans les expériences. Mais, comme il l'a dit publiquement en 1983, lors de la soutenance de ma thèse, il s'est incliné sans réserve devant les résultats expérimentaux opposés à ce qu'il aurait préféré. Quatre décennies plus tard, après plusieurs expériences confirmant l'intrication à distance dans ses aspects les plus étonnants, le doute n'est plus permis.

Il faut donc renoncer au réalisme local. Einstein l'aurait sûrement fait. Aurait-il rejeté la localité ou le réalisme ? Il me semble que la notion à laquelle Einstein tenait le plus était celle de réalité physique, le fait que les objets ont des propriétés intrinsèques, indépendantes du fait qu'on les mesure. C'est l'objet de sa question à Abraham Pais lors de l'une de leurs discussions : « Croyez-vous vraiment que la lune n'existe que quand je la regarde[1] ? »

---

1. « *I recall that during one walk Einstein suddenly stopped, turned to me and asked whether I really believed that the moon exists only when I look at it.* » Cité par Abraham Pais dans Pais (1979), p. 907.

D'innombrables citations montrent que, pour lui, c'était le concept le plus important à préserver, en opposition au point de vue de l'école de Copenhague[1]. Dans ce cas, comme je vous l'ai montré plus haut, il ne reste que le renoncement à la localité. Or Einstein est le père de la relativité, qui exclut toute interaction plus rapide que la lumière. Aurait-il accepté la non-localité quantique ? Il me semble qu'on ne peut pas en écarter l'hypothèse, quand on constate que c'est le point de vue adopté par John Bell, l'un des plus profonds einsteiniens. John Bell, qui n'a jamais cessé de se déclarer réaliste[2], a souvent plaidé que la non-localité quantique n'était pas si inacceptable qu'elle pouvait le paraître à première vue[3]. Mais il est vrai qu'il savait que la non-localité quantique ne permettait pas d'envoyer de signal utilisable plus vite que la lumière. Einstein aurait-il lui aussi tenu compte de ce résultat qui permet de ne pas tomber dans les boucles logiques permettant d'agir sur le passé de façon autocontradictoire – par exemple en tuant sa mère longtemps avant sa propre naissance ?

Je me plais à penser que ma position, l'acceptation d'une forme de non-localité, est celle qu'Einstein aurait adoptée, à la lumière de l'ensemble des expériences de test des inégalités de Bell, et plus particulièrement celles où l'orientation des polariseurs est modifiée pendant la propagation des photons.

---

1. Voir par exemple l'excellent article de vulgarisation de David Mermin dans *Physics Today* (Mermin, 1985).
2. Voir à nouveau la déclaration de Bell dans la note 2, p. 306 du présent chapitre.
3. Voir Bell (1990).

L'essentiel

Bien que représentant des avancées incontestables vers l'expérience idéale, nos expériences de 1981-1982 ne sont pas parfaites, et laissent ouverte la possibilité théorique d'être interprétées par des théories locales à paramètres supplémentaires en exploitant leurs imperfections. C'est ce que l'on appelle des échappatoires, que divers groupes vont s'employer à refermer. Ainsi est réalisée en 1998 par le groupe de Zeilinger une expérience où les changements d'orientation des polariseurs pendant la propagation des photons entre la source et les polariseurs sont effectués de façon non pas régulière, comme dans notre expérience de 1982, mais de façon strictement aléatoire. Cette expérience est permise par un nouveau type de sources de photons intriqués, bien meilleures que la nôtre, permettant d'injecter les photons dans des fibres optiques pour faire des mesures éloignées de plusieurs centaines de mètres, voire de dizaines de kilomètres, comme dans les expériences de Nicolas Gisin utilisant le réseau de fibres optiques de Genève.

Une deuxième échappatoire exploitant le rendement limité des photodétecteurs, qui manquent plus de la moitié des photons reçus, sera fermée au début des années 2010 grâce à l'utilisation de nouveaux détecteurs de photons basés sur des circuits à supraconducteurs. La combinaison des deux techniques permet en 2015 de fermer en même temps les deux échappatoires et d'annoncer des violations des inégalités de Bell « sans échappatoire ». Mais certains physiciens vont alors invoquer une nouvelle échappatoire, celle du super-déterminisme, dans laquelle on imagine que les générateurs de nombres aléatoires qui pilotent les orientations des polariseurs pourraient en fait être synchronisés par des événements intervenus dans leur passé commun. Même s'il est logiquement envisageable, un tel monde où tout est déterminé à l'avance n'est pas fait pour moi. Je préfère réfléchir aux conséquences de la violation sans échappatoire des inégalités de Bell, que je considère comme acquise.

On doit donc renoncer à la vision réaliste locale du monde défendue par Einstein, basée sur deux ingrédients : l'acceptation de la notion de réalité physique et la localité. Peut-on rejeter l'une en gardant l'autre ? Il me semble qu'aucun raisonnement logique ne nous y force, mais on est libre de le faire. Ainsi, il me semble que la position de Bohr revient à rejeter la notion de réalité physique telle qu'Einstein la concevait. Réciproquement, il n'est pas interdit d'adopter l'autre point de vue, qui consiste à garder la réalité physique au sens d'Einstein et à rejeter sa notion de localité, c'est-à-dire d'accepter l'idée de non-localité quantique. C'est la position vers laquelle je penche, et je la conforte en développant un calcul quantique des corrélations EPR en deux temps qui me permet de donner une image de ces corrélations dans notre espace réel, au prix de cette non-localité.

Faut-il alors conclure qu'on a violé la causalité relativiste ? Non, si on parle de violer la causalité opérationnelle, c'est-à-dire de la possibilité de transmettre un signal utilisable plus vite que la lumière. J'en donne la démonstration, et je remarque au passage que cette impossibilité est étroitement liée à deux propriétés de base du formalisme quantique : le caractère fondamentalement aléatoire des mesures quantiques et l'impossibilité de dupliquer un état quantique. Faut-il alors conclure que la notion de non-localité n'est pas pertinente ? Je ne le crois pas et, pour appuyer mon point de vue, je reviens à une version de l'expérience avec polariseurs variables où les résultats sont enregistrés à chaque station de mesure et où les corrélations ne sont observées qu'*a posteriori*. C'est ce que j'appelle le point de vue de l'archéologue, qui est bien obligé de constater, en regardant dans le passé, qu'il s'est produit quelque chose d'instantané, de non local, sans pour autant remettre en question la causalité relativiste opérationnelle. Telle est l'étrangeté quantique.

Dans ce chapitre, je rappelle aussi que de nombreux physiciens éduqués dans l'esprit de l'école de Copenhague avaient tendance à évacuer le problème en adoptant le point de vue

« *shut up and calculate* », « taisez-vous et calculez » ; parmi ceux-là, à la lumière du théorème de Bell et des résultats des expériences, un nombre significatif accepte de regarder le problème de temps en temps, « le dimanche », tout en utilisant sans état d'âme le calcul quantique dont personne ne nie la formidable efficacité. En ce qui me concerne, je vais un peu plus loin en mettant de la non-localité dans mes images du monde quantique, et je vous montre sur plusieurs exemples dans le complément C8.3 que ces images donnent des intuitions utiles pour imaginer ou se représenter simplement certaines technologies quantiques.

Enfin, dans une dernière partie, j'essaie de répondre à la question : quelle aurait été la position d'Einstein s'il avait connu le théorème de Bell et les expériences montrant qu'il faut renoncer au réalisme local ? Je ne peux pas me mettre à sa place, mais j'ai lu et relu un grand nombre de fois ses textes, où il exprime un point de vue auquel j'adhère complètement. Alors n'aurait-il pas, comme moi, accepté la non-localité quantique ?

Impossibilité de déterminer par la mesure l'état quantique d'un système unique

Je vous ai expliqué dans ce chapitre que si l'on pouvait déterminer par la mesure l'état quantique d'un système unique, on pourrait utiliser des paires de particules distantes intriquées pour communiquer plus vite que la lumière. Je vais vous en dire ici un peu plus sur le fait qu'on ne peut pas déterminer l'état d'un système quantique lorsqu'on dispose d'un seul exemplaire.

Cette impossibilité est liée aux particularités du formalisme quantique, qui permet seulement de calculer les probabilités de tel ou tel résultat lorsqu'on mesure une observable donnée sur un système dont l'état quantique est pourtant parfaitement déterminé. Parmi tous les résultats possibles, un seul va être effectivement observé. La connaissance de ce résultat particulier nous permet-elle de remonter à l'état quantique du système et de savoir quel était cet état juste avant la mesure que l'on vient d'effectuer ? La réponse est non. Tout ce que l'on peut dire est que l'état initial avait une composante non nulle associée au résultat que l'on vient d'observer. Je vais illustrer cela sur mon exemple favori, celui de la polarisation d'un photon unique.

Rappelez-vous comment j'ai décrit un photon polarisé au chapitre 4 (section 4.2 et figure 4.3). Pour un photon se propageant suivant l'axe Oz, la polarisation est dans le plan xOy perpendiculaire à l'axe Oz.

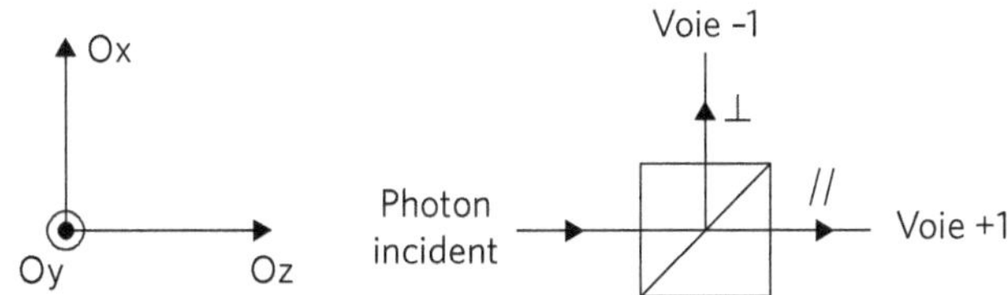

Rappel de la figure 4.3. Un photon se propageant suivant Oz est soumis à une mesure de polarisation par un polariseur d'axe orienté suivant Ox.

Un photon polarisé suivant Ox est noté $|x\rangle$, un photon polarisé suivant Oy est noté $|y\rangle$, et un photon polarisé dans une direction intermédiaire est noté $|\psi\rangle = \alpha|x\rangle + \beta|y\rangle$. On dispose d'un polariseur dont l'axe d'analyse est parallèle à Ox. Alors, un photon polarisé suivant Ox sortira suivant la voie +1 et un photon polarisé suivant Oy sortira suivant la voie –1. Un photon dans l'état intermédiaire $|\psi\rangle = \alpha|x\rangle + \beta|y\rangle$ sortira soit dans la voie +1, soit dans la voie –1, de façon aléatoire, avec des probabilités respectivement égales à $|\alpha|^2$ et $|\beta|^2$, où les barres verticales indiquent le module des nombres complexes α et β. En fait, ces probabilités n'ont un sens que si l'on répète la mesure sur un grand nombre de photons, tous dans le même état $|\psi\rangle$. Si on a un seul photon sortant dans la voie +1, tout ce que l'on peut dire de son état à l'entrée du polariseur est qu'il a une composante non nulle suivant Ox : le coefficient α n'est pas nul. Mais cela ne nous donne presque aucune information sur son état de polarisation : il pourrait aussi bien être polarisé suivant l'axe Ox que suivant un axe à 80° de Ox dans le plan xOy. Et, dans ce dernier cas, il aurait pu aussi bien sortir dans la voie –1. Pour en savoir plus, il faudrait disposer d'un grand nombre de photons tous dans le même état quantique et faire des statistiques en répétant la mesure un grand nombre de fois.

Notez qu'une fois la mesure effectuée, le souvenir de l'état initial $|\psi\rangle$ est complètement perdu. Si le photon sort dans la voie +1 il se retrouve polarisé suivant Ox, dans l'état $|x\rangle$, et s'il sort dans la voie –1 il se retrouve polarisé suivant la polarisation perpendiculaire, dans l'état noté $|y\rangle$.

Théorème de non-clonage quantique

Imaginons qu'il existe un moyen de « cloner » un système quantique avant de le mesurer, c'est-à-dire d'obtenir un système strictement dans le même état que le premier, sans changer l'état du système de départ. On pourrait alors, en répétant l'opération, obtenir un nombre aussi grand qu'on le veut d'exemplaires du système initial, tous dans le même état, et obtenir une connaissance complète de cet état en effectuant un ensemble de mesures. Ainsi, en revenant au cas du photon dont on veut connaître la polarisation, il suffirait d'avoir une série de polariseurs orientés dans des directions différentes et d'envoyer sur eux les diverses copies de notre photon initial pour obtenir une statistique suffisamment précise pour remonter à l'état de polarisation de ce photon. En fait, cette stratégie est vouée à l'échec, à cause du théorème de non-clonage quantique.

Le théorème de non-clonage quantique se démontre à partir des postulats de base de la mécanique quantique. C'est un raisonnement par l'absurde, qui part de l'hypothèse que l'on a un amplificateur permettant de dupliquer un système quantique. En partant d'un système dans l'état quantique $|\psi\rangle$, ce dispositif permet d'obtenir deux systèmes, chacun dans l'état $|\psi\rangle$ initial. On peut alors obtenir deux résultats contradictoires en appliquant de deux façons différentes les postulats de base de la mécanique quantique, ce qui montre qu'un tel amplificateur ne peut pas exister. Voici la démonstration de ce théorème, présentée par les théoriciens Wojciech Zurek et William Wootters en 1982. Elle est ici développée sur l'exemple de la polarisation du photon, mais la portée du théorème est générale.

Supposons que l'on puisse cloner un premier photon v_1, quelle que soit sa polarisation. S'il est polarisé suivant Ox, on obtient deux photons polarisés suivant Ox, c'est-à-dire deux photons v_1 et v_2 dans l'état noté $|x_1, x_2\rangle$. Si le photon initial est polarisé suivant Oy, on obtient deux photons polarisés suivant Oy dans l'état $|y_1, y_2\rangle$. Si maintenant on a un photon dans une polarisation quelconque, dont l'état s'écrit $|\psi\rangle = \alpha|x_1\rangle + \beta|y_1\rangle$, la linéarité de l'évolution quantique permet de calculer l'état en sortie du cloneur en utilisant les résultats que nous venons d'obtenir séparément pour $|x_1\rangle$ et $|x_2\rangle$. On obtient l'état à deux photons :

$$|\psi\rangle = \alpha|x_1,x_2\rangle + \beta|y_1,y_2\rangle.$$

Mais on peut aussi directement calculer ce que donne le duplicateur supposé cloner n'importe quel état, donc en particulier l'état $|\psi\rangle$. On obtient deux photons dans l'état $|\psi\rangle$, ce qui donne l'état à deux photons :

$$|\psi'\rangle = (\alpha|x_1\rangle + \beta|y_1\rangle)\,(\alpha|x_2\rangle + \beta|y_2\rangle),$$

c'est-à-dire

$$|\psi'\rangle = \alpha^2|x_1,x_2\rangle + \beta^2|y_1,y_2\rangle + \alpha\,\beta\,|x_1,y_2\rangle + \alpha\,\beta\,|y_1,x_2\rangle.$$

Le deuxième calcul donne un résultat $|\psi'\rangle$ manifestement différent du premier résultat $|\psi\rangle$. L'hypothèse de départ doit donc être rejetée : il est impossible d'avoir un cloneur de photons qui opère quel que soit l'état initial. Notons en revanche que rien n'empêche d'avoir un cloneur pour un seul état de polarisation, par exemple l'état $|x\rangle$ ou l'état $|y\rangle$; mais un tel cloneur ne pourra pas opérer correctement sur un état $|\psi\rangle$ avec α et β tous les deux différents de 0.

Vous trouvez ce raisonnement difficile à suivre parce que trop abstrait ? Vous n'avez pas tort ; je suis moi-même obligé de me concentrer pour me convaincre de sa validité. Mais sachez que chaque fois que l'on pense à une méthode particulière qui pourrait permettre de construire un cloneur de photons, par exemple en utilisant l'émission stimulée à l'œuvre dans un amplificateur laser, on montre aisément que ce cloneur ne peut pas être efficace pour toute polarisation. C'est un cas particulier du résultat général obtenu par Wootters et Zurek.

Le théorème de non-clonage a des applications importantes dans le domaine de l'information quantique. Je vous ai déjà dit qu'il empêche de déterminer par la mesure l'état quantique d'un système unique, et donc de transmettre un signal utilisable plus vite que la lumière. Il implique aussi des contraintes sur les amplificateurs de photons, très importantes en information quantique.

Le théorème de non-clonage quantique s'applique parfois de façon subtile. Ainsi, nous verrons dans le complément C8.3 comment l'opération de téléportation quantique permet de copier l'état quantique complet d'un premier système vers un second, sans pour autant que cette opération ne viole le théorème de non-clonage.

Technologies quantiques basées sur l'intrication, les tests des inégalités de Bell et la non-localité quantique

La prise de conscience du caractère révolutionnaire de l'intrication quantique, concept différent de celui de la dualité onde-particule, a conduit à l'émergence d'un certain nombre de technologies quantiques, que l'on classe généralement en trois branches :

- le calcul quantique, qui exploite la taille immense de l'espace de Hilbert nécessaire pour décrire un ensemble d'une centaine de particules intriquées, ou plus ;
- la métrologie quantique, qui développe des méthodes de mesure inédites ;
- les communications quantiques, notamment la cryptographie quantique et la téléportation quantique, qui exploitent l'intrication entre paires distantes et les tests des inégalités de Bell. C'est à cette troisième catégorie qu'appartiennent les technologies présentées dans ce complément. Je montrerai que la notion de non-localité quantique permet de comprendre intuitivement leurs principes.

Dans la section C8.3.1, je vous explique la méthode de cryptographie quantique inventée par Artur Ekert[1], qui est une application directe de ce que vous savez maintenant sur les paires de photons intriqués en polarisation. Sa sécurité absolue peut être comprise intuitivement en invoquant la non-localité quantique et en faisant un test des inégalités de Bell. Il s'agit en fait d'une méthode quantique de distribution sécurisée de clefs de cryptographie, comme la méthode de Bennett et Brassard[2].

Dans la section C8.3.2, vous trouverez une présentation de la téléportation quantique, qui consiste à téléporter l'état quantique d'un objet sur un second objet grâce à l'intrication. Ce n'est pas de

---

1. Voir Ekert (1991).
2. Voir Bennett et Brassard (1984).

la science-fiction, et pourtant il s'agit d'un phénomène époustouflant pour un physicien. Je vous montrerai comment le concept de non-localité permet de comprendre sans calcul que cette technologie exige de disposer d'une mémoire quantique, un composant qui demande à être amélioré.

Enfin, dans la section C8.3.3, je vous montrerai comment des paires de photons intriqués permettent de produire des nombres aléatoires de façon absolument sûre, garantie ici encore par un test des inégalités de Bell.

C8.3.1. Cryptographie quantique
par la méthode d'Ekert

Les méthodes de cryptographie sont destinées à assurer la confidentialité des communications en utilisant un codage qui rend le message incompréhensible pour quiconque ne possède pas une clef de déchiffrage. Si des méthodes relativement rudimentaires ont été inventées dès l'Antiquité, la cryptographie est devenue au XXe siècle une branche sophistiquée des mathématiques appliquées, avec des experts qui excellent aussi bien à inventer des chiffrages de plus en plus sûrs qu'à décoder les messages d'un adversaire qui aurait utilisé des méthodes insuffisamment raffinées. On assiste donc à une course permanente entre progrès dans le codage et avancées dans le déchiffrage.

En cryptographie classique, la sécurité de la méthode de chiffrage repose sur l'hypothèse que notre adversaire n'a pas un niveau mathématique ou informatique supérieur au nôtre. Ainsi, la célèbre méthode RSA repose sur l'impossibilité de décomposer en facteurs premiers, avec les ordinateurs les plus puissants dont nous disposons, des nombres suffisamment grands. Mais qui nous garantit que notre adversaire ne possède pas des ordinateurs beaucoup plus puissants que les nôtres ? Peut-être en disposera-t-il dans un avenir suffisamment proche, ce qui lui permettra alors de décrypter un message aujourd'hui indéchiffrable mais néanmoins enregistré par des oreilles indiscrètes. Or un tel message peut contenir des informations secrètes qui resteront longtemps sensibles, par exemple dans le domaine de la diplomatie. Une autre faille envisageable est que notre adversaire connaisse un théorème mathématique permettant d'accélérer la factorisation des nombres. Ce genre de progrès permis par une avancée mathématique n'est pas à exclure, on en connaît des exemples. Ainsi, la découverte dans les années 1970 d'un nouvel algorithme a permis de gagner un facteur 100 000 sur le temps de calcul de la transformée de Fourier d'une fonction définie sur un million de points. Le temps de calcul passe alors d'un jour à une seconde !

À la différence de celle des méthodes classiques, la sécurité de la cryptographie quantique ne dépend pas du niveau d'avancement technique ou mathématique de l'adversaire : elle repose sur les lois les plus fondamentales de la physique quantique. Les deux premières méthodes de cryptographie quantique, ou plutôt de distribution quantique de clef (*quantum key distribution*, QKD), sont d'une part celle de Bennett et Brassard, qui utilise les propriétés des photons uniques, et d'autre part celle d'Artur Ekert. C'est cette deuxième méthode que je vous présente dans ce complément, parce qu'elle est basée sur les propriétés des photons intriqués et que la non-localité quantique permet de comprendre intuitivement sa sécurité.

Le point de départ est un théorème mathématique dû à Robert Shannon, le père de la théorie de l'information. Ce théorème montre que deux partenaires amis, Alice et Bob, peuvent échanger des messages secrets en toute sécurité s'ils possèdent deux copies strictement identiques d'une suite aléatoire de 1 et de 0, qui est la clef de codage (voir la figure 8.4). Le message étant codé sur des bits classiques valant 1 ou 0, Alice va utiliser l'addition booléenne (où 0 + 1 = 1 et 1 + 1 = 0) pour transformer le message en lui additionnant bit à bit la suite aléatoire de 1 et de 0 qui constitue la clef. Le message est alors incompréhensible pour l'espion (traditionnellement appelé Eve, car l'espion qui tente de déchiffrer le message s'appelle en anglais *eavesdropper* – « oreille indiscrète »). Lorsqu'il reçoit le message, Bob n'a plus qu'à lui appliquer la clef de codage, toujours par addition booléenne, pour retrouver le message initial. Vous pouvez aisément le vérifier. Mais attention : le théorème précise que la sécurité n'est garantie qu'à condition que le message ne soit pas plus long que la clef, ou (ce qui est équivalent) que la même clef ne soit pas utilisée plusieurs fois. Sinon, les espions pourraient noter des régularités dans le message codé et se servir de cette observation pour en reconstituer le contenu. La clef à usage unique s'appelle *one time pad*. Sa mise en œuvre demande la distribution aux deux amis distants de deux suites aléatoires identiques

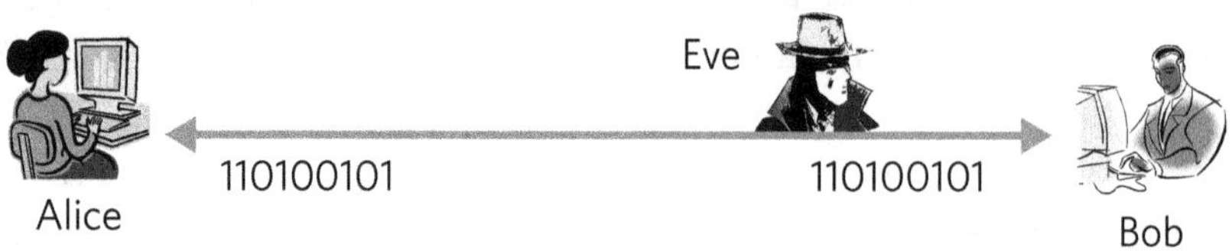

Figure 8.4. Cryptographie par clef à usage unique. Deux amis, Alice et Bob, possèdent deux suites aléatoires identiques de 1 et de 0. Alice utilise la clef pour coder le message et Bob utilise la même clef pour le décoder. Si le message n'est pas plus long que la clef, l'espion Eve ne peut pas le déchiffrer.

de 0 et de 1 sans que l'oreille indiscrète puisse obtenir une troisième copie en espionnant le canal de communication entre Alice et Bob.

La méthode d'Ekert répond au problème en utilisant des paires de photons intriqués en polarisation et en demandant à Alice et Bob de choisir aléatoirement les orientations de leurs polariseurs parmi des orientations convenues à l'avance, puis de noter les résultats de mesure successifs. À la fin de cette première phase, ils peuvent communiquer sur un canal public pour identifier les cas où ils avaient choisi la même orientation de polariseur. Alors les résultats sont aléatoires mais identiques, ce qui leur permet de disposer des deux exemplaires de clef de codage dont ils ont besoin. C'est la nature quantique de la corrélation qui garantit la sécurité, en fournissant des résultats identiques résultant d'un processus aléatoire intervenant au dernier moment. Rappelez-vous en effet que ce n'est qu'au moment de la mesure que l'on peut obtenir aussi bien +1 (et l'on prend 1 pour la clef) que –1 (et l'on prend 0 pour la clef). Il n'y a donc rien à espionner tant que les photons n'ont pas atteint les instruments de mesure (voir la figure 8.5) : la non-localité quantique permet de conclure à une sécurité absolue.

Le théorème de Bell apporte un élément supplémentaire de sécurité, en permettant de débusquer un éventuel espion particulièrement avancé dans le domaine des technologies optiques. Supposons en effet qu'Eve intercepte un photon, effectue une mesure de polarisation, puis réémette un photon polarisé suivant le résultat qu'il vient de trouver. Il est alors en possession d'une information identique à celle d'Alice et Bob dans le cas où les deux amis ont choisi la même orientation que lui, ce qu'il pourra savoir s'il écoute leur conversation publique ultérieure. Cette faille semble imparable, mais Alice et Bob peuvent

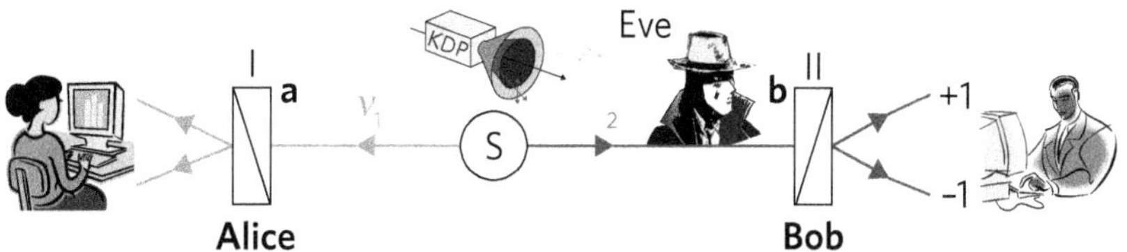

Figure 8.5. Distribution quantique de clef à usage unique par la méthode d'Ekert, basée sur des paires de photons intriqués. Lorsque Alice et Bob alignent leurs polariseurs suivant la même direction, ils obtiennent deux résultats identiques déterminés aléatoirement au moment même de la mesure. Il n'y a donc rien à espionner sur le trajet des photons intriqués.

détecter la présence sur la ligne d'un adversaire se livrant à cette manœuvre. Il leur suffit de faire de temps en temps un test des inégalités de Bell en utilisant les cas où les orientations des polariseurs le leur permettent. En effet, en envoyant un photon de polarisation parfaitement déterminée pour remplacer le photon initial membre d'une paire intriquée, l'espion a en quelque sorte introduit un paramètre supplémentaire, si bien que la corrélation ne violera pas les inégalités de Bell.

Résumons, en indiquant un exemple de stratégie. Alice choisit aléatoirement une direction d'analyse entre des axes à 0° et 45° de l'axe Ox. Bob choisit aléatoirement sa direction d'analyse à 0°, 22,5°, 45° ou 67,5° de l'axe Ox. À la fin de l'échange, Alice et Bob partagent sur un canal public des informations sur leurs orientations respectives et identifient ainsi deux catégories de situations : (i) celles où les directions d'Alice et Bob sont identiques, ce qui leur permet d'obtenir deux clefs identiques ; (ii) celles où l'angle entre leurs polariseurs leur permet de tester les inégalités de Bell, et de vérifier qu'elles sont violées – ce qui garantit qu'il n'y a pas d'espion sur le canal d'envoi des photons intriqués. Dans le cas contraire (pas de violation des inégalités de Bell, qui témoigne de la présence possible d'un espion), ils renoncent à utiliser la clef.

Notons que cette technologie utilise deux canaux de communication : un canal quantique, celui des photons intriqués, et un canal classique nécessaire pour qu'Alice et Bob puissent identifier les cas qui les intéressent. Le premier canal est non local, mais pas le second. Bien que la non-localité quantique soit en jeu, il n'y a pas transfert supraluminique d'information utilisable.

C8.3.2. Téléportation quantique

Le transfert direct d'information quantique est un sujet d'une importance capitale. Imaginons par exemple que l'on veuille utiliser l'état de sortie d'un premier calculateur quantique pour poursuivre le calcul sur un deuxième calculateur situé à une certaine distance. Il faudra transférer directement le résultat sous forme quantique, c'est-à-dire copier l'état quantique de l'ensemble des qubits de sortie du premier calculateur sur l'ensemble des qubits d'entrée du deuxième. Mais une telle opération de copie de l'état quantique d'un système n'est-elle pas impossible, à la lumière du théorème de non-clonage quantique ? Nous allons voir qu'il n'en est rien, et que la méthode de téléportation quantique imaginée en 1993[1] contourne cette apparente impossibilité d'une façon élégante, basée sur des paires de photons intriqués. Je vais de plus vous montrer comment la notion de réduction non locale du paquet d'onde nous permet non seulement de comprendre simplement le procédé, mais nous alerte aussi sur la nécessité de disposer d'une mémoire quantique.

Partons donc d'un photon v_0 dans l'état quantique de polarisation $|\varphi\rangle = \lambda|x\rangle + \mu|y\rangle$ (voir la figure 8.6). Nous savons qu'il est impossible de prendre connaissance de cet état par une mesure de polarisation, mais il va être possible de copier cet état sur un autre photon distant v_2. On aura ainsi « téléporté[2] » l'état quantique du premier photon sur le second. Pour ce faire, on utilise une paire de photons intriqués v_1 et v_2, et on combine sur une lame semi-réfléchissante le photon v_0 avec le photon v_1 pour réaliser une mesure de Bell sur la paire (v_0, v_1). De quoi s'agit-il ?

---

1. Voir Bennett *et al.* (1993).
2. Ce terme « téléportation » – nommé *tongue in cheek* (« avec un clin d'œil ») par les inventeurs de la méthode – ne doit en aucun cas entraîner une confusion avec ce qui est présenté dans des œuvres de science-fiction qui imaginent la téléportation de matière, et même d'êtres vivants (comme dans la nouvelle « La mouche » de George Langelaan (1957), portée à l'écran par David Cronenberg en 1986 et mise en scène au théâtre par Valérie Lesort et Christian Hecq, ou bien dans la série *Star Trek*). La téléportation de l'état quantique entre deux objets matériels, par exemple des ions ou des atomes, n'implique aucun déplacement de matière, et n'exige même pas que la cible soit de même nature que l'objet de départ (on peut transférer l'état d'un photon sur un ion dont on utilise deux états internes).

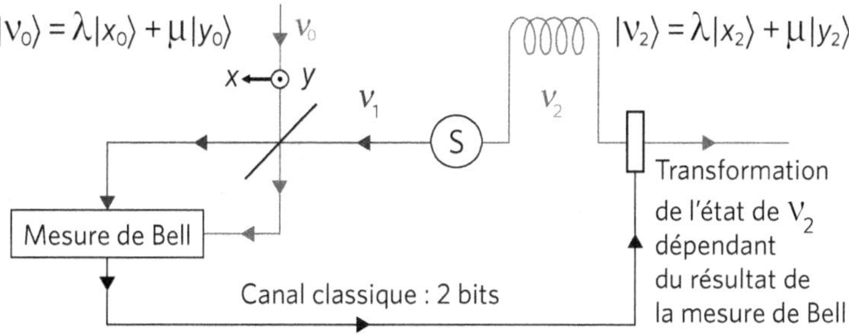

Figure 8.6. Schéma de la téléportation quantique de l'état d'un photon. Le but de l'opération est de téléporter l'état quantique du photon v_0 sur le photon v_2 distant. La méthode utilise une paire (v_1 et v_2) de photons intriqués, dont le premier est combiné avec le photon v_0 par l'intermédiaire d'une lame semi-réfléchissante et d'une mesure de Bell. Cette mesure provoque instantanément une modification de l'état de v_2 dépendant de l'état de v_0. Mais l'opération ne sera terminée que lorsque le résultat de la mesure de Bell, qui est un nombre classique parmi quatre, permettra de savoir quelle transformation finale on doit appliquer au photon v_2. Ce nombre est envoyé par un canal classique, ce qui implique que le photon v_2, qui a été instantanément affecté par la mesure sur son compagnon v_1, doit être mis en attente dans une mémoire quantique, schématisée ici par une boucle de fibre optique. Notons qu'à l'issue de l'opération, l'état du photon v_0 a été perturbé : on n'a donc pas violé le théorème de non-clonage.

Pour le comprendre, plaçons-nous dans l'espace des états de polarisation dans lesquels on décrit les deux photons v_0 et v_1. Cet espace vectoriel est de dimension 4, avec une base naturelle formée des quatre états conjoints des deux photons $|x_0, x_1\rangle$, $|x_0, y_1\rangle$, $|y_0, x_1\rangle$ et $|y_0, y_1\rangle$. Mais on peut considérer d'autres vecteurs de base formés de combinaisons bien choisies de ces quatre premiers vecteurs de base. Dans un espace vectoriel habituel, il s'agirait d'utiliser des axes différents des axes de départ, obtenus par exemple par rotation de ces derniers. Dans l'espace à quatre dimensions des deux photons v_0 et v_1, une base particulièrement intéressante est formée par quatre états intriqués appelés états de Bell. Je n'en citerai qu'un, que vous allez immédiatement reconnaître ; c'est l'état EPR

$$|\Psi_{EPRB}(v_0, v_1)\rangle = \frac{1}{\sqrt{2}}\big(\,|x_0, x_1\rangle + |y_0, y_1\rangle\,\big).$$

Avec trois autres états formés à partir des quatre états conjoints cités plus haut, ils forment l'ensemble des quatre états de Bell, auxquels on peut associer une observable quantique. La mesure de cette observable donne un résultat parmi quatre possibles. C'est ce que l'on appelle une mesure de Bell.

Considérons une mesure de Bell appliquée aux deux photons v_0 et v_1. Au moment de cette mesure, l'état du photon v_2 prend une valeur déterminée, comme dans les expériences de test des inégalités de Bell lors desquelles la mesure sur le premier photon détermine instantanément, à distance, l'état du second photon (voir l'encadré E8.1 dans la section 8.3). Mais l'opération de téléportation de l'état de v_0 sur v_2 n'est pas encore terminée. Il faut maintenant transformer l'état du photon v_2 en fonction du résultat de la mesure de Bell. Il y a quatre possibilités, que l'on peut coder sur deux bits classiques, envoyés par un canal classique. La valeur transmise détermine quelle transformation on applique parmi les quatre à envisager. À l'issue de cette transformation, l'état initial $|\varphi\rangle = \lambda|x\rangle + \mu|y\rangle$ aura été copié sur le photon v_2. Ce faisant, ne viole-t-on pas le théorème de non-clonage quantique ? La réponse est non, car la mesure de Bell a fait disparaître le photon v_0, ou au moins, dans le cas d'une mesure qui ne détruirait pas l'objet de départ, elle a modifié son état quantique. En utilisant le langage de l'informatique classique, il s'agit d'une opération « couper-coller » et non pas « copier-coller ».

La question de la mesure de Bell sur deux photons est imparfaitement résolue aujourd'hui. En utilisant des combinaisons judicieuses de séparateurs de polarisation et de détecteurs derrière la lame semi-réfléchissante, on peut identifier sans ambiguïté deux résultats parmi les quatre possibles. Ainsi, dans deux cas sur quatre, on peut réaliser l'opération de téléportation, mais dans les autres cas on doit se résigner à ne pas utiliser le photon v_2. Il semble néanmoins qu'aucune loi fondamentale n'interdise la possibilité de réaliser une mesure de Bell complète fournissant les quatre résultats possibles, et ce type de mesure a été démontré sur des bits quantiques autres que des photons, par exemple des atomes neutres que l'on peut faire interagir directement. On peut penser que, lorsque le besoin de téléportation quantique efficace d'états photoniques se fera pressant, des solutions seront trouvées.

Ici encore j'ai fait appel dans le raisonnement à la non-localité quantique. Elle me paraît utile pour deux raisons. D'abord, elle permet de comprendre simplement, de façon quasi intuitive, comment fonctionne ce processus de téléportation quantique. Mais surtout, elle met l'accent sur la nécessité de disposer d'une mémoire quantique où on met le photon v_2 en attente avant que n'arrive le signal classique déterminant la transformation à effectuer sur lui. Une forme rudimentaire d'une telle mémoire est représentée sur la figure 8.6 sous la forme d'une fibre optique dans laquelle circule le photon en attendant qu'arrive le signal classique[1]. Cette nécessité a été ignorée dans un certain nombre de démonstrations de principe qui, de ce fait, sont loin d'être complètes. Or, à mon sens, c'est un problème très important, qui justifie les efforts actuels pour développer des mémoires quantiques.

Un dernier commentaire. Il ne vous a pas échappé qu'ici encore on doit disposer de deux canaux, un canal quantique instantané et un canal classique limité par la vitesse de la lumière, pour mener l'opération de téléportation à son terme. Une nouvelle fois, on constate que la non-localité ne permet pas de transmettre un signal utilisable plus vite que la lumière.

C8.3.3. *Générateur de nombres aléatoires intrinsèquement sûr*

Les générateurs de nombres aléatoires sont des dispositifs extrêmement importants pour un certain nombre d'applications, aussi bien pour mettre en œuvre des méthodes mathématiques appelées « calculs Monte-Carlo » que des communications sécurisées. Dans ce dernier cas, on a besoin qu'ils soient les plus sûrs possible. Qu'est-ce à dire ? Il me semble que la définition la plus générale est la suivante : c'est un appareil fournissant des nombres aléatoires dont personne ne peut prédire la valeur, même pas l'ingénieur qui l'a conçu. De nombreux systèmes existent qui semblent satisfaire ce critère : par exemple, les appareils basés sur la détection de signaux aléatoires tels que le bruit électromagnétique ambiant, ou le bruit électronique dans une résistance électrique. Mais dans de tels systèmes, l'ingénieur qui a conçu l'appareil connaît l'algorithme qui permet de passer du signal observé au nombre aléatoire obtenu, et rien ne l'empêche d'installer une antenne sensible au signal aléatoire de base afin de déterminer

---

1. Ce type de mémoire quantique a été utilisé dans une des rares démonstrations quantiques prenant en compte cette nécessité, réalisée dans le groupe de Nicolas Gisin à Genève.

ensuite le nombre produit par la boîte noire qu'il a livrée à son client. Bien sûr, cela peut être extrêmement difficile, mais il n'y a pas d'impossibilité de principe, et la sécurité des générateurs de nombres aléatoires classiques n'est donc pas absolue. Elle repose sur l'hypothèse que celui qui cherche à connaître le nombre produit par le générateur n'a pas une connaissance suffisante du fonctionnement de l'appareil pour déterminer le prochain nombre aléatoire qui va en sortir.

La physique quantique permet de se passer de cette hypothèse en faisant reposer la sécurité du générateur sur les lois fondamentales de la physique quantique. Je vais ici prendre l'exemple utilisant les photons intriqués, système que vous connaissez bien. Retrouvons notre amie Alice, qui observe en sortie de son polariseur les signaux relatifs au photon v_1. On sait que l'on peut avoir aussi bien +1 que –1, de façon aléatoire. Mais est-on sûr que personne ne peut connaître d'avance si on aura la valeur +1 ou –1 ? La réponse est oui, car sinon il y aurait un paramètre supplémentaire déterminant ce résultat. Comment Alice peut-elle être sûre qu'il n'y a pas de paramètre supplémentaire ? Tout simplement en réalisant, en association avec Bob qui a reçu le photon v_2, un test des inégalités de Bell. Si elles sont violées, on est sûr que la situation ne peut pas être décrite en invoquant des paramètres supplémentaires.

Raisonnement on ne peut plus simple, ne trouvez-vous pas ? Bien sûr, la mise en œuvre d'un tel système est un peu plus complexe que ce que je viens d'écrire[1], et la démonstration de la sécurité tenant compte des imperfections du système demande des développements mathématiques complexes dont les spécialistes de cryptographie ont le secret. Mais je voulais partager avec vous la simplicité du raisonnement qui, dès l'instant où on a bien compris les principes de la physique quantique et le théorème de Bell, permet d'identifier une solution de sécurité absolue.

---

1. Pendant longtemps, le rendement quantique limité des détecteurs offrait une échappatoire à la sécurité de cette méthode. Avec le développement de détecteurs de rendement quantique très proche de 100 %, cette échappatoire est refermée.

D'Astaffort à Stockholm, des leçons de choses aux technologies quantiques

Le 10 décembre 2022, j'ai eu l'immense honneur de recevoir le prix Nobel de physique, cent ans exactement après Einstein[1]. C'est pour moi l'occasion d'insister sur son rôle primordial dans la mise en évidence du caractère extraordinaire de l'intrication quantique, même si on a souvent voulu me présenter comme « celui qui a montré qu'Einstein avait tort. » Ce faisant, je place mes pas dans ceux de John Bell, le physicien qui aurait dû se trouver à Stockholm s'il n'avait pas disparu prématurément. C'est grâce à la découverte des inégalités qui portent son nom que l'on a pu imaginer des expériences montrant qu'il fallait renoncer à la vision réaliste locale du monde d'Einstein. John Bell a toujours insisté sur la découverte par Einstein du phénomène d'intrication entre objets séparés, à distance l'un de l'autre, et sur la clarté du raisonnement qui l'avait conduit à conclure que le formalisme quantique est incomplet. La réfutation par l'expérience de cette conclusion est le signe d'une révolution : la remise en cause du réalisme local, qui était la vision du monde d'Einstein, et que je partageais avant de connaître le théorème de Bell. Einstein n'a connu ni ce théorème ni les expériences montrant que l'on doit rejeter cette conception du monde physique. Comment aurait-il réagi s'il avait connu ces résultats ? Je veux croire qu'il aurait accepté la notion de non-localité quantique. Comme je l'ai expliqué au début de ce livre, Einstein a été à l'origine de deux

---

1. Si Einstein a été désigné lauréat du prix Nobel de physique 1921, il ne l'a reçu qu'en décembre 1922 (en même temps que Niels Bohr, lauréat du prix 1922).

bouleversements majeurs en physique quantique : d'abord en acceptant complètement la notion de quantification et en énonçant la dualité onde-particule, puis en mettant en relief l'intrication à distance. Lui qui était fondamentalement révolutionnaire n'aurait peut-être pas reculé devant l'abandon de la localité, de même qu'il avait été capable de remettre en cause une notion aussi évidente que le temps absolu. À moins qu'il ait trouvé une autre voie de sortie que nous n'avons toujours pas imaginée ?

L'annonce du prix Nobel 2022 mentionne aussi les technologies issues de l'intrication quantique, un point auquel Einstein n'aurait pas été insensible. Souvenons-nous qu'il a commencé sa vie professionnelle comme employé du bureau des brevets de Berne et qu'il a déposé avec son ami Leò Szilàrd une quarantaine de brevets, notamment pour un réfrigérateur électromagnétique[1]. Je me réjouis que le communiqué du prix Nobel 2022 cite des « expériences avec des photons intriqués, établissant la violation des inégalités de Bell et ouvrant une voie pionnière vers l'information quantique ». En effet, même si mes travaux de thèse portaient sur un sujet fondamental, je n'ai jamais mis de cloison étanche entre recherche fondamentale et technologie. La conception et la construction de l'expérience de 1982 a nécessité beaucoup de travail d'ingénierie, au cours duquel je me suis toujours efforcé de relier les règles de l'art aux principes de base de la physique.

En réfléchissant à ma passion pour les sciences depuis l'enfance, j'ai pris conscience que, dans mon esprit, celles-ci formaient un tout mêlant de façon étroite les lois de base décrivant le monde et les connaissances à la source d'actions sur le monde. Ce qui me passionnait dans les « leçons de choses » de mon institutrice de cours moyen à l'école primaire d'Astaffort, Mme Jaquet, c'est que les phénomènes surprenants qu'elle nous montrait pouvaient être compris à partir de notions subtiles, mais

---

1. Ce réfrigérateur n'a jamais été commercialisé, mais sa « pompe électromagnétique » est aujourd'hui utilisée dans les réacteurs nucléaires à neutrons rapides refroidis par sodium fondu.

aussi que cette compréhension nous donnait la clef d'applications utiles à la vie de tous les jours. Ainsi, comprendre l'extinction d'une bougie plongée dans un bocal où du vinaigre faisait bouillonner un morceau de calcaire demandait d'apprendre que le dioxyde de carbone dégagé était plus dense que l'air, et restait donc accumulé dans le bocal dont l'ouverture supérieure était pourtant ouverte. On en tirait immédiatement la leçon qu'il fallait ne pas descendre sans précaution dans les cuves où la fermentation alcoolique dégageait du dioxyde de carbone lors de la vinification du raisin, à laquelle chaque agriculteur procédait dans ma région de polyculture.

J'ai aussi réalisé que mon livre préféré de Jules Verne, *L'Île mystérieuse*, qui met en scène des savants naufragés réfugiés sur une île déserte, décrit non seulement le triomphe de la science, mais aussi celui de la technique. C'est grâce à leurs connaissances théoriques et pratiques que les naufragés sont capables de recréer une vie civilisée jouissant des derniers progrès techniques du XIXe siècle, comme le télégraphe. Jusqu'au baccalauréat, et probablement un peu plus tard, je ne dissociais pas la compréhension fondamentale des phénomènes de leur mise en œuvre au profit du progrès de la société, suivant l'idéal des Lumières qui nous était inculqué par nos instituteurs, à l'image de mes parents, « hussards noirs de la République ».

Les cours de physique et de chimie de M. Hirsch, au lycée Bernard-Palissy d'Agen, n'ont fait que renforcer cette intrication entre principes fondamentaux et applications, par exemple en optique où la description ondulatoire de la lumière permettait de comprendre aussi bien les mystérieux phénomènes d'interférence que les limites des instruments d'optique. De même, l'équivalence masse-énergie d'Einstein permettait de comprendre que la fission ou la fusion nucléaire étaient d'extraordinaires sources potentielles d'énergie.

Mes années à l'École normale supérieure de Cachan, qui était alors l'École normale supérieure de l'enseignement technique, ont confirmé cette symbiose, puisque les professeurs de physique des lycées techniques que nous avions vocation à devenir devaient dispenser un enseignement en prise avec les applications. Cela ne nous empêchait pas d'apprécier les cours de « physique pure » que nous recevions à l'université d'Orsay ; mais ces cours eux-mêmes ne passaient pas sous silence les applications. Cela n'a rien d'étonnant quand on sait que le professeur qui nous enseignait cette matière si abstraite qu'est la thermodynamique, Raymond Castaing, était en fait l'inventeur d'une microsonde particulièrement utile en métallurgie.

Ces diverses influences ont certainement joué un rôle dans le grand intérêt que j'ai toujours porté aux applications des concepts les plus fondamentaux. Dans mes cours, je ne manque jamais d'expliquer aux étudiants que c'est la physique fondamentale qui indique quelles sont les limites ultimes des applications, et que ce sont les ingénieurs qui trouvent les solutions pour s'approcher toujours plus de ces limites. Un exemple remarquable de cette démarche dans mon domaine de prédilection, l'optique, est la mise au point de fibres optiques d'une transparence extraordinaire comparée à celle des premiers échantillons, à partir du moment où les théoriciens ont été capables d'évaluer la limite ultime de la transparence de la silice qui constitue ces fibres. Les fibres actuelles, au cœur des autoroutes de l'information, ont pratiquement atteint cette limite théorique. Je pourrais multiplier ainsi les exemples, notamment à propos des lasers qui, eux aussi, ont aujourd'hui des performances aussi extraordinaires que ce que la théorie laisse prévoir.

On comprend alors combien j'ai été heureux que le comité Nobel mentionne les applications de l'intrication aux technologies quantiques. En fait, comme je l'ai raconté plus haut, j'ai été sensibilisé à ces applications dès les années 1990, lorsque Artur Ekert m'a présenté sa méthode de cryptographie quantique basée sur les photons intriqués. Depuis cette rencontre, je n'ai jamais manqué d'encourager mes doctorants à réfléchir aux applications des travaux fondamentaux qu'ils menaient avec moi. C'est ainsi que je me suis retrouvé impliqué dans un certain nombre de jeunes pousses du quantique, créées par des anciens étudiants venus me rappeler mes déclarations de principe en faveur des applications. Je peux citer ici le gravimètre à interférométrie atomique développé et commercialisé par la start-up Muquans, avant d'être repris par la compagnie high-tech iXblue, aujourd'hui Exail. Cet appareil permet de mesurer en temps réel les fluctuations de pesanteur sur le flanc des volcans, comme l'Etna, dans l'espoir d'anticiper les éruptions volcaniques. Je suis tout autant émerveillé de voir la société Quandela, dont je suis membre du conseil scientifique, commercialiser deux sources extraordinaires de systèmes quantiques qui ont été au cœur de mes travaux, les photons uniques et les photons intriqués. Quant à mes travaux sur les propriétés quantiques des atomes refroidis par laser, devenus le cœur de l'activité de mon groupe de recherche depuis que j'ai abandonné les photons au profit des atomes, ils m'ont amené à être impliqué dans l'ordinateur quantique à atomes neutres. Les fondateurs de la société Pasqal, qui construit un tel ordinateur quantique, m'ont demandé de les rejoindre – ce qui me donne l'occasion de m'émerveiller de la vitesse à laquelle progresse cette technique prometteuse mais risquée. En tant que membre du conseil scientifique, je peux de même assister aux avancées impressionnantes des mémoires quantiques de la jeune pousse Welinq ou des interfaces quantiques de Quphox. Je me réjouis enfin que la société de capital-risque Quantonation, qui investit dans les jeunes pousses du quantique, ait elle aussi eu comme fondateur un de mes anciens doctorants.

Pendant les quelques secondes où j'ai arpenté la scène du grand théâtre de Stockholm pour aller recevoir la fameuse médaille Nobel des mains du roi de Suède, j'ai eu conscience que ce qui était mis à l'honneur était la science telle qu'elle a toujours été pour moi, des principes fondamentaux aux applications. Médaille en main, c'est donc avec un sentiment sincère de reconnaissance que je me suis d'abord incliné vers le comité Nobel, comme le protocole l'exige, avant de me tourner vers la salle en pensant à tous ceux qui m'ont soutenu et aidé : famille, collaborateurs, collègues, sans oublier les maîtres qui ont fait de moi le physicien que je suis devenu.

Bibliographie

ASPECT, Alain (1975), « Proposed experiment to test separable hidden-variable theories », *Physics Letters A*, vol. 54, n° 2, p. 117-118.

ASPECT, Alain (1976), « Proposed experiment to test the nonseparability of quantum mechanics », *Physical Review D*, vol. 14, n° 8, p. 1944-1951.

ASPECT, Alain (1983), *Trois tests expérimentaux des inégalités de Bell par mesure de corrélation de polarisation de photons*, thèse de doctorat, université Paris-Sud/Centre d'Orsay.

ASPECT, Alain (2002), « Bell's theorem : The naive view of an experimentalist », *in* Reinhold A. Bertlmann, Anton Zeilinger (dir.), *Quantum [Un]speakables*, Springer, p. 119-153.

ASPECT, Alain (2009). « Chapitre V. Une nouvelle révolution quantique », *in* Sébastien Balibar, Édouard Brézin (dir.), *Demain, la physique*, Odile Jacob, p. 119-163.

ASPECT, Alain (2015), « Closing the door on Einstein and Bohr's quantum debate », *Physics*, vol. 8, n° 123.

ASPECT, Alain, DALIBARD, Jean, et ROGER, Gérard (1982), « Experimental test of Bell's inequalities using time-varying analyzers », *Physical Review Letters*, vol. 49, n° 25, p. 1804-1807.

ASPECT, Alain, GRANGIER, Philippe, et ROGER, Gérard (1981), « Experimental tests of realistic local theories via Bell's theorem », *Physical Review Letters*, vol. 47, n° 7, p. 460-463.

ASPECT, Alain, GRANGIER, Philippe, et ROGER, Gérard (1982), « Experimental realization of Einstein-Podolsky-Rosen-Bohm Gedankenexperiment : A new violation of Bell's inequalities », *Physical Review Letters*, vol. 49, n° 2, p. 91-94.

BELL, John (1964), « On the Einstein Podolsky Rosen paradox », *Physics*, vol. 1, n° 3, p. 195-200 (reproduit dans Bell [2004], p. 14-21).

BELL, John (1966), « On the problem of hidden variables in quantum mechanics », *Reviews of Modern Physics*, vol. 38, n° 3, p. 447-452.

BELL, John (1971), « Introduction to the hidden-variable question », *in 49th International School of Physics « Enrico Fermi » : Foundations of Quantum Mechanics, Varenna, Italy*, p. 171-181.

BELL, John (1977), « Free variables and local causality », *Epistemological Letters*, n° 15, p. 79-84 (reproduit dans Bell [2004], p. 100-104).

BELL, John (1980), « Atomic-cascade photons and quantum-mechanical nonlocality », *in Comments on Atomic and Molecular Physics*, Gordon and Breach, Science Publishers, vol. 9, p. 121-126 (reproduit dans Bell [2004], p. 105-110).

BELL, John (1981), « Bertlmann's socks », *Le Journal de Physique Colloques*, vol. 42, n° C2, p. 41-62 (reproduit dans Bell [2004], p. 139-158).

BELL, John (1990), « Chapitre 6. La nouvelle cuisine », *in Between Science and Technology*, Elsevier, p. 97-118 (reproduit dans Bell [2004], p. 232-248).

BELL, John (2004), *Speakable and Unspeakable in Quantum Mechanics*, Cambridge University Press, 2ᵉ édition.

BENNETT, Charles *et al.* (1993), « Teleporting an unknown quantum state via dual classical and Einstein-Podolsky-Rosen channels », *Physical Review Letters*, vol. 70, n° 13, p. 1895-1899.

BENNETT, Charles, et BRASSARD, Gilles (1984), « Quantum cryptography : Public key distribution and coin tossing », *in Proceedings of IEEE International Conference on Computers, Systems and Signal Processing, Bangalore, India*, p. 175-179.

BERTLMANN, Reinhold, et FRIIS, Nicolai (2023), *Modern Quantum Theory : From Quantum Mechanics to Entanglement and Quantum Information*, Oxford University Press.

BOHM, David (1951), *Quantum Theory*, Prentice Hall (réédition Dover, 1989).

BOHM, David (1952), « A suggested interpretation of the quantum theory in terms of "hidden" variables I », *Physical Review*, vol. 85, n° 2, p. 166-179.

BOHM, David, et AHARONOV, Yakir (1957), « Discussion of experimental proof for the paradox of Einstein, Rosen, and Podolsky », *Physical Review*, vol. 108, n° 4, p. 1070-1076.

BOHM, David, et HILEY, Basil (1993), *The Undivided Universe : An Ontological Interpretation of Quantum Theory*, Routledge.

BOHR, Niels (1913), « I. On the constitution of atoms and molecules », *Philosophical Magazine and Journal of Science*, 6ᵉ série, vol. 26, p. 1-25.

BOHR, Niels (1935), « Can quantum-mechanical description of physical reality be considered complete ? », *Physical Review*, vol. 48, n° 8, p. 696-702.

BOHR, Niels (1970), « Discussion with Einstein on epistemological problems in atomic physics », *in Albert Einstein : Philosopher-Scientist*, édité par Paul Schilpp, MJF Books, p. 199-242. Ouvrage publié dans sa première édition en 1949 par The Library of Living Philosophers. On trouvera une traduction en français du texte de Bohr sous le titre « Discussion avec Einstein » dans le recueil de textes de Niels Bohr intitulé *Physique atomique et connaissance humaine*, Gallimard, 1991.

BOZEC, Patrick, CAGNET, Michel, et ROGER, Gérard (1969), « Expériences d'interférence en lumière faible », *Comptes rendus hebdomadaires des séances de l'Académie des sciences*, vol. 269, p. 883-885.

CHRISTENSEN, Brad *et al.* (2013), « Detection-loophole-free test of quantum nonlocality, and applications », *Physical Review Letters*, vol. 111, n° 13, p. 130406-1-5.

CLAUSER, John (1976), « Experimental investigation of a polarization correlation anomaly », *Physical Review Letters*, vol. 36, n° 21, p. 1223-1226.

CLAUSER, John, et FREEDMAN, Stuart (1972), « Experimental test of local hidden-variable theories », *Physical Review Letters*, vol. 28, n° 14, p. 938-941.

CLAUSER, John, HORNE, Michael, SHIMONY, Abner, et HOLT, Richard (1969), « Proposed experiment to test local hidden-variable theories », *Physical Review Letters*, vol. 23, n° 15, p. 880-884.

COHEN-TANNOUDJI, Claude, DIU, Bernard, et LALOË, Franck (2018), *Mécanique quantique*, CNRS Éditions/EDP Sciences, tome I (première édition Hermann, 1973).

DARRIGOL, Olivier (1992), *From c-Numbers to q-Numbers : The Classical Analogy in the History of Quantum Theory*, University of California Press.

DARRIGOL, Olivier (2014), « The quantum enigma », *in* Michel JANSSEN, Christoph LEHNER (dir.), *The Cambridge Companion to Einstein*, Cambridge University Press, p. 117-142.

DAVISSON, Clinton, et GERMER, Lester (1927), « Diffraction of electrons by a crystal of nickel », *Physical Review*, vol. 30, n° 6, p. 705-741.

DEPAMBOUR, Gautier (2024), *Émergence de l'optique quantique des années 1950 à 1980*, thèse de doctorat en histoire et philosophie des sciences et des techniques, université Paris-Cité.

EINSTEIN, Albert (1905), « Über einen die Erzeugung und die Verwandlung des Lichtes betreffenden heuristischen Gesichtspunkt », *Annalen der Physik*, vol. 17, p. 132-48 (on trouvera cet article traduit en français dans Einstein [1989], p. 39-53).

EINSTEIN, Albert (1907), « Die Plancksche Theorie der Strahlung und die Theorie der spezifischen Wärme », *Annalen der Physik*, vol. 22, p. 180-90 (on trouvera cet article traduit en français dans Einstein [1989], p. 75-83).

EINSTEIN, Albert (1909), « Über die Entwicklung unserer Anschauungen über das Wesen und die Konstitution der Strahlung », *Physikalische Zeitschrift*, vol. 10, p. 817-825 (on trouvera cet article traduit en français dans Einstein [1989], p. 86-100).

EINSTEIN, Albert (1916), « Zur Quantentheorie der Strahlung », *Mitteilungen der Physikalischen Gesellschaft*, n° 18, p. 47-62 (on trouvera cet article traduit en français dans Einstein [1989], p. 134-147).

EINSTEIN, Albert (1924), « [Lettre de A. Einstein à P. Langevin], 1924-12-16 », École supérieure de physique et de chimie industrielles de la ville de Paris, bibliothèque, L072/029 (consulté le 20 juillet 2023).

EINSTEIN, Albert (1970), « Autobiographical notes », *in Albert Einstein : Philosopher-Scientist*, édité par Paul Schilpp, MJF Books, p. 1-95. Ouvrage publié dans sa première édition en 1949 par The Library of Living Philosophers.

EINSTEIN, Albert (1989), *Œuvres choisies*, vol. 1 : *Quanta. Mécanique statistique et physique quantique*, Seuil (édition avec un riche appareil critique de Françoise Balibar, Olivier Darrigol et Bruno Jech).

EINSTEIN, Albert, PODOLSKY, Boris, et ROSEN, Nathan (1935), « Can quantum-mechanical description of physical reality be considered complete ? », *Physical Review*, vol. 47, n° 10, p. 777-780.

EKERT, Artur (1991), « Quantum cryptography based on Bell's theorem », *Physical Review Letters*, vol. 67, n° 6, p. 661-663.

FEYNMAN, Richard (1964), *The Feynman Lectures on Physics*, vol. III : *Quantum Mechanics*, Addison-Wesley. Les *Leçons sur la physique de Feynman* ont été publiées en français aux éditions Odile Jacob (2000).

FEYNMAN, Richard (1982), « Simulating physics with quantum computers », *International Journal of Theoretical Physics*, vol. 21, n° 7, p. 467-488.

FOUCAULT, Léon (1853), *Thèse de physique. Sur les vitesses relatives de la lumière dans l'air et dans l'eau, présentée à la faculté des sciences de Paris, pour obtenir le grade de docteur ès sciences physiques*, Bachelier.

FRY, Edward, et THOMPSON, Randall (1976), « Experimental test of local hidden-variable theories », *Physical Review Letters*, vol. 37, n° 8, p. 465-468.

FURRY, Wendell (1936), « Note on the quantum-mechanical theory of measurement », *Physical Review*, vol. 49, n° 5, p. 393-399.

GIUSTINA, Marissa *et al.* (2013), « Bell violation using entangled photons without the fair-sampling assumption », *Nature*, vol. 497, n° 7448, p. 227-230.

GIUSTINA, Marissa *et al.* (2015), « Significant-loophole-free test of Bell's theorem with entangled photons », *Physical Review Letters*, vol. 115, n° 25, p. 250401-1-7.

GRANGIER, Philippe (2021), « Contextual inferences, nonlocality, and the incompleteness of quantum mechanics », *Entropy*, vol. 23, n° 12, 1660.

GRANGIER, Philippe, ROGER, Gérard, et ASPECT, Alain (1986), « Experimental evidence for a photon anticorrelation effect on a beam splitter : A new light on single-photon interferences », *Europhysics Letters*, vol. 1, n° 4, p. 173-179.

GRYNBERG, Gilbert, ASPECT, Alain, et FABRE, Claude (2010), *Introduction to Quantum Optics : From the Semi-Classical Approach to Quantized Light*, Cambridge University Press ; version française : *Introduction aux lasers et à l'optique quantique*, Ellipses, 1997.

HAROCHE, Serge (2020), *La Lumière révélée. De la lunette de Galilée à l'étrangeté quantique*, Odile Jacob.

HENSEN, Bas *et al.* (2015), « Loophole-free Bell inequality violation using electron spins separated by 1.3 kilometres », *Nature*, vol. 526, n° 7575, p. 682-686.

HENTSCHEL, Klaus (2018), *Photons*, Springer.

HOLT, Richard (1973), *Cascade Atomic Experiments*, thèse de doctorat, université Harvard, Cambridge (Massachusetts).

JAMMER, Max (1974), *The Philosophy of Quantum Mechanics : The Interpretations of Quantum Mechanics in Historical Perspective*, Wiley.

KELVIN, William Thomson, lord (1901), « I. Nineteenth century clouds over the dynamical theory of heat and light », *Philosophical Magazine and Journal of Science*, 6ᵉ série, vol. 2, n° 7, p. 1-40.

KOCHER, Carl, et COMMINS, Eugene (1967), « Polarization correlation of photons emitted in an atomic cascade », *Physical Review Letters*, vol. 18, n° 15, p. 575-577.

KWIAT, Paul *et al.* (1995), « New high-intensity source of polarization-entangled photon pairs », *Physical Review Letters*, vol. 75, n° 24, p. 4337-4342.

LALOË, Franck (2011), *Comprenons-nous vraiment la mécanique quantique ?*, EDP Sciences.

LAMEHI-RACHTI, Mohammad, et MITTIG, Wolfgang (1976), « Quantum mechanics and hidden variables : A test of Bell's inequality by the measurement of the spin correlation in low-energy proton-proton scattering », *Physical Review D*, vol. 14, n° 10, p. 2543-2555.

LENARD, Philipp (1902), « Ueber die lichtelektrische Wirkung », *Annalen der Physik*, vol. 8, p. 149-198.

MERMIN, David (1985), « Is the moon there when nobody looks ? Reality and the quantum theory », *Physics Today*, avril 1985, p. 38-47.

OU, Zhe-Yu, et MANDEL, Leonard (1988), « Violation of Bell's inequality and classical probability in a two-photon correlation experiment », *Physical Review Letters*, vol. 61, n° 1, p. 50-53.

PAIS, Abraham (1979), « Einstein and the quantum theory », *Reviews of Modern Physics*, vol. 51, n° 4, p. 863-914.

PERES, Asher (2002), *Quantum Theory Concepts and Methods*, Kluwer Academic Publishers.

PIPKIN, Francis (1979), « Atomic physics tests of the basic concepts in quantum mechanics », *Advances in Atomic and Molecular Physics*, vol. 14, p. 313-319.

PLANCK, Max (1901), « Über das Gesetz der Energieverteilung im Normalspectrum », *Annalen der Physik*, vol. 43, p. 553-563. On trouve facilement sur le Web cet article traduit en anglais sous le titre : « On the law of distribution of energy in the normal spectrum ».

ROWE, Mary *et al.* (2001), « Experimental violation of a Bell's inequality with efficient detection », *Nature*, vol. 409, p. 791-794.

SCHMIDT, Heinz-Jürgen (2022), « Einstein's photon box revisited », *International Journal of Theoretical Physics*, vol. 61, n° 7, p. 197-216.

SCHRÖDINGER, Erwin (1935), « Discussion of probability relations between separated systems », *Math. Proc. Cambridge Philos. Soc.*, vol. 31, p. 555-563.

SHALM, Lynden *et al.* (2015), « A strong loophole-free test of local realism », *Physical Review Letters*, vol. 115, n° 25, p. 250402-1-10.

SHIH, Yanhua, et ALLEY, Carroll (1988), « New type of Einstein-Podolsky-Rosen-Bohm experiment using pairs of light quanta produced by optical parametric down conversion », *Physical Review Letters*, vol. 61, n° 26, p. 2921-2924.

STONE, Douglas (2015), *Einstein and the Quantum : The Quest of the Valiant Swabian*, Princeton University Press.

STORZ, Simon *et al.* (2023), « Loophole-free Bell inequality violation with superconducting circuits », *Nature*, vol. 617, n° 7960, p. 265-270.

TITTEL, Wolfgang, BRENDEL, Johannes, ZBINDEN, Hugo, et GISIN, Nicolas (1998), « Violation of Bell inequalities by photons more than 10 km apart », *Physical Review Letters*, vol. 81, n° 17, p. 3563-3566.

VON NEUMANN, John (1932), *Mathematical Foundations of Quantum Mechanics*, Springer.

WANG, Zhiren *et al.* (2023), « Single-electron spin resonance detection by microwave photon counting », *Nature*, vol. 619, n° 7969, p. 276-281.

WEISSKOPF, Victor (1984), « Niels Bohr, the quantum, and the world », *Social Research*, vol. 51, n° 3, p. 583-608.

Wootters, William, et Zurek, Wojciech (1982), « A single quantum cannot be cloned », *Nature*, vol. 299, n° 5886, p. 802-803.

Wu, Chien-Shiung, et Shaknov, Irving (1950), « The angular correlation of scattered annihilation radiation », *Physical Review*, vol. 7, n° 1, p. 136.

Remerciements

Les travaux expérimentaux décrits aux chapitres 6 et 7 de ce livre sont le fruit de mes interactions avec d'innombrables personnes, professeurs, collègues et techniciens. Je ne serais pas devenu le physicien que je suis sans mon professeur de lycée, Maurice Hirsch, dont le nom a été récemment donné à une rue de la ville d'Agen et à un astéroïde, en hommage à tous les professeurs de physique et chimie qui comme lui ont inspiré des générations d'élèves. Je n'aurais pas pénétré dans le monde fascinant de la physique quantique sans le livre de Claude Cohen-Tannoudji, Bernard Diu et Franck Laloë et dans le territoire de l'optique quantique sans les cours de Claude Cohen-Tannoudji au Collège de France. Sans Christian Imbert, jeune professeur de l'Institut d'Optique qui n'hésita pas à me soutenir contre un vent dominant contraire, je n'aurais pas eu connaissance de l'article de John Bell qui m'enthousiasma au moment où je cherchais un sujet de thèse. Sans Gérard Roger et André Villing, ingénieurs en optique et en électronique, sans les services techniques de l'Institut d'Optique, sans les collègues de nombreux laboratoires d'Orsay, Saclay, Paris, je n'aurais pas pu monter et mener à bien l'expérience que le comité Nobel a considérée comme digne du fameux prix. Sans Philippe Grangier et Jean Dalibard, dont le talent remarquable chez de si jeunes physiciens laissait augurer les carrières exceptionnelles qui ont été les leurs, la phase finale des expériences n'aurait pas été un succès dès les premières prises de données.

Ce que je sais de la contribution d'Einstein à la mécanique quantique a été puisé dans de nombreuses lectures, et tout d'abord dans le recueil des articles d'Einstein traduits et mis en perspective par Olivier Darrigol, Françoise Balibar et Bruno Jech[1]. Plus récemment, l'excellent livre de Douglas Stone, *Einstein and the Quantum*[2], m'a permis de compléter mes connaissances sur la vie et les contributions à la physique quantique de celui dont on dit que j'ai montré qu'il avait tort, mais dont je préfère souligner le coup de génie qui lui a permis d'identifier les propriétés extraordinaires de particules intriquées éloignées l'une de l'autre.

Ce livre n'existerait pas sans Odile Jacob et son complice Bernard Gotlieb, qui, il y a deux décennies, ont su me convaincre de l'écrire... un jour. Face à ma procrastination, ils ont exercé une pression juste suffisante pour me stimuler, sans l'insistance excessive qui m'aurait bloqué. Merci aussi à toute l'équipe professionnelle des éditions Odile Jacob.

L'historien des sciences Gautier Depambour a apporté un concours essentiel pour que le manuscrit soit achevé dans un délai raisonnable à partir du moment où j'ai décidé que le moment était arrivé de l'écrire. Sa double culture scientifique et littéraire et, plus particulièrement, son excellente connaissance de l'optique quantique et de son histoire[3] lui ont permis de comprendre entre les lignes ce que je n'avais pas exprimé suffisamment bien et de me suggérer des clarifications utiles. Il a su me convaincre d'éliminer des passages qu'il jugeait, à juste titre, sans intérêt suffisant pour nos lecteurs. C'est avec lui que nous avons mis au point la structure à deux niveaux de lecture : un texte de base accessible à tout lecteur même dénué de connaissances scientifiques ; et des encadrés, compléments et notes de bas de page marquées « expert(e)s » qui demandent à leur lectrice

---

1. EINSTEIN, Albert (1989), *Œuvres choisies*, vol. 1 : *Quanta. Mécanique statistique et physique quantique*, Seuil.
2. STONE, Douglas (2015), *Einstein and the Quantum : The Quest of the Valiant Swabian*, Princeton University Press.
3. DEPAMBOUR, Gautier (2024), *Émergence de l'optique quantique des années 1950 à 1980*, thèse de doctorat en histoire et philosophie des sciences et des techniques, université Paris-Cité.

ou lecteur de ne pas être effrayé(e) par quelques équations, sans dépasser le niveau d'un baccalauréat scientifique. Enfin, Gautier, qui a la plume plus facile que la mienne, m'a proposé d'innombrables améliorations de texte que j'ai volontiers acceptées quand elles ne trahissaient pas ma façon de penser et de m'exprimer.

Un dernier remerciement, et ce n'est pas le moindre, à mon épouse Annie qui a accepté une fois de plus que je consacre trop de temps à mon centre d'intérêt du moment, en l'occurrence l'écriture de ce livre. Elle avait su le faire quand je passais trop de soirées au laboratoire avec mes chers photons et, plus tard, avec mes polymorphes atomes. Sans son soutien dans les moments difficiles et sa discrète incitation au calme les jours de succès, ainsi que la présence réconfortante de mes enfants, Séverine et Laurent, ma vie aurait été moins riche.

Inscrivez-vous à notre newsletter !

Vous serez ainsi régulièrement informé(e)
de nos nouvelles parutions et de nos actualités :

https://www.odilejacob.fr/newsletter

N° d'édition : 4150-1169-Z
Dépot légal : janvier 2025

* 9 7 8 2 4 1 5 0 1 1 6 9 7 *